ERGEBNISSE DER MATHEMATIK UND IHRER GRENZGEBIETE

UNTER MITWIRKUNG DER SCHRIFTLEITUNG DES
„ZENTRALBLATT FÜR MATHEMATIK"

HERAUSGEGEBEN VON

L. V. AHLFORS · R. BAER · F. L. BAUER · R. COURANT · A. DOLD
J. L. DOOB · S. EILENBERG · M. KNESER · T. NAKAYAMA
H. RADEMACHER · F. K. SCHMIDT · B. SEGRE · E. SPERNER

REDAKTION P. R. HALMOS

NEUE FOLGE · HEFT 9

NEUE TOPOLOGISCHE METHODEN IN DER ALGEBRAISCHEN GEOMETRIE

VON

F. HIRZEBRUCH

ZWEITE ERGÄNZTE AUFLAGE

SPRINGER-VERLAG BERLIN HEIDELBERG GMBH
1962

ISBN 978-3-662-34244-2   ISBN 978-3-662-34515-3 (eBook)
DOI 10.1007/978-3-662-34515-3

BRÜHLSCHE UNIVERSITÄTSDRUCKEREI GIESSEN
OFFSETDRUCK JULIUS BELTZ, WEINHEIM A. D. B.

MEINEN LEHRERN
HEINRICH BEHNKE UND HEINZ HOPF
GEWIDMET

Vorwort

Die von J. Leray begründete Theorie der Garben (faisceaux) und andere neue topologische Methoden werden seit einigen Jahren erfolgreich auf die Funktionentheorie von mehreren Veränderlichen und auf die algebraische Geometrie angewandt:

H. Cartan und J. P. Serre haben fundamentale Sätze über holomorph-vollständige (Steinsche) Mannigfaltigkeiten in garbentheoretischer Formulierung aufgestellt. Diese Sätze enthalten viele Tatsachen der Funktionentheorie, da die Holomorphiegebiete holomorph-vollständig sind. Sie können auch auf die algebraische Geometrie angewandt werden, da das Komplement jedes Hyperebenenschnitts einer algebraischen Mannigfaltigkeit holomorph-vollständig ist. Mit Hilfe dieser und anderer Methoden hat J. P. Serre viele wichtige Ergebnisse über algebraische Mannigfaltigkeiten erhalten. Viele seiner Resultate hat er in letzter Zeit auch für algebraische Mannigfaltigkeiten über einem Grundkörper beliebiger Charakteristik beweisen können. — K. Kodaira und D. C. Spencer haben die Garbentheorie ebenfalls mit großem Erfolg auf die algebraische Geometrie angewandt. Ihre Methoden sind insofern etwas anders als die von Serre, als auch differential-geometrische Hilfsmittel ("harmonic integrals" usw.) herangezogen werden, während die Theorie der Steinschen Mannigfaltigkeiten nicht benutzt wird. — M. F. Atiyah und W. V. D. Hodge haben mit Hilfe der Garbentheorie Probleme über Integrale zweiter Gattung auf algebraischen Mannigfaltigkeiten erfolgreich behandeln können.

In den Jahren 1952—1954 konnte ich während eines Aufenthalts am Institute for Advanced Study in Princeton mit K. Kodaira und D. C. Spencer intensiv zusammenarbeiten. Meine eigenen Bemühungen gingen dahin, neben der Garbentheorie die Theorie der charakteristischen Cohomologieklassen und die neuen Ergebnisse von R. Thom über differenzierbare Mannigfaltigkeiten auf die algebraische Geometrie anzuwenden. Im Zusammenhang damit studierte ich schon länger zurückliegende Untersuchungen von J. A. Todd. Während dieser Zeit am Institut konnte ich auch mit A. Borel zusammenarbeiten; ich hatte einen ausführlichen Briefwechsel mit Thom und auch Gelegenheit, den Briefwechsel von Kodaira und Spencer mit Serre einzusehen. Auf diese Weise habe ich in Princeton viele wertvolle Anregungen erhalten, und ich möchte an dieser Stelle A. Borel, K. Kodaira, J. P. Serre, D. C. Spencer und R. Thom meinen herzlichen Dank aussprechen.

Das vorliegende Buch ist aus einem Manuskript entstanden, das zur Veröffentlichung in einer Zeitschrift gedacht war und das eine ausführliche Darstellung meiner Resultate aus der Princetoner Zeit enthielt. Herr Professor F. K. SCHMIDT hatte die Freundlichkeit, mir anzubieten, einen Bericht für die „Ergebnisse der Mathematik" zu schreiben und dabei mein Manuskript zugrunde zu legen. Ich habe dieses in großen Teilen unverändert übernommen, einige mehr berichtende Paragraphen wurden ausführlicher gestaltet. So ist eine Mischung zwischen einem Bericht, einem Lehrbuch und einer Originalarbeit entstanden. Herrn Professor F. K. SCHMIDT möchte ich für sein großes Interesse an meiner Arbeit herzlich danken.

Dem Institute for Advanced Study in Princeton gilt mein ausdrücklicher Dank für die Gewährung eines zweijährigen Stipendiums und damit für zwei Jahre ungestörten Arbeitens in einer besonders anregenden mathematischen Atmosphäre. Der Universität Erlangen möchte ich danken, daß sie mich während dieser Zeit beurlaubt und mich auch sonst in jeder Weise unterstützt hat. Der mathematisch-naturwissenschaftlichen Fakultät der westfälischen Wilhelms-Universität zu Münster, insbesondere Herrn Professor H. BEHNKE, danke ich für die Bereitwilligkeit, das vorliegende Buch als Habilitationsschrift anzunehmen, und der Gesellschaft zur Förderung der westfälischen Wilhelms-Universität für finanzielle Hilfe während der endgültigen Fertigstellung des Manuskripts. Den Herren Dr. R. REMMERT und G. SCHEJA bin ich für Mithilfe bei den Korrekturen, Herrn Stud.-Ref. H.-J. NASTOLD für die Zusammenstellung des Sachverzeichnisses zu Dank verpflichtet. Nicht zuletzt gilt mein Dank auch dem Verlag, der in großzügiger Weise allen meinen Wünschen entgegengekommen ist.

Princeton (New Jersey), 23. Januar 1956
Fine Hall

F. HIRZEBRUCH

Vorwort zur zweiten Auflage

Bis auf die Beseitigung einiger Druckfehler und Unstimmigkeiten wurde der Text nicht geändert. Das Literaturverzeichnis und das Namen- und Sachverzeichnis wurden unverändert aus der ersten Auflage übernommen. Dahinter befindet sich ein Anhang zur zweiten Auflage, in dem auf neuere Literatur hingewiesen wird, ohne daß dabei Vollständigkeit möglich gewesen wäre. Manche der im Haupttext offen gebliebenen Probleme sind inzwischen gelöst worden. In dem Anhang werden (ohne Beweise) insbesondere die Verallgemeinerung des Satzes von RIEMANN-ROCH durch GROTHENDIECK und ein differenzierbares Analogon dieses GROTHENDIECKschen Satzes besprochen.

Bonn, im April 1961

F. HIRZEBRUCH

Zur Technik der Darstellung

Das Buch ist in Kapitel eingeteilt, welche in Paragraphen unterteilt sind. Die Paragraphen sind durchnumeriert. Jeder Paragraph ist in Abschnitte eingeteilt (z. B. 4.1). Die Abschnittsnummern sind am Kopf jeder Seite vermerkt. Die Formeln sind paragraphenweise durchgezählt. 4.1 (5) verweist auf Formel (5) im 1. Abschnitt des 4. Paragraphen. Die Sätze sind abschnittsweise durchgezählt. 6.5.1 verweist auf Satz 1 in Abschnitt 6.5. In Abschnitt 0.10 der Einleitung sind einige Bezeichnungen zusammengestellt. Das Namen- und Sachverzeichnis führt zu Beginn jedes Buchstabens wiederholt auftretende Symbole an.

Der Verfasser hat sich bemüht, der üblichen Terminologie zu folgen. Um Verwechslungen zu vermeiden, werde hier eine kleinere Abweichung hervorgehoben: Unter einem G-Bündel wird eine Äquivalenzklasse von Prinzipal-Faserbündeln mit G als Strukturgruppe, d. h. ein Element einer gewissen Cohomologiemenge verstanden. Wenn von einem Faserbündel, Geradenbündel, Vektorraum-Bündel gesprochen wird, dann soll immer ein bestimmter gefaserter Raum vorliegen und nicht eine Äquivalenzklasse von solchen (vgl. 3.2). Im letzten Kapitel werden wir uns jedoch gelegentlich erlauben, isomorphe Faserbündel zu identifizieren (vgl. Fußnote 1 auf S. 110).

Das Literaturverzeichnis befindet sich am Ende des Buches. Es erhebt keinen Anspruch auf Vollständigkeit und enthält im allgemeinen nur Arbeiten, die der Verfasser direkt benutzt hat.

Inhaltsverzeichnis

Einleitung

Die Anwendungen der LERAY-CARTANschen Garbentheorie[1]) auf die Funktionentheorie von mehreren Veränderlichen und die algebraische Geometrie, die in letzter Zeit von CARTAN, SERRE [7, 7a, 8, 9, 32, 32a, 32b][2]), KODAIRA, SPENCER [24—31, 34], ATIYAH, HODGE [1, 20a, 20b] so erfolgreich durchgeführt wurden, haben beide Disziplinen einer gemeinsamen systematischen Behandlung zugänglich gemacht. In der vorliegenden Arbeit wird für die algebraische Geometrie ein Beitrag zu dieser Entwicklung geliefert. Die Resultate sind in [15] angekündigt worden. Die Arbeit enthält ferner einige Anwendungen der THOMschen Ergebnisse über differenzierbare Mannigfaltigkeiten [37], die von selbständigem Interesse sind und die neben der Garbentheorie die Grundlage für die Ergebnisse über algebraische Mannigfaltigkeiten bilden. Die Resultate bezüglich der THOMschen Theorie wurden in [14] angekündigt[3]). Sie sind auch in den vervielfältigten Noten [16] zu finden. Eine Reihe von offenen Problemen, die mit der vorliegenden Arbeit zusammenhängen, wurde in [17] besprochen.

0.1. Wir verstehen unter einer algebraischen Mannigfaltigkeit eine (nicht notwendig zusammenhängende) kompakte komplexe Mannigfaltigkeit, die komplex-analytisch und singularitätenfrei in einen komplexen projektiven Raum geeigneter Dimension eingebettet werden kann[4]). Wir werden in 0.1—0.6 (bis auf eine Bemerkung in 0.3) nur

---

[1]) Wir haben das französische Wort «faisceau» im Deutschen mit ,,Garbe'' wiedergegeben. Im Englischen ist "sheaf" oder auch "stack" gebräuchlich. — Die Theorie der Garben wurde zuerst von J. LERAY entwickelt und auf verschiedene topologische Fragestellungen angewandt. Es genügt hier wohl, auf die beiden großen LERAYschen Abhandlungen «*L'anneau spectral et l'anneau filtré d'homologie d'un espace localement compact et d'une application continue*» und «*L'homologie d'un espace fibré dont la fibre est connexe*», J. Math. pur. appl. 29, 1—139 und 169—213 (1950), hinzuweisen. Im Seminar von H. CARTAN (vgl. [6]) wurde die Theorie der Garben in anderer Form dargestellt. Wir bringen in § 2 dieser Arbeit die Grundlagen der Garbentheorie und stützen uns dabei hauptsächlich auf das CARTANsche Seminar [6], auf ein Seminar von D. C. SPENCER [vgl. 31] und auf die kürzlich erschienene Arbeit [32a] von SERRE.

[2]) Zahlen in eckigen Klammern beziehen sich auf das Literaturverzeichnis am Ende der Arbeit (S. 158—160).

[3]) Die Note [14] enthält auch Resultate über "STEENROD's reduced powers", die in dieser Arbeit nicht behandelt werden, sondern in einer weiteren Arbeit im einzelnen dargestellt und bewiesen werden sollen (Literatur zum Anhang [A 10]).

[4]) Nach einem Satz von CHOW [11] ist diese Definition mit der klassischen Definition einer singularitätenfreien algebraischen Mannigfaltigkeit äquivalent. Algebraische Mannigfaltigkeiten im Sinne unserer Definition werden oft auch projektive Mannigfaltigkeiten genannt.

algebraische Mannigfaltigkeiten betrachten. Man kennt seit langem **vier** Definitionen für das arithmetische Geschlecht einer n-dimensionalen[1]) algebraischen Mannigfaltigkeit V_n. Mit Hilfe der Postulationsformel (HILBERTs charakteristische Funktion) definiert man die ganzen Zahlen $p_a(V_n)$ und $P_a(V_n)$ (1. und 2. Definition). SEVERI hat vermutet, daß

$$p_a(V_n) = P_a(V_n) = g_n - g_{n-1} + \cdots + (-1)^{n-1} g_1 , \tag{1}$$

wo g_i die Anzahl der komplex-linear-unabhängigen holomorphen Differentialformen von V_n vom Grade i ist (i-fache Differentiale 1. Gattung). (Vgl. z. B. SEVERI [33].) Mit Hilfe der Garbentheorie kann die Gleichung (1) in einfacher Weise bewiesen werden (KODAIRA-SPENCER [27]). Die alternierende Summe der g_i kann als **dritte** Definition des arithmetischen Geschlechtes angesehen werden. Die Gleichung (1) besagt, daß die drei ersten Definitionen übereinstimmen. Die obige Reihenfolge der g_i in der alternierenden Summe ist unzweckmäßig. Wir definieren in Abweichung von der klassischen Theorie

$$\chi(V_n) = \sum_{i=0}^{n} (-1)^i g_i \tag{2}$$

und nennen $\chi(V_n)$ das **arithmetische Geschlecht der algebraischen Mannigfaltigkeit** V_n. Mannigfaltigkeiten werden in dieser Arbeit im allgemeinen nicht als zusammenhängend vorausgesetzt. Das in (2) auftretende g_0 ist gleich der Anzahl der Zusammenhangskomponenten von V_n. Man nennt oft g_n das **geometrische Geschlecht** von V_n und g_1 die **Irregularität** von V_n. Für eine zusammenhängende algebraische Kurve V_1 (kompakte RIEMANNsche Fläche) ist $g_n = g_1 = p$ (Anzahl der Henkel). p ist also das geometrische Geschlecht von V_1, während $1 - p$ das arithmetische Geschlecht von V_1 ist. Das arithmetische Geschlecht und das geometrische Geschlecht verhalten sich multiplikativ:

Das Geschlecht des cartesischen Produktes zweier algebraischer Mannigfaltigkeiten ist gleich dem Produkt der Geschlechter der Faktoren.

In der alten Terminologie hat das arithmetische Geschlecht offenbar diese Eigenschaft nicht. — Das arithmetische Geschlecht $\chi(V_n)$ ist birational invariant, da alle g_i birational invariant sind (KÄHLER–VAN DER WAERDEN, vgl. [41]). In der alten Terminologie ist das arithmetische Geschlecht der rationalen Mannigfaltigkeiten gleich 0. Nach der von uns verwendeten Definition ist es gleich 1.

---

[1]) Gemeint ist hier natürlich die komplexe Dimension. Wir deuten die reelle Dimension oft durch einen oberen, die komplexe Dimension durch einen unteren Index an. Wir werden den Dimensionsindex jedoch häufig fortlassen, wenn es ohne Gefahr von Mißverständnissen möglich ist. Es wird vorkommen, daß dieselbe Mannigfaltigkeit sowohl mit V_n als auch mit V bezeichnet wird.

0.2. Die vierte Definition des arithmetischen Geschlechtes verdankt man J. A. TODD [38], der im Jahre 1937 zeigte, daß das arithmetische Geschlecht mit Hilfe der kanonischen Klassen von EGER-TODD [39] dargestellt werden kann. TODDs Beweis ist nicht vollständig. Er beruht auf einem Lemma von SEVERI, für das in der Literatur kein vollständiger Beweis vorzukommen scheint.

Die EGER-TODDsche Klasse K_i von V_n ist definiert als eine Klasse von algebraischen Zyklen der reellen Dimension $2n - 2i$ bezüglich einer Äquivalenzrelation, die die Relation „homolog" impliziert, aber nicht mit „homolog" übereinstimmt. Zum Beispiel ist $K_1 (= K)$ die Klasse der kanonischen Divisoren von V_n. (Ein Divisor heißt kanonisch, wenn er gleich dem Divisor einer meromorphen n-Form ist.) Für $i = 1$ ist die oben erwähnte Äquivalenzrelation die bekannte lineare Äquivalenz. Die Klasse K_i definiert eine $(2n - 2i)$-dimensionale Homologieklasse. Dieser entspricht[1]) eine Cohomologieklasse der Dimension $2i$, welche bis auf das Vorzeichen $(-1)^i$ mit der CHERNschen Cohomologieklasse c_i von V_n übereinstimmt. Für dieses „Übereinstimmen" der EGER-TODDschen Klassen mit den CHERNschen Klassen gibt es in der Literatur bisher keinen vollständigen Beweis (vgl. jedoch CHERN [10], HODGE [20]). *Wir verwenden in dieser Arbeit nur die CHERNschen Klassen*, und die Frage, ob die EGER-TODDschen Klassen mit den CHERNschen Klassen übereinstimmen, ist daher für uns ohne Belang. Das TODDsche Geschlecht $T(V_n)$ wird mit Hilfe der CHERNschen Klassen definiert, und es ist ein Hauptziel der Arbeit, dann zu beweisen, daß $\chi(V_n) = T(V_n)$.

0.3. Die Definition von $T(V_n)$ erfolgt so: Man definiert in einer formal-algebraischen Weise (§ 1) ein bestimmtes Polynom in den CHERNschen Klassen c_i vom Gewicht n mit rationalen Koeffizienten (Produkte im Sinne des Cohomologieringes von V_n). Dieses Polynom ist eine $2n$-dimensionale Cohomologieklasse von V_n, deren Wert auf dem $2n$-dimensionalen Fundamentalzyklus[2]) von V_n per definitionem gleich $T(V_n)$ ist. $T(V_n)$ ist nach Definition eine rationale Zahl. Es ist eine nicht-triviale Tatsache, daß $T(V_n)$ (für algebraische Mannigfaltigkeiten V_n) immer eine ganze Zahl ist. Man hat

$$T(V_1) = \tfrac{1}{2} c_1 [V_1], \quad T(V_2) = \tfrac{1}{12} (c_1^2 + c_2) [V_2], \quad T(V_3) = \tfrac{1}{24} c_1 c_2 [V_3], \dots \dots \quad (3)$$

---

[1]) Jede komplexe Mannigfaltigkeit V_n ist in natürlicher Weise orientiert. Wenn $z_1, \dots, z_n$ (mit $z_k = x_{2k-1} + i x_{2k}$) lokale komplexe Koordinaten sind, dann wird die natürliche Orientierung durch die Reihenfolge $x_1, x_2, \dots, x_{2n}$ gegeben oder in anderen Worten durch $dx_1 \wedge dx_2 \wedge \dots \wedge dx_{2n}$ (als positives „Volumelement"). Wir verwenden im folgenden immer die natürliche Orientierung. Erst nach Auszeichnung einer Orientierung ist die einer Homologieklasse entsprechende Cohomologieklasse eindeutig mit Vorzeichen festgelegt.

[2]) Durch die natürliche Orientierung wird ein Element der $2n$-dimensionalen ganzzahligen Homologiegruppe $H_{2n}(V_n, \mathbf{Z})$ ausgezeichnet ($2n$-dimensionaler Fundamentalzyklus). Der Wert einer $2n$-dimensionalen Cohomologieklasse a auf dem Fundamentalzyklus wird mit $a[V_n]$ bezeichnet.

Diese Polynome sollen so beschaffen sein, daß das TODDsche Geschlecht sich bei Bildung des cartesischen Produktes wie das arithmetische Geschlecht multiplikativ verhält. Man kann viele Folgen von Polynomen angeben, die diese Eigenschaft haben. Man braucht nur eine „multiplikative Folge von Polynomen" (§ 1) zu wählen. Nun soll jedoch das TODDsche Geschlecht, wenn möglich, mit dem arithmetischen Geschlecht $\chi(V_n)$ übereinstimmen. Insbesondere soll es also auf den komplexen projektiven Räumen den Wert 1 annehmen. Das ist eine Bedingung, die an die multiplikative Folge von Polynomen gestellt wird, und dadurch ist sie in der Tat eindeutig bestimmt (Lemma 1.7.1).

Bemerkung: Das TODDsche Geschlecht einer algebraischen Mannigfaltigkeit V_n ist, wie wir zeigen werden, gleich dem arithmetischen Geschlecht $\chi(V_n)$ und deshalb birational invariant. Es entsteht die Frage, ob man die birationale Invarianz des TODDschen Geschlechtes für eine beliebige kompakte komplexe Mannigfaltigkeit V_n und für eine spezielle Klasse von birationalen Transformationen, nämlich für die monoidalen Transformationen, direkt nachweisen kann. Bei einer monoidalen Transformation von V_n in $\tilde{V}_n$ wird bekanntlich eine singularitätenfreie komplexe Untermannigfaltigkeit M_k von V_n ($0 \leqq k \leqq n - 2$) in eine $(n-1)$-dimensionale komplexe Mannigfaltigkeit L_{n-1} „aufgeblasen". Jeder Punkt x von M_k wird dabei in einen $(n-k-1)$-dimensionalen komplexen projektiven Raum aufgeblasen, nämlich in den projektiven Raum des komplexen Vektorraumes $\mathfrak{T}_x/\mathfrak{T}'_x$, wo $\mathfrak{T}_x$ (bzw. $\mathfrak{T}'_x$) der Raum der kontravarianten Tangentialvektoren von V_n bzw. M_k in x ist. L_{n-1} ist ein Faserbündel über M_k mit $\mathbf{P}_{n-k-1}(\mathbf{C})$ als Faser (vgl. 0.10). Nimmt man M_k aus V_n heraus und ersetzt man darauf M_k in natürlicher Weise durch L_{n-1}, dann erhält man $\tilde{V}_n$. Für den speziellen Fall $k = 0$ (quadratische Transformation, HOPFscher σ-Prozeß) kann man die Invarianz des TODDschen Geschlechtes leicht mit Hilfe von Lemma 1.7.2 nachweisen (vgl. TODD [40] für $n \leqq 6$ und [16], 1. Note, für beliebiges n). Auf den Fall einer beliebigen monoidalen Transformation soll vielleicht an anderer Stelle eingegangen werden. —

Schließlich werde noch erwähnt, daß das TODDsche Polynom T_n (n fest) auch durch folgende Eigenschaft charakterisierbar ist: $T_n[V_n] = 1$, *wenn V_n ein mehrfach-projektiver Raum ist* (das heißt $V_n = \mathbf{P}_{j_1}(\mathbf{C}) \times \cdots \times \mathbf{P}_{j_r}(\mathbf{C})$ mit $j_1 + \cdots + j_r = n$). — T_n *ist also das einzige Polynom, das auf allen rationalen algebraischen Mannigfaltigkeiten der Dimension n den Wert 1 annimmt.* (Eine Liste der Polynome T_1—T_6 findet sich in 1.7.)

0.4. Die Divisoren D der algebraischen Mannigfaltigkeit V_n bilden in natürlicher Weise eine abelsche Gruppe, die wir additiv schreiben. Neben den Divisoren haben wir komplex-analytische Geradenbündel (Faser $\mathbf{C}$, Strukturgruppe $\mathbf{C}^*$) zu betrachten (vgl. 0.10). Wir wollen (jedenfalls in dieser Einleitung) isomorphe komplex-analytische Geradenbündel als gleich ansehen. Die Geradenbündel bilden dann eine abelsche Gruppe in bezug auf das Tensorprodukt, das durch $\otimes$ oder durch „Aneinanderschreiben" angedeutet wird. Das Einselement dieser Gruppe soll mit **1** bezeichnet werden. Ganzzahlige Potenzen eines Geradenbündels sind im Sinne des Tensorproduktes aufzufassen. *Die Gruppe der Geradenbündel ist isomorph zur Gruppe der Divisorenklassen* (in bezug auf lineare Äquivalenz): Jeder Divisor definiert nämlich ein Geradenbündel. Der Summe zweier Divisoren entspricht das Tensorprodukt der zugehörigen Geradenbündel. Zwei Divisoren definieren dann und nur dann dasselbe Geradenbündel, wenn sie linear-äquivalent sind. Ferner kann man zeigen [28], daß jedes Geradenbündel aus einem Divisor erhalten werden kann. Unter $H^0(V_n, D)$ („Raum von RIEMANN-ROCH") wird der komplexe Vektorraum derjenigen meromorphen Funktionen von V_n verstanden, deren Divisor addiert zu D einen Divisor ergibt, der keine Polstellen hat. $H^0(V_n, D)$ ist *endlich-dimensional*. Wenn F ein dem Divisor D entsprechendes komplex-analytisches Geradenbündel ist, dann ist $H^0(V_n, D)$ isomorph zu $H^0(V_n, F)$, dem komplexen Vektorraum der holomorphen Schnitte von F (dim $H^0(V_n, D)$ hängt nur von der Divisorenklasse von D ab). Die Bestimmung von dim $H^0(V_n, D)$ für einen vorgegebenen Divisor D von V_n ist das Problem von RIEMANN-ROCH.

0.5. Wie bereits gesagt, ist es ein Ziel der Arbeit, die Gleichung

$$\chi(V_n) = T(V_n) \tag{4}$$

zu beweisen (vgl. (2) und 0.3). Da die CHERNsche Zahl $c_n[V_n]$ gleich der EULER-POINCARÉschen Charakteristik von V_n ist, besagt (4) für zusammenhängende algebraische Kurven (vgl. (3)):

$$\chi(V_1) = 1 - g_1 = \tfrac{1}{2}(2 - 2p) , \quad p = \text{Henkelzahl}. \tag{4_1}$$

Der Satz von RIEMANN-ROCH für algebraische Kurven besagt (vgl. z. B. [43]):

$$\dim H^0(V_1, D) - \dim H^0(V_1, K - D) = d + 1 - p , \tag{4_1^*}$$

wo d der Grad des Divisors D ist und K hier einen kanonischen Divisor bezeichnet. Die Gleichung (4_1) geht bekanntlich aus (4_1^*) hervor, wenn man $D = 0$ setzt. Wir werden zeigen, daß für beliebig dimensionale algebraische Mannigfaltigkeiten die Gleichung (4) eine Verallgemeinerung zuläßt, die der Verallgemeinerung von (4_1) auf (4_1^*) genau entspricht. Wir sprechen anstelle von Divisorenklassen nun von komplex-analytischen Geradenbündeln. Es sei $H^i(V_n, F)$ die i-te Cohomologiegruppe von V_n mit Koeffizienten in der Garbe der Keime von lokalen holomorphen Schnitten des Geradenbündels F. Für $F = 1$ handelt es sich um die Garbe der Keime von lokalen holomorphen Funktionen.

Die Cohomologie-„Gruppe" $H^i(V_n, F)$ ist ein $\mathbf{C}$-Modul (vgl. 0.10). Die Cohomologiegruppe $H^0(V_n, F)$ ist der in 0.4 definierte „Raum von RIE-MANN-ROCH". Nach DOLBEAULT [12] ist $\dim H^i(V_n, \mathbf{1}) = g_i$. Also wird die vernünftige Verallgemeinerung von g_i die Zahl $\dim H^i(V_n, F)$ sein. Nach CARTAN-SERRE [9] (s. a. [7a]) und KODAIRA [24] ist $H^i(V_n, F)$ ein endlich-dimensionaler komplexer Vektorraum, so daß die Zahl $\dim H^i(V_n, F)$ wirklich definiert ist. Diese Zahl hängt natürlich nur von der Isomorphieklasse von F ab. $\dim H^i(V_n, F)$ verschwindet für $i > n$. Man definiert nun die Zahl

$$\chi(V_n, F) = \sum_{i=0}^{n} (-1)^i \dim H^i(V_n, F) \,. \tag{5}$$

Das ist die Verallgemeinerung der linken Seite von (4). Wir werden zeigen, daß $\chi(V_n, F)$ in bestimmter Weise als Polynom in der (zwei-dimensionalen) Cohomologieklasse f von F, und den CHERNschen Klassen von V_n ausgedrückt werden kann[1]). (Produkte sind im Sinne des Cohomologieringes von V_n aufzufassen.)

$$\chi(V_1, F) = (f + \tfrac{1}{2}c_1)[V_1] \,, \qquad \chi(V_2, F) = \left(\tfrac{1}{2}(f^2 + fc_1) + \tfrac{1}{12}(c_1^2 + c_2)\right)[V_2] \,,$$
$$\chi(V_3, F) = \left(\tfrac{1}{6}f^3 + \tfrac{1}{4}f^2c_1 + \tfrac{1}{12}f(c_1^2 + c_2) + \tfrac{1}{24}c_1 c_2\right)[V_3] \,, \ldots .$$

Das ist die Verallgemeinerung des Satzes von RIEMANN-ROCH auf alge-braische Mannigfaltigkeiten beliebiger Dimension (Satz 20.3.2). Nach dem SERREschen Dualitätssatz ist $\dim H^1(V_1, F) = \dim H^0(V_1, K \otimes F^{-1})$ bzw. $\dim H^2(V_2, F) = \dim H^0(V_2, K \otimes F^{-1})$ (vgl. 15.4.2), so daß die Gleichung für $\chi(V_1, F)$ bzw. $\chi(V_2, F)$ in den klassischen RIEMANN-ROCHschen Satz für algebraische Kurven bzw. Flächen übergeht. (Für Einzelheiten s. 20.7; K bezeichnet hier das Geradenbündel, das zu den kanonischen Divisoren gehört.) KODAIRA [25] und SERRE ([7a], Exposé XVIII) haben Bedingungen angegeben, unter denen die Co-homologiegruppen $H^i(V_n, F)$ für $i > 0$ verschwinden (s. Satz 18.2.2). Nach Definition (5) geht unsere Formel für $\chi(V_n, F)$ dann in eine Formel für $\dim H^0(V_n, F)$ über, und das „Problem von RIEMANN-ROCH" (s. 0.4) ist in diesem Falle gelöst. Dies entspricht für algebraische Kurven der geläufigen Tatsache, daß in (4_1^*) der Term $\dim H^0(V_1, K - D)$ verschwindet, wenn $d > 2p - 2$.

0.6. Eine weitere Verallgemeinerung der Gleichung (4) liegt nun nahe. Es sei W ein komplex-analytisches Vektorraumbündel über V_n (mit $\mathbf{C}_q$ als Faser und $\mathbf{GL}(q, \mathbf{C})$ als Strukturgruppe; vgl. 0.10). Man definiert

$$\chi(V_n, W) = \sum_{i=0}^{n} (-1)^i \dim H^i(V_n, W) \,, \tag{6}$$

---

[1]) Die Cohomologieklasse f eines Geradenbündels F kann definiert werden als die erste CHERNsche Klasse von F (Hindernis-Cohomologieklasse für einen nirgends verschwindenden stetigen Schnitt von F). Repräsentiert man F durch einen Divisor D, dann ist f gleich der Cohomologieklasse, die der durch D ge-gebenen $(2n - 2)$-dimensionalen Homologieklasse entspricht.

wo $H^i(V_n, W)$ die i-te Cohomologiegruppe von V_n mit Koeffizienten in der Garbe der Keime von lokalen holomorphen Schnitten von W ist. Die $H^i(V_n, W)$ sind wieder endlich-dimensionale komplexe Vektorräume, die für $i > n$ verschwinden. Es wird sich zeigen, daß $\chi(V_n, W)$ als Polynom in den CHERNschen Klassen von V_n und denjenigen von W dargestellt werden kann (Satz 21.1.1). Dies wurde von SERRE in einem Brief an KODAIRA-SPENCER (29. 9. 1953) vermutet. Wir werden die Polynome für $\chi(V_n, W)$ explizit angeben. Für $n = 1$ (algebraische Kurven) erhält man die WEILsche Verallgemeinerung [42] des RIEMANN-ROCHschen Satzes (s. 21.1 für Einzelheiten). Man kann unser Resultat über $\chi(V_n, W)$ auf spezielle Vektorraum-Bündel über V_n anwenden. Man wähle für W das Vektorraum-Bündel $T^{(p)}$ der kovarianten p-Vektoren von V_n. Wir setzen (vgl. [29])

$$\chi^p(V_n) = \chi(V_n, T^{(p)}) . \tag{7}$$

Die CHERNschen Klassen von $T^{(p)}$ können als Polynome in den CHERNschen Klassen von V_n dargestellt werden (Satz 4.4.3). Daher ergibt sich für $\chi^p(V_n)$ ein Polynom vom Gewicht n in den CHERNschen Klassen von V_n. Nun ist nach DOLBEAULT [12] $\dim H^q(V_n, T^{(p)}) = h^{p,q}$ (Anzahl der komplex-linear-unabhängigen harmonischen Formen von V_n vom Typ (p, q)). Also ist $\chi^p(V_n) = \sum\limits_{q=0}^{n} (-1)^q h^{p,q}$. Man erhält z. B. für 4-dimensionale algebraische Mannigfaltigkeiten

$$\chi^1(V_4) = h^{1,0} - h^{1,1} + h^{1,2} - h^{1,3} + h^{1,4} = 4\,\chi(V_4) - \tfrac{1}{12}\,(2c_4 + c_3 c_1)\,[V_4] . \tag{8}$$

Die Summe $\sum\limits_{p=0}^{n} \chi^p(V_n)$ verschwindet offenbar, wenn n ungerade ist.

Nach einem Satz von HODGE [19] ist $\sum\limits_{p=0}^{n} \chi^p(V_n)$ für gerades n gleich dem Index von V_n $(= \tau(V_n) =$ Anzahl der positiven Eigenwerte minus Anzahl der negativen Eigenwerte der durch $x^2[V_n]$ $(x \in H^n(V_n, \mathbf{R}))$ definierten quadratischen Form)[1]. Somit erhalten wir für den Index von V_n ein Polynom in den CHERNschen Klassen von V_n. Dieses Polynom ist sogar ein Polynom in den PONTRJAGINschen Klassen von V_n und ist also sinnvoll für differenzierbare Mannigfaltigkeiten.

0.7. Wir haben gerade bemerkt, daß ein Hauptresultat der Arbeit (Darstellbarkeit von $\chi(V_n, W)$ durch ein Polynom in den CHERNschen Klassen von V_n und denen von W) zur Folge hat, daß der Index einer

---

[1]) Die alternierende Summe $\sum\limits_{p=0}^{n} (-1)^p \chi^p(V_n)$ ist nach den Sätzen von DE RHAM-HODGE offenbar gleich der EULER-POINCARÉschen Charakteristik $c_n[V_n]$. Ferner ist $\sum\limits_{p=0}^{n} \chi^p(V_n) = 0$ für ungerades n. Die Polynome für $\chi^p(V_n)$ haben die entsprechenden Eigenschaften.

V_{2k} als Polynom in den PONTRJAGINSchen Klassen dargestellt werden kann. Diese Tatsache bildet in Wirklichkeit den Ausgangspunkt unserer Überlegungen. Wir werden in Kapitel II mit Hilfe der THOM-schen Theorie zeigen, daß der Index $\tau(M^{4k})$ einer orientierten differen-zierbaren[1]) Mannigfaltigkeit M^{4k} durch ein Polynom in den PONTRJAGIN-schen Klassen p_i von M^{4k} dargestellt werden kann ($p_i \in H^{4i}(M^{4k}, \mathbf{Z})$). Zum Beispiel ist

$$\tau(M^4) = \tfrac{1}{3}\, p_1[M^4]\ , \quad \tau(M^8) = \tfrac{1}{45}\, (7p_2 - p_1^2)[M^8]\ . \tag{9}$$

Die Formel für $\tau(M^4)$ wurde von WU vermutet. Die Formeln für $\tau(M^4)$ und $\tau(M^8)$ wurden von THOM in [37] bewiesen. Für einen kurzen Über-blick über den Weg von der Formel für $\tau(M^{4k})$ zur Formel für $\chi(V_n, W)$ werde der Leser auf die Note [15] verwiesen.

0.8. Wir haben in dieser Einleitung in den Punkten 0.1—0.6 alles nur für algebraische Mannigfaltigkeiten formuliert. Wir führen die Theorie der Zahlen $\chi(V_n, W)$ usw. (χ-Theorie) in der vorliegenden Arbeit so weit wie möglich für beliebige kompakte komplexe Mannig-faltigkeiten durch. Die formale Theorie des TODDschen Geschlech-tes usw. (T-Theorie) führen wir für kompakte fast-komplexe Mannig-faltigkeiten durch. Wir können χ- und T-Theorie für algebraische Mannigfaltigkeiten identifizieren. Man könnte vermuten, daß χ- und T-Theorie für beliebige kompakte komplexe Mannigfaltigkeiten (oder zumindest für kählersche Mannigfaltigkeiten) übereinstimmen. Für diese Fragestellungen siehe [17].

0.9. Nun einige Anmerkungen zum Aufbau der Arbeit. Das Kapitel I bringt Vorbereitungen. § 1 enthält die elementare und formal-alge-braische Theorie der multiplikativen Folgen von Polynomen. Ins-besondere werden die TODDschen Polynome, die Polynome für den Index usw. definiert. Die §§ 2—4 des ersten Kapitels sind von § 1 unabhängig. Es ist deshalb vielleicht anzuraten, die Lektüre nicht mit § 1 zu beginnen, sondern bei Bedarf auf diesen zurückzugreifen. Der § 2 stellt die für uns wichtigen Dinge der Garbentheorie in einiger Aus-führlichkeit zusammen. Die §§ 3 und 4 behandeln Faserbündel und charakteristische Klassen. Wir werden uns bemühen, die Vorzeichen-schwierigkeiten, die bekanntlich in den verschiedenen Definitionen der CHERNschen Klassen auftreten, zu überwinden. Es werden dann u. a. die Formeln für die CHERNschen Klassen der WHITNEYschen Summe und des Tensor-Produktes zweier Vektorraum-Bündel besprochen.

---

[1]) Eine orientierbare Mannigfaltigkeit M^n heißt orientiert, wenn eine be-stimmte Orientierung ausgezeichnet ist. Es ist dann ein n-dimensionaler Funda-mentalzyklus definiert. Der Wert einer n-dimensionalen Cohomologieklasse a auf diesem Fundamentalzyklus wird mit $a[M^n]$ bezeichnet. — „Differenzierbar" soll in dieser Arbeit immer „C^∞-differenzierbar", d. h. beliebig oft stetig differenzierbar bedeuten (alle partiellen Ableitungen existieren und sind stetig).

Das Kapitel II berichtet über die THOMsche Theorie und bringt als Anwendung der THOMschen Theorie u. a. den Satz über den Index (vgl. 0.7). Wir verfahren an einigen Stellen formal etwas anders als THOM, da wir die „multiplikativen Folgen von Polynomen" verwenden. Auf die schwierigen Beweise der THOMschen Theorie, zu denen man verwickelte Approximationssätze und Hilfsmittel der modernen algebraischen Homotopietheorie benötigt, konnte im Rahmen dieser Arbeit nicht eingegangen werden.

Im Kapitel III wird die Theorie des TODDschen Geschlechtes durchgeführt. Wir erhalten den Satz, daß das TODDsche Geschlecht $T(M_n)$ einer kompakten fast-komplexen Mannigfaltigkeit M_n multipliziert mit 2^n eine ganze Zahl ist. Es gilt sogar, daß $2^{n-1} T(M_n)$ eine ganze Zahl ist (vgl. zu diesen Ganzzahligkeitsfragen [14, 16, 17]). Die formale Theorie des TODDschen Geschlechtes und die Ganzzahligkeitseigenschaften haben nur wenig mit fast-komplexen Mannigfaltigkeiten zu tun. Wir gehen in dieser Arbeit nicht darauf ein, wie diese Ganzzahligkeitseigenschaften für differenzierbare Mannigfaltigkeiten formuliert werden können. Wir verweisen auf [17] und auf die in Vorbereitung befindliche Arbeit [5].

Im Kapitel IV werden schließlich die Resultate bewiesen, von denen in 0.1—0.6 die Rede war, und einige Anwendungen gemacht[1]). Das Kapitel enthält Berichte über Resultate von CARTAN, DOLBEAULT, KODAIRA, SERRE, SPENCER.

Der Verfasser hat sich bemüht, die Arbeit von anderen Arbeiten unabhängig zu machen, soweit das auf diesem beschränkten Raum möglich war.

0.10. Wir verwenden in der vorliegenden Arbeit durchweg die folgenden Bezeichnungen:

Z: ganze Zahlen, **Q**: rationale Zahlen, **R**: reelle Zahlen, **C**: komplexe Zahlen, $\mathbf{R}^q$: Vektorraum über **R** der q-Tupel $(x_1, \ldots, x_q)$ von reellen Zahlen, $\mathbf{C}_q$: Vektorraum über **C** der q-Tupel von komplexen Zahlen. Ferner ist $\mathbf{GL}(q, \mathbf{R})$ die Gruppe der $q \times q$-reihigen invertierbaren reellen Matrizen a_{ik}, d. h. $\mathbf{GL}(q, \mathbf{R})$ ist die Gruppe der Automorphismen von $\mathbf{R}^q$:

$$x_i' = \sum_{k=1}^{q} a_{ik}\, x_k .$$

$\mathbf{GL}^+(q, \mathbf{R})$ ist die Untergruppe der Matrizen von $\mathbf{GL}(q, \mathbf{R})$, die positive Determinante haben (= Gruppe der orientierungstreuen Automorphismen von $\mathbf{R}^q$). $\mathbf{O}(q)$ ist die Untergruppe der orthogonalen Matrizen von

---

[1]) Für weitere Anwendungen s. F. HIRZEBRUCH: „*Der Satz von* RIEMANN-ROCH *in faisceau-theoretischer Formulierung* . . ." Proc. Intern. Congress Math. 1954, Amsterdam, Vol. III, 457—473 (1956). Es werden hier insbesondere die $h^{p,q}$ der vollständigen Durchschnitte von Hyperflächen in einem komplexen projektiven Raum berechnet.

$GL(q, R)$, und es ist $SO(q) = O(q) \cap GL^+(q, R)$. — Entsprechend soll $GL(q, C)$ die Gruppe der $q \times q$-reihigen invertierbaren komplexen Matrizen sein (= Gruppe der Automorphismen von C_q). Wir setzen $C^* = GL(1, C)$ (= multiplikative Gruppe der komplexen Zahlen $\neq 0$). $U(q)$ ist die Untergruppe der unitären Matrizen von $GL(q, C)$. Der komplexe projektive Raum der komplexen Dimension $q - 1$ wird mit $P_{q-1}(C)$ bezeichnet (= Raum der komplexen Geraden durch den Nullpunkt von C_q). Die Quotientengruppe der Gruppe $U(q)$ bzw. $GL(q, C)$ über dem Normalteiler ihrer skalaren Matrizen (d. h. über ihrem Zentrum) wird mit $PU(q)$ bzw. $PGL(q, C)$ bezeichnet. Diese beiden Gruppen operieren effektiv auf $P_{q-1}(C)$.

Erstes Kapitel

Vorbereitungen

§ 1. Formal-algebraische Vorbereitungen

1.1. Gegeben sei ein kommutativer Ring B mit Einselement 1. Es seien $p_1, p_2, p_3, \ldots$ Unbestimmte, und es werde $p_0 = 1$ gesetzt. Wir adjungieren die Unbestimmten p_i zu B und erhalten den Ring $\mathfrak{B} = B [p_1, p_2, \ldots]$ aller Polynome in den p_i mit Koeffizienten in B. Der Ring $\mathfrak{B}$ werde in der folgenden Weise graduiert:

Das Produkt $p_{j_1} p_{j_2} \ldots p_{j_r}$ ist vom Gewicht $j_1 + j_2 + \cdots + j_r$. Man hat

$$\mathfrak{B} = \sum_{k=0}^{\infty} \mathfrak{B}_k , \tag{1}$$

wobei $\mathfrak{B}_k$ die additive Gruppe derjenigen Polynome ist, die nur Glieder vom Gewicht k enthalten ($\mathfrak{B}_0 = B$). Die additive Gruppe $\mathfrak{B}_k$ ist ein Modul über B, dessen Dimension gleich der Anzahl $\pi(k)$ der Partitionen von k ist. Es gilt

$$\mathfrak{B}_r \mathfrak{B}_s \subset \mathfrak{B}_{r+s} . \tag{2}$$

1.2. Es sei $\{K_j\}$ eine Folge von Polynomen in den Unbestimmten p_i mit $K_0 = 1$ und $K_j \in \mathfrak{B}_j$ $(j = 0, 1, 2, \ldots)$. Die Folge $\{K_j\}$ heißt „multiplikative Folge von Polynomen" (oder kurz m-Folge), wenn aus der formalen Gleichung

$$1 + p_1'' z + p_2'' z^2 + p_3'' z^3 + \cdots$$
$$= (1 + p_1 z + p_2 z^2 + \cdots) (1 + p_1' z + p_2' z^2 + \cdots) \tag{3}$$

(z, p_i, p_i' Unbestimmte) folgt, daß

$$\sum_{j=0}^{\infty} K_j (p_1'', p_2'', \ldots, p_j'') z^j$$
$$= \left(\sum_{i=0}^{\infty} K_i (p_1, \ldots, p_i) z^i \right) \left(\sum_{j=0}^{\infty} K_j (p_1', \ldots, p_j') z^j \right) . \tag{4}$$

Wir schreiben abkürzend

$$K\left(\sum_{j=0}^{\infty} p_j z^j\right) = \sum_{j=0}^{\infty} K_j (p_1, \dots, p_j) \, z^j$$

und entsprechend, wenn die Unbestimmten p_i durch „spezielle Werte" ersetzt sind. Wir nennen

$$K(1+z) = 1 + b_1 z + b_2 z^2 + \cdots \quad (b_i \in B, \quad b_i = K_i(1, 0, \dots 0))$$

die **charakteristische Potenzreihe** der m-Folge $\{K_j\}$. In den beiden folgenden Lemmas geben wir einen vollständigen Überblick über alle möglichen m-Folgen.

Lemma 1.2.1. *Die m-Folge $\{K_j\}$ ist durch ihre charakteristische Potenzreihe $Q(z) = K(1+z)$ bereits vollständig bestimmt.*

Beweis: Das Polynom $1 + p_1 z + p_2 z^2 + \cdots + p_m z^m$ kann formal in Linearfaktoren aufgespalten werden,

$$1 + p_1 z + \cdots + p_m z^m = \prod_{i=1}^{m} (1 + \beta_i z) , \tag{5_m}$$

und (3), (4) ergeben dann

$$\sum_{j=0}^{m} K_j(p_1, \dots, p_j) \, z^j + \sum_{j=m+1}^{\infty} K_j(p_1, \dots, p_m, 0, \dots, 0) \, z^j = \prod_{i=1}^{m} Q(\beta_i z) . \tag{6_m}$$

Damit sind alle K_j für $j \leq m$ als symmetrische Polynome in den β_i und damit als Polynome in den p_i bekannt. Dies gilt für beliebige m. Das Lemma ist bewiesen.

Lemma 1.2.2. *Zu jeder formalen Potenzreihe* $Q(z) = \sum_{i=0}^{\infty} b_i z^i$, $(b_0 = 1, b_i \in B)$, *gibt es eine m-Folge $\{K_j\}$ mit $K(1+z) = Q(z)$.*

Beweis: Wir verwenden die Aufspaltung (5_m) und bilden das Produkt $\prod_{i=1}^{m} Q(\beta_i z)$. Der Koeffizient von z^j in diesem Produkt ist symmetrisch in den β_i und homogen vom Grade j, kann also in eindeutiger Weise als Polynom $K_j^{(m)}(p_1, \dots, p_j)$ vom Gewicht j aufgefaßt werden. Es ergibt sich leicht, daß das Polynom $K_j^{(m)}$ für $j \leq m$ nicht von m abhängt. Wir setzen $K_j^{(m)} = K_j$ für $j \leq m$. Die Folge $\{K_j\}$ ist die gesuchte multiplikative Folge. Zum Beweis bemerkt man, daß die Gleichung (6_m) richtig ist. Aus (6_m) folgt dann weiter, daß die Definitionseigenschaft „(3) impliziert (4)" der m-Folgen richtig ist, wenn die Unbestimmten p_i, p_i' für große Indizes gleich Null gesetzt werden. Daraus ergibt sich unmittelbar, daß $\{K_j\}$ eine m-Folge ist. Schließlich besagt (6_m) für $m = 1$, daß $K(1+z) = Q(z)$. —

Die Lemmas 1.2.1 und 1.2.2 besagen zusammen, daß eine eineindeutige Beziehung zwischen den m-Folgen und den formalen Potenzreihen mit Koeffizienten in B (absolutes Glied gleich 1) besteht. Zum Beispiel gehört zur m-Folge $\{p_j\}$ die Potenzreihe $1 + z$.

1.3. Aus formalen Gründen ist es zweckmäßig, die bisherigen Überlegungen „nochmals durchzuführen" mit der einzigen Änderung, daß die Unbestimmten p_i durch c_i, die Unbestimmte z durch x und die Wurzeln β_i in (5_m) durch γ_i ersetzt werden ($p_0 = c_0 = 1$). Wir verbinden die beiden Formalismen miteinander, indem wir $z = x^2$ und $\beta_i = \gamma_i^2$ setzen, d. h. wir führen die folgenden Relationen ein:

$$z = x^2 \quad \text{und} \quad \sum_{i=0}^{\infty} p_i \, (-z)^i = \left(\sum_{j=0}^{\infty} c_j \, (-x)^j \right) \left(\sum_{i=0}^{\infty} c_i \, x^i \right). \tag{7}$$

Wir haben das folgende triviale

Lemma 1.3.1. *Es sei* $\{K_j(p_1, \ldots, p_j)\}$ *die zur Potenzreihe* $Q(z)$ *gehörige* m-*Folge und* $\{\tilde{K}_j(c_1, \ldots, c_j)\}$ *die zur Potenzreihe* $\tilde{Q}(x) = Q(x^2)$ *gehörige* m-*Folge. Nach Einführung der Relationen* (7) *gilt:*

$$K_j (p_1, \ldots, p_j) = \tilde{K}_{2j} (c_1, \ldots, c_{2j})$$

$$0 = \tilde{K}_{2j+1} (c_1, \ldots, c_{2j+1}) \, .$$

Insbesondere ist $1, 0, p_1, 0, p_2, 0, p_3, \ldots$ *die zu* $1 + x^2$ *gehörige* m-*Folge in den* c_i.

Wir notieren

$$p_1 = - 2c_2 + c_1^2, \quad p_2 = 2c_4 - 2c_3 c_1 + c_2^2, \quad p_3 = - 2c_6 + 2c_5 c_1 - 2c_4 c_2 + c_3^2.$$

1.4. Gegeben sei eine Potenzreihe $Q(z) = \sum_{i=0}^{\infty} b_i z^i$ ($b_i \in B$, $b_0 = 1$). Wir betrachten die formale Aufspaltung

$$1 + b_1 z + b_2 z^2 + \cdots + b_m z^m = (1 + \beta_1' z) (1 + \beta_2' z) \ldots (1 + \beta_m' z) \tag{8}$$

und verstehen wie üblich unter

$$\Sigma(\beta_1')^{j_1} (\beta_2')^{j_2} \ldots (\beta_r')^{j_r}, \quad (j_1 \geqq j_2 \geqq \cdots \geqq j_r \geqq 1; \quad j_1 + j_2 + \cdots + j_r = k \leqq m),$$
$$\tag{9}$$

diejenige symmetrische Funktion in den β_i', die sich ergibt, wenn man auf das Potenzprodukt unter dem Summenzeichen alle Permutationen von $(\beta_1', \beta_2', \ldots, \beta_m')$ anwendet und die so erhaltenen **paarweise verschiedenen** Potenzprodukte addiert. Die Anzahl der Glieder, über die summiert wird, ist also gleich $m!/h$, wo h die Anzahl derjenigen Permutationen von $(\beta_1', \ldots, \beta_m')$ ist, die das gegebene Potenzprodukt festlassen. Die symmetrische Funktion $\Sigma(\beta_1')^{j_1} (\beta_2')^{j_2} \ldots (\beta_r')^{j_r}$ ist unter den in (9) in Klammern angegebenen Bedingungen ein Polynom vom Gewicht k in den b_i mit ganzzahligen Koeffizienten, das **nicht von** m **abhängt** und das wir der Kürze wegen mit $\Sigma(j_1, j_2, \ldots, j_r)$ bezeichnen. Wir können nun ein Lemma formulieren, das die explizite Berechnung der Polynome einer m-Folge erleichtert.

Lemma 1.4.1. *Es sei* $\{K_j(p_1, \ldots, p_j)\}$ *die zur Potenzreihe* $Q(z) = \sum\limits_{i=0}^{\infty} b_i z^i$ *gehörige m-Folge. Dann ist der Koeffizient von*

$$p_{j_1} p_{j_2} \cdots p_{j_r} \ \text{ in } \ K_k \quad (j_1 \geqq j_2 \geqq \cdots \geqq j_r \geqq 1 \, , \, \sum_{s=1}^{r} j_s = k)$$

gleich $\Sigma(j_1, j_2, \ldots, j_r)$.

Der Beweis werde dem Leser überlassen. Man verwende (6) und (8). Zum Beispiel ist der Koeffizient von p_k in K_k gleich $s_k = \Sigma(k)$.

$$s_0 = 1, \ s_1 = b_1, \ s_2 = -2b_2 + b_1^2, \ s_3 = 3b_3 - 3b_2 b_1 + b_1^3 \, , \ \text{usw.}$$

Ferner ist der Koeffizient von p_k^2 in K_{2k} gleich $\Sigma(k, k) = \frac{1}{2}(s_k^2 - s_{2k})$. Die s_k können mit Hilfe einer Formel von CAUCHY berechnet werden:

$$Q(z) \frac{d}{dz} \left(\frac{z}{Q(z)} \right) = \sum_{j=0}^{\infty} (-1)^j s_j z^j \, . \tag{10}$$

1.5. Wir werden in diesem Abschnitt 1.5 und den folgenden Abschnitten 1.6—1.8 einige spezielle m-Folgen definieren, die in dieser Arbeit eine Rolle spielen. Wir betrachten zunächst die Potenzreihe

$$Q(z) = \frac{\sqrt{z}}{\operatorname{tgh} \sqrt{z}} = 1 + \sum_{k=1}^{\infty} (-1)^{k-1} \frac{2^{2k}}{(2k)!} B_k z^k \, .$$

(Der Koeffizientenbereich B ist der Körper $\mathbf{Q}$ der rationalen Zahlen.) Die Koeffizienten B_k sind die BERNOULLIschen Zahlen in derjenigen Bezeichnung, in der alle $B_k > 0$ und $\neq \frac{1}{2}$ sind.

$$B_1 = \frac{1}{6} \, , \ B_2 = \frac{1}{30} \, , \ B_3 = \frac{1}{42} \, , \ B_4 = \frac{1}{30} \, ,$$
$$B_5 = \frac{5}{66} \, , \ B_6 = \frac{691}{2730} \, , \ B_7 = \frac{7}{6} \, , \ B_8 = \frac{3617}{510} \, .$$

Die zu der gerade erwähnten Potenzreihe $Q(z)$ gehörige m-Folge werde mit $\{L_j(p_1, \ldots, p_j)\}$ bezeichnet. Mit Hilfe der in 1.4 angedeuteten Methode kann man die ersten Polynome L_j verhältnismäßig schnell berechnen. Man erhält so

$$L_1 = \frac{1}{3} p_1 \, ,$$

$$L_2 = \frac{1}{45} (7 p_2 - p_1^2) \, ,$$

$$L_3 = \frac{1}{3^3 \cdot 5 \cdot 7} (62 p_3 - 13 p_2 p_1 + 2 p_1^3) \, ,$$

$$L_4 = \frac{1}{3^4 \cdot 5^2 \cdot 7} (381 p_4 - 71 p_3 p_1 - 19 p_2^2 + 22 p_2 p_1^2 - 3 p_1^4) \, ,$$

$$L_5 = \frac{1}{3^5 \cdot 5^2 \cdot 7 \cdot 11} \times$$

$$\times (5110 p_5 - 919 p_4 p_1 - 336 p_3 p_2 + 237 p_3 p_1^2 + 127 p_2^2 p_1 - 83 p_2 p_1^3 + 10 p_1^5).$$

Den Koeffizienten s_k von p_k in L_k kann man nach 1.4 Formel (10) berechnen. Man erhält

$$\sum_{j=0}^{\infty} (-1)^j s_j z^j = \frac{1}{2} + \frac{1}{2} \frac{2\sqrt{z}}{\sinh 2\sqrt{z}}$$

und damit

$$s_0 = 1 \quad \text{und} \quad s_k = \frac{2^{2k}(2^{2k-1}-1) B_k}{(2k)!} \text{ für } k \geq 1 . \tag{11}$$

Lemma 1.5.1. *Wenn man in das Polynom L_k die durch*

$$1 + p_1 z + \cdots + p_k z^k = (1+z)^{2k+1} \pmod{z^{k+1}}$$

gegebenen speziellen Werte $p_i = \binom{2k+1}{i}$ einsetzt, dann nimmt L_k den Wert 1 an. Die Potenzreihe $Q(z) = \dfrac{\sqrt{z}}{\operatorname{tgh}\sqrt{z}}$ hat nämlich die folgende Eigenschaft:

Für jedes k ist der Koeffizient J_k von z^k in $(Q(z))^{2k+1}$ gleich 1, und $\dfrac{\sqrt{z}}{\operatorname{tgh}\sqrt{z}}$ ist die einzige Potenzreihe mit rationalen Koeffizienten mit dieser Eigenschaft.

Beweis: Nach CAUCHYs Integralformel ist

$$J_k = \frac{1}{2\pi i} \int \frac{1}{z^{k+1}} \left(\frac{\sqrt{z}}{\operatorname{tgh}\sqrt{z}} \right)^{2k+1} dz .$$

Mit Hilfe der Substitution $t = \operatorname{tgh}\sqrt{z}$ erhält man

$$J_k = \frac{1}{2\pi i} \int \frac{dt}{(1-t^2) t^{2k+1}} = 1 .$$

Die beiden Integranden sind über einen kleinen Kreis um den Nullpunkt der komplexen z- bzw. t-Ebene zu integrieren. Man beachte, daß bei der Substitution dem einmal durchlaufenen t-Kreis der zweimal durchlaufene z-Kreis entspricht. — Die Gleichungen $J_k = 1$ können zur rekursiven Berechnung der Koeffizienten von $Q(z)$ benutzt werden.

Ohne Beweis werde noch das folgende Lemma angegeben, das zwar in dieser Arbeit nicht benutzt wird, das jedoch im Zusammenhang mit der topologischen Bedeutung der Polynome L_k von Interesse ist.

Lemma 1.5.2. *Das Polynom L_k kann in eindeutiger Weise als Polynom mit ganzzahligen teilerfremden Koeffizienten, dividiert durch eine positive ganze Zahl $\mu(L_k)$, geschrieben werden. Es gilt*

$$\mu(L_k) = \prod q^{\left[\frac{2k}{q-1}\right]} .$$

(Produkt über alle ungeraden Primzahlen q mit $3 \leq q \leq 2k+1$).

1.6. Mit A_k werde die zu $Q(z) = \dfrac{2\sqrt{z}}{\sinh 2\sqrt{z}}$ gehörige m-Folge bezeichnet. Mit Hilfe der Methode von 1.4 ergibt sich

$$A_1 = -\frac{2}{3} p_1, \quad A_2 = \frac{2}{45}(-4p_2 + 7p_1^2), \quad A_3 = \frac{-4}{3^3 \cdot 5 \cdot 7}(16 p_3 - 44 p_2 p_1 + 31 p_1^3) .$$

Bemerkung: Analog zu Lemma 1.5.2 kann man zeigen, daß A_k in eindeutiger Weise als Polynom mit ganzzahligen teilerfremden Koeffizienten, multipliziert mit einer Potenz von 2 und dividiert durch $\mu(L_k)$, geschrieben werden kann.

1.7. Die beiden letzten m-Folgen, die wir zu besprechen haben, geben wir im Formalismus (c_i, x, γ_i) an (vgl. 1.3). Es sei $\{T_k\}$ die zur Potenzreihe

$$Q(x) = \frac{x}{1 - e^{-x}} = 1 + \frac{x}{2} + \sum_{k=1}^{\infty} (-1)^{k-1} \frac{B_k}{(2k)!} x^{2k}$$

gehörige m-Folge (Koeffizientenbereich: Körper Q der rationalen Zahlen). Die Polynome T_k werden TODDsche Polynome genannt. Die Berechnung der ersten TODDschen Polynome erleichtert sich durch die Formel

$$\frac{x}{1 - e^{-x}} = \exp\left(\frac{x}{2}\right) \frac{\dfrac{x}{2}}{\sinh \dfrac{x}{2}} \ . \qquad \text{(Wir setzen } \exp(a) = e^a.)$$

Aus dieser Formel, aus der Formel (6_m) des (c_i, x, γ_i)-Formalismus und aus Lemma 1.3.1 folgt unmittelbar, daß folgende Formel nach Einführung der Relationen (7) richtig ist.

$$T_k(c_1, c_2, \ldots, c_k) = \sum \frac{1}{2^{4s}\, r!} \left(\frac{c_1}{2}\right)^r A_s(p_1, \ldots, p_s) , \qquad (12)$$

zu summieren über alle nicht-negativen ganzen Zahlen r, s mit $r + 2s = k$. Man erhält so (vgl. TODD [38])

$$T_1 = \tfrac{1}{2}\, c_1 ,$$

$$T_2 = \tfrac{1}{12}\, (c_2 + c_1^2) ,$$

$$T_3 = \tfrac{1}{24}\, c_2 c_1 ,$$

$$T_4 = \tfrac{1}{720}\, (-c_4 + c_3 c_1 + 3c_2^2 + 4c_2 c_1^2 - c_1^4) ,$$

$$T_5 = \tfrac{1}{1440}\, (-c_4 c_1 + c_3 c_1^2 + 3c_2^2 c_1 - c_2 c_1^3) ,$$

$$T_6 = \tfrac{1}{60480}\, (2c_6 - 2c_5 c_1 - 9c_4 c_2 - 5c_4 c_1^2 - c_3^2 + 11 c_3 c_2 c_1 +$$
$$+ 5c_3 c_1^3 + 10c_2^3 + 11 c_2^2 c_1^2 - 12c_2 c_1^4 + 2c_1^6) .$$

Bemerkungen:

1. Aus (12) folgt, daß T_k für ungerades k durch c_1 teilbar ist.

2. Wenn man Formel (10) aus Abschnitt 1.4 auf die m-Folge $\{T_k\}$ anwendet, dann ergibt sich, daß in dem TODDschen Polynom T_k die Koeffizienten von c_k und c_1^k übereinstimmen. Ferner sieht man leicht, daß $\{T_k\}$ die einzige m-Folge ist, die diese Eigenschaft hat und deren erstes Polynom gleich $\tfrac{1}{2}\, c_1$ ist.

Lemma 1.7.1. *Wenn man in das Polynom T_k die durch*

$$1 + c_1 x + c_2 x^2 + \cdots c_k x^k = (1 + x)^{k+1} \quad (\mathrm{mod}\, x^{k+1})$$

gegebenen speziellen Werte $c_i = \binom{k+1}{i}$ *einsetzt, dann nimmt T_k den Wert* 1

an. Die Potenzreihe $Q(x) = \dfrac{x}{1 - e^{-x}}$ *hat nämlich die folgende Eigenschaft:*

Für jedes k ist der Koeffizient von x^k in $(Q(x))^{k+1}$ gleich 1. *Ferner ist*

$\dfrac{x}{1 - e^{-x}}$ *die einzige Potenzreihe mit rationalen Koeffizienten, die diese*

Eigenschaft hat.

Beweis wie in Lemma 1.5.1 mit Hilfe von CAUCHYs Integralformel.
Ferner gilt

Lemma 1.7.2. *Wenn man in das Polynom T_k $(k \geqq 1)$ die durch*

$$1 + c_1 x + c_2 x^2 + \cdots + c_k x^k = (1 + x)^k (1 - x) \quad (\mathrm{mod}\, x^{k+1})$$

gegebenen speziellen Werte einsetzt, dann nimmt T_k den Wert 0 *an.*

Analog zu Lemma 1.5.2 gilt

Lemma 1.7.3. *Das Polynom T_k kann in eindeutiger Weise als
Polynom mit ganzzahligen teilerfremden Koeffizienten, dividiert durch eine
positive ganze Zahl $\mu(T_k)$, geschrieben werden. Man hat*

$$\mu(T_k) = \prod q^{\left[\frac{k}{q-1}\right]} \quad \text{(Produkt über alle Primzahlen } q \text{ mit } 2 \leqq q \leqq k+1).$$

Es gilt also (vgl. Lemma 1.5.2)

$$\mu(T_{2k+1}) = 2\,\mu(T_{2k}) = 2^{2k+1}\,\mu(L_k)\,.$$

Beweise für die Lemmas 1.5.2 und 1.7.3 sollen bei einer anderen
Gelegenheit mitgeteilt werden.

1.8. Es sei $\{T_j(y; c_1, \ldots, c_j)\}$ die zur Potenzreihe

$$Q(y; x) = \frac{x(y+1)}{1 - e^{-x(y+1)}} - yx = \frac{x(y+1)}{e^{x(y+1)} - 1} + x$$

gehörige m-Folge (der Koeffizientenbereich B ist hier der Polynomring $\mathbf{Q}[y]$). Wir haben in Verallgemeinerung von Lemma 1.7.1

Lemma 1.8.1. *Für $c_i = \binom{n+1}{i}$ ist*

$$T_n(y; c_1, \ldots, c_n) = 1 - y + y^2 - \cdots + (-1)^n y^n\,.$$

Für jedes n ist der Koeffizient von x^n in $Q(y; x)^{n+1}$ gleich $\sum\limits_{i=0}^{n} (-1)^i y^i$, und

$Q(y; x)$ *ist die einzige Potenzreihe mit Koeffizienten in $\mathbf{Q}[y]$ mit dieser
Eigenschaft.*

Das Polynom $T_n(y; c_1, \ldots, c_n)$ kann in eindeutiger Weise in der Form

$$T_n(y; c_1, \ldots, c_n) = \sum_{p=0}^{n} T_n^p(c_1, \ldots, c_n)\, y^p$$

geschrieben werden, und für die Polynome $T_n^p(c_1, \ldots, c_n)$ hat man die Formel

$$T_n^p(c_1, \ldots, c_n) = (-1)^n \, T_n^{n-p}(c_1, \ldots, c_n) \, . \tag{13}$$

Beweis von (13): $Q\left(\dfrac{1}{y} ; y x\right) = Q(y; -x)$ und daher

$$y^n \, T_n\left(\frac{1}{y} ; c_1, \ldots, c_n\right) = (-1)^n \, T_n(y; c_1, \ldots, c_n) \, .$$

Q. E. D.

Schreibt man formal in der Unbestimmten x

$$1 + c_1 x + c_2 x^2 + \cdots + c_n x^n = \prod_{i=1}^n (1 + \gamma_i x) \, , \tag{14}$$

dann ist (es werde wieder $\exp(a) = e^a$ gesetzt)

$$T_n^p(c_1, \ldots, c_n) = \varkappa_n \left[\sum \exp(-(\gamma_{j_1} + \cdots + \gamma_{j_p})) \prod_{i=1}^n \frac{\gamma_i}{1 - \exp(-\gamma_i)} \right] \, . \tag{15}$$

Die Summe ist über alle $\binom{n}{p}$ Kombinationen von p paarweise verschiedenen γ_i zu erstrecken. $\varkappa_n[\;]$ bezeichnet dabei die Summe aller in den γ_i homogenen Terme vom Grade n, die in $[\;]$ vorkommen. Nach (14) ist diese Summe als Polynom vom Gewicht n in den c_i aufzufassen.

Beweis von (15): Man bezeichne den Ausdruck auf der rechten Seite von (15) für den Augenblick mit $\widetilde{T}_n^p$. Dann ist

$$\sum_{p=0}^n \widetilde{T}_n^p(c_1, \ldots, c_n) \, y^p = \varkappa_n \left[\prod_{i=1}^n \left((1 + y \exp(-\gamma_i)) \frac{\gamma_i}{1 - \exp(-\gamma_i)} \right) \right]$$

$$= \varkappa_n \left[\prod_{i=1}^n \frac{(1 + y \exp(-(1 + y) \gamma_i))}{1 + y} \cdot \frac{(1 + y) \gamma_i}{1 - \exp(-(1 + y) \gamma_i)} \right]$$

$$= \varkappa_n \left[\prod_{i=1}^n Q(y; \gamma_i) \right] = \sum_{p=0}^n T_n^p(c_1, \ldots, c_n) \, y^p \, .$$

Q. E. D.

Schließlich bemerken wir noch, daß

$$Q(0; x) = \frac{x}{1 - e^{-x}} \, , \quad Q(-1; x) = 1 + x \quad \text{und} \quad Q(1; x) = \frac{x}{\operatorname{tgh} x} \, .$$

Daraus ergibt sich

$$T_n^0(c_1, \ldots, c_n) = T_n(c_1, \ldots, c_n) \quad \text{(ToDDsches Polynom)},$$

$$\sum_{p=0}^n (-1)^p \, T_n^p(c_1, \ldots, c_n) = c_n \, ,$$

$$\sum_{p=0}^n T_n^p(c_1, \ldots, c_n) = \widetilde{L}_n(c_1, \ldots, c_n) \, , \quad \text{d. h.} \tag{16}$$

$$\left. \sum_{p=0}^n T_n^p(c_1, \ldots, c_n) \right\} \begin{array}{l} = 0 \qquad\qquad\quad \text{für ungerades } n \\[2mm] = L_{\frac{n}{2}}\left(p_1, \ldots, p_{\frac{n}{2}}\right) \quad \text{für gerades } n \end{array}$$

(vgl. Lemma 1.3.1 und Abschnitt 1.5).

1.9. Hier soll noch ein Zusammenhang der TODDschen Polynome mit den BERNOULLIschen Polynomen höherer Ordnung von N. E. NÖRLUND angegeben werden (vgl. N. E. NÖRLUND, Differenzenrechnung, insbes. S. 143. Berlin, Springer-Verlag 1924). Das BERNOULLIsche Polynom $B_j^{(n)}(\gamma_1, \ldots, \gamma_n)$ ist definiert durch

$$\prod_{i=1}^{n} \frac{\gamma_i\, x}{\exp(\gamma_i\, x) - 1} = \sum_{j=0}^{\infty} \frac{x^j}{j!}\, B_j^{(n)}(\gamma_1, \ldots, \gamma_n)\,.$$

Daraus ersieht man, daß

$$T_k(c_1, \ldots, c_k) = \frac{(-1)^k}{k!}\, B_k^{(n)}(\gamma_1, \ldots, \gamma_n) \quad \text{für } k \leq n\,,$$

falls man nach 1.8 (14) die c_i als elementar-symmetrische Funktionen der $\gamma_1, \gamma_2, \ldots, \gamma_n$ auffaßt. *Die* TODD*schen Polynome stimmen also im wesentlichen mit* BERNOULLI*schen Polynomen höherer Ordnung überein.*

Eine entsprechende Bemerkung gilt für die Polynome A_k, die im wesentlichen mit den in NÖRLUNDs Buch (loc. cit.) betrachteten Polynomen D übereinstimmen, nämlich

$$A_k(p_1, \ldots, p_k) = \widetilde{A}_{2k}(c_1, \ldots, c_{2k}) = \frac{2^{2k}}{(2k)!}\, D_{2k}^{(n)}(\gamma_1, \ldots, \gamma_n) \quad \text{für } 2k \leq n$$

(vgl. 1.3 und 1.6).

§ 2. Garben

In diesem Paragraphen sollen die für die vorliegende Arbeit benötigten Dinge der Garbentheorie dargestellt werden [6, 31, 32a].

Zur Terminologie:

Unter einem topologischen Raum X wird eine Menge verstanden, in der gewisse Teilmengen als offen ausgezeichnet sind, wobei verlangt wird, daß jeder endliche Durchschnitt und jede beliebige Vereinigung von offenen Mengen wieder offen sind. (Die leere Menge und X sind dann offene Teilmengen von X.) Eine Umgebung eines Punktes x von X ist eine den Punkt x enthaltende offene Teilmenge von X. Ein System offener Mengen von X nennt man eine Basis (für die Topologie von X), wenn jede offene Menge von X Vereinigung von Mengen des Systems ist. —

Unter einer Überdeckung $\mathfrak{U}$ von X verstehen wir ein indiziertes System $\mathfrak{U} = \{U_i\}_{i \in I}$ von offenen Mengen, deren Vereinigung gleich X ist. Der Index i durchläuft die Indexmenge I, die eingeführt wird, damit eine offene Menge mehrmals in der Überdeckung vorkommen darf. Da die Indexmenge I beliebig ist, stößt man auf die üblichen logischen Schwierigkeiten, wenn man von der Menge aller Überdeckungen von X sprechen will. Wir nennen eine Überdeckung $\mathfrak{U} = \{U_i\}_{i \in I}$ eigentlich, wenn zu verschiedenen Indizes verschiedene Mengen der Überdeckung gehören und wenn in natürlicher Weise die Menge der Mengen der Überdeckung selbst als Indexmenge gewählt ist. Von der Menge der eigentlichen Überdeckungen darf man reden, da sie eine Teilmenge der Potenzmenge von X ist. Eine Überdeckung $\mathfrak{V} = \{V_j\}_{j \in J}$ von X heißt Verfeinerung der Überdeckung $\mathfrak{U} = \{U_i\}_{i \in I}$ von X, wenn jede Menge V_j in wenigstens einer Menge U_i enthalten ist. Man sagt auch, daß $\mathfrak{V}$ die Überdeckung $\mathfrak{U}$ verfeinert. Zwei Überdeckungen heißen gleichfein, wenn jede Verfeinerung der anderen ist. Offenbar ist jede Überdeckung mit einer eigentlichen gleichfein.

2.1. Definition der Garbe. Homomorphismen.

Definition: *Eine Garbe $\mathfrak{S}$ (von abelschen Gruppen) über X ist ein Tripel $\mathfrak{S} = (S, \pi, X)$ mit den folgenden drei Eigenschaften:*

I) *S und X sind topologische Räume, π ist eine stetige Abbildung von S auf X.*

II) *Jeder Punkt $\alpha \in S$ besitzt eine Umgebung N in S, die durch $\pi|N$ topologisch auf eine Umgebung von $\pi(\alpha)$ in X abgebildet wird (π ist ein lokaler Homöomorphismus).*

Die Urbildmenge $\pi^{-1}(x)$ eines Punktes $x \in X$ heißt der „Halm über x", der auch mit S_x bezeichnet wird. Jeder Punkt von S gehört genau einem Halm an. Aus II) folgt, daß die Topologie von S auf jedem Halm die diskrete Topologie induziert.

III) *Gehören die Punkte α, $\beta \in S$ demselben Halm an, dann ist eine Summe $\alpha + \beta$ und eine Differenz $\alpha - \beta$ definiert, die dem Halm von α, β angehören. Jeder Halm S_x ist in bezug auf diese Addition und Differenz beliebiger Punkte des Halmes eine abelsche Gruppe. Die Differenz $\alpha - \beta$ hängt stetig von α, β ab.* (Stetig bedeutet hier: $(\alpha, \beta) \to (\alpha - \beta)$ ist eine stetige Abbildung von $S \oplus S$ in S, wobei $S \oplus S$ die mit natürlicher Topologie versehene Teilmenge derjenigen Punkte (α, β) des cartesischen Produktes $S \times S$ ist, für die $\pi(\alpha) = \pi(\beta)$.)

Aus I), II), III) folgt, daß das Nullelement 0_x der abelschen Gruppe S_x stetig von x abhängt, d. h. $x \to 0_x$ ist eine stetige Abbildung von X in S. Es folgt weiter, daß auch die Summe $\alpha + \beta$ in dem angegebenen Sinne stetig von α, β abhängt.

Bemerkung: Garben können durch naheliegende Abänderung von III) für eine beliebige algebraische Struktur der Halme definiert werden. Es ist zu verlangen, daß die algebraischen Operationen stetig sind. Es wird häufig vorkommen, daß die Halme K-Moduln sind (für einen festen Ring K). Dann ist in III) zusätzlich zu verlangen, daß für $\alpha \in S$ und $k \in K$ das Produkt $k\alpha$ definiert ist, daß $k\alpha$ dem Halm von α angehört ($\pi(\alpha) = \pi(k\alpha)$) und daß $\alpha \to k\alpha$ für jedes k eine stetige Abbildung von S in S ist. Wir werden im folgenden immer stillschweigend voraussetzen, daß es sich um Garben von abelschen Gruppen oder um Garben von K-Moduln (fester Ring K) handelt. Wir formulieren alle Definitionen und Sätze nur für Garben von abelschen Gruppen, sie sind aber nach sinngemäßer Ergänzung auch für Garben von K-Moduln sinnvoll und gültig, z. B. ist Homomorphismus immer durch K-Homomorphismus zu ersetzen. In vielen Fällen wird $K = \mathbb{C}$ (Körper der komplexen Zahlen) sein. Die Abschnitte 2.1—2.4 lassen sich im wesentlichen auf Garben mit beliebiger algebraischer Struktur der Halme übertragen. Die in Abschnitt 2.6 angegebene Definition der Cohomologiegruppen des topologischen Raumes X mit Koeffizienten in einer Garbe $\mathfrak{S}$ über X benutzt jedoch entscheidend, daß die Halme abelsche Gruppen bzw. K-Moduln sind. Die Cohomologiegruppen sind entsprechend abelsche Gruppen bzw. K-Moduln. (Ein Teil der Cohomologietheorie bleibt für die Dimension 1 auch im nicht-abelschen Fall erhalten; vgl. 3.1.)

Definition: *$\mathfrak{S} = (S, \pi, X)$ und $\widetilde{\mathfrak{S}} = (\widetilde{S}, \widetilde{\pi}, X)$ seien Garben über dem gleichen Raum X. Ein Homomorphismus $h : \mathfrak{S} \to \widetilde{\mathfrak{S}}$ liegt vor, wenn gilt:*

a) h ist eine stetige Abbildung von S in $\widetilde{S}$.

b) $\pi = \widetilde{\pi} h$, d. h. für jeden Punkt $x \in X$ wird der Halm S_x durch h in den Halm $\widetilde{S}_x$ abgebildet.

c) Für jedes $x \in X$ ist die Beschränkung von h auf den Halm S_x ein Homomorphismus h_x der Gruppe S_x in die Gruppe $\widetilde{S}_x$.

$$h_x : S_x \to \widetilde{S}_x. \tag{1}$$

Aus a), b) folgt, daß h ein lokaler Homöomorphismus von S in $\widetilde{S}$ ist.

Wir nennen h einen Homomorphismus-auf (bzw. Isomorphismus-in bzw. Isomorphismus-auf), wenn h_x für jeden Punkt x von X homomorph-auf (bzw. isomorph-in bzw. isomorph-auf) ist.

Weitere elementare algebraische Begriffe der Garbentheorie sollen in 2.4 besprochen werden.

2.2. Garbendaten.

In vielen konkreten Fällen wird eine Garbe über einem topologischen Raum X mit Hilfe eines Garbendatums angegeben.

Definition: *Ein Garbendatum über X liegt vor, wenn jeder offenen Menge U von X eine abelsche Gruppe S_U zugeordnet ist, wenn ferner jedem Paar U, V von offenen Mengen von X mit $V \subset U$ ein Homomorphismus $r_V^U : S_U \to S_V$ zugeordnet ist und wenn diese Gruppen und Homomorphismen den folgenden Bedingungen genügen.*

I) Wenn U leer ist, dann $S_U = 0$ (Null-Gruppe).

II) Es ist $r_U^U = \textit{Identität} - \textit{Wenn } W \subset V \subset U, \textit{ dann } r_W^U = r_W^V \, r_V^U.$

Bemerkung: Um ein Garbendatum anzugeben, braucht man die S_U und r_V^U nur für nicht-leere Mengen U, V zu definieren.

Aus einem Garbendatum über X wird eine Garbe über X folgendermaßen konstruiert:

a) Man bezeichne für $x \in X$ mit S_x den direkten Limes aller Gruppen S_U mit $x \in U$ bezüglich der Homomorphismen r_V^U. (Vgl. z. B. [13], Chap. VIII.) Mit anderen Worten: U durchlaufe alle Umgebungen von x. Jedes Element $f \in S_U$ repräsentiert ein Element $f_x \in S_x$, das als Keim von f in

x bezeichnet wird. Jeder Punkt von S_x ist ein Keim. Für $f \in S_U$ und $g \in S_V$ (U, V Umgebungen von x) ist $f_x = g_x$ genau dann, wenn es eine in U und V enthaltene Umgebung W von x gibt, für die $r_W^U f = r_W^V g$.

b) S sei die Vereinigung aller S_x ($x \in X$), die paarweise punktfremd sind, und π sei diejenige Abbildung von S auf X, die alle Punkte von S_x auf x abbildet. $\pi^{-1}(x) = S_x$ ist als direkter Limes von abelschen Gruppen selbst eine abelsche Gruppe. Die in 2.1 III) vorkommende Summe bzw. Differenz ist daher definiert.

c) Die Topologie von S wird durch Angabe einer Basis beschrieben: Es sei $f \in S_U$. Für jeden Punkt $y \in U$ definiert f den Keim $f_y \in S_y$. Die Menge dieser f_y werde mit f_U bezeichnet. Die Gesamtheit aller möglichen f_U (U durchläuft alle offenen Mengen von X und f alle Elemente von S_U) ist die anzugebende Basis.

Man kontrolliert leicht nach, daß nach a), b), c) in der Tat eine Garbe (S, π, X) von abelschen Gruppen gegeben wird. Diese Garbe wird die zu dem Garbendatum gehörige Garbe genannt.

$\mathfrak{S} = \{S_U, r_V^U\}$ und $\widetilde{\mathfrak{S}} = \{\widetilde{S}_U, \widetilde{r}_V^U\}$ seien Garbendaten über X. Ein Homomorphismus h von $\mathfrak{S}$ in $\widetilde{\mathfrak{S}}$ ist ein System $\{h_U\}$ von Homomorphismen ($h_U : S_U \to \widetilde{S}_U$), die mit den Homomorphismen r_V^U, $\widetilde{r}_V^U$ verträglich sind, d. h. $\widetilde{r}_V^U h_U = h_V r_V^U$ für $V \subset U$.

Der Homomorphismus h heißt homomorph-auf (bzw. isomorph-in bzw. isomorph-auf), wenn alle Homomorphismen h_U homomorph-auf (bzw. isomorph-in bzw. isomorph-auf) sind. — $\mathfrak{S}$ ist Untergarbendatum von $\widetilde{\mathfrak{S}}$, wenn S_U für jede offene Menge U Untergruppe von $\widetilde{S}_U$ ist und wenn r_V^U immer gleich der Beschränkung von $\widetilde{r}_V^U$ auf S_U ist ($\widetilde{r}_V^U$ bildet S_U in S_V ab). — Wenn $\mathfrak{S}$ Untergarbendatum von $\widetilde{\mathfrak{S}}$ ist, dann kann in natürlicher Weise das Quotientengarbendatum $\widetilde{\mathfrak{S}}/\mathfrak{S}$ definiert werden. Dieses ordnet jeder offenen Menge U die Quotientengruppe $\widetilde{S}_U/S_U$ zu. — Wenn h ein Homomorphismus des Garbendatums $\mathfrak{S}$ in das Garbendatum $\widetilde{\mathfrak{S}}$ ist, dann kann in natürlicher Weise der Kern von h und das Bild von h definiert werden. Der Kern von h ist ein Untergarbendatum von $\mathfrak{S}$, das Bild von h ein Untergarbendatum von $\widetilde{\mathfrak{S}}$. Der Kern von h ordnet jeder offenen Menge U den Kern des Homomorphismus h_U zu, das Bild von h ordnet jeder offenen Menge U das Bild des Homomorphismus h_U zu.

Die zu den Garbendaten $\mathfrak{S}$, $\widetilde{\mathfrak{S}}$ gehörigen Garben seien $\mathfrak{S} = (S, \pi, X)$ und $\widetilde{\mathfrak{S}} = (\widetilde{S}, \widetilde{\pi}, X)$. Der Homomorphismus $h : \mathfrak{S} \to \widetilde{\mathfrak{S}}$ induziert einen Homomorphismus von $\mathfrak{S}$ in $\widetilde{\mathfrak{S}}$, der ebenfalls mit h bezeichnet werde. Um diesen Homomorphismus anzugeben, genügt es, die Homomorphismen $h_x : S_x \to \widetilde{S}_x$ zu definieren (vgl. 2.1 (1)): Der Homomorphismus h_x wird definiert als der direkte Limes aller Homomorphismen h_U mit

$x \in U$. In anderen Worten: Wenn $\alpha \in S_x$ und wenn α der Keim in x eines Elementes $f \in S_U$ ist, dann ist $h_x(\alpha)$ der Keim in x des Elementes $h_U(f) \in \tilde{S}_U$.

2.3. Das kanonische Garbendatum einer Garbe.

Ein Schnitt der Garbe $\mathfrak{S} = (S, \pi, X)$ über einer offenen Menge U von X ist eine stetige Abbildung s von U in S, für die $\pi s = $ Identität. Die Menge aller Schnitte von $\mathfrak{S}$ über U ist wegen 2.1 III) eine abelsche Gruppe, die wir $\Gamma(U, \mathfrak{S})$ nennen wollen. Ihr Nullelement ist der Schnitt $x \to 0_x$. Wenn s ein Schnitt über U ist, dann heißt die Bildmenge $s(U) \subset S$ die Schnittfläche von s. Sie schneidet jeden Halm S_x ($x \in U$) in genau einem Punkt.

Man ordne nun jeder offenen Menge U von X die Gruppe $\Gamma(U, \mathfrak{S})$ der Schnitte von $\mathfrak{S}$ über U zu, wobei man $\Gamma(U, \mathfrak{S})$ gleich der Nullgruppe setzt, wenn U leer ist. Für $V \subset U$ sei $r_V^U : \Gamma(U, \mathfrak{S}) \to \Gamma(V, \mathfrak{S})$ derjenige Homomorphismus, der jedem Schnitt von $\mathfrak{S}$ über U seine Beschränkung auf V zuordnet (man setzt $r_V^U = 0$, wenn V leer ist). Das so definierte Garbendatum heißt kanonisches Garbendatum von $\mathfrak{S}$. Es bestimmt nach 2.2 a)—c) eine Garbe. Man erhält die Garbe $\mathfrak{S}$ zurück. Aus 2.1 I), II) folgt nämlich, daß jeder Punkt $\alpha \in S$ wenigstens einer Schnittfläche angehört und daß zwei Schnitte s, s' über U, U' mit $\alpha \in s(U) \cap s'(U')$ über einer in $U \cap U'$ enthaltenen Umgebung von $x = \pi(\alpha)$ übereinstimmen. Daher entsprechen in Übereinstimmung mit a) die Keime in x von Schnitten, die über einer Umgebung von x definiert sind, eineindeutig den Punkten des Halmes S_x. Weiter folgt aus 2.1 I), II), daß die Gesamtheit aller Schnittflächen $s(U)$ ein vollständiges System von offenen Mengen für die Topologie von S ist; das stimmt mit 2.2 c) überein.

Ist $\mathfrak{S}$ die zu einem Garbendatum $\mathfrak{S} = \{S_U, r_V^U\}$ gehörige Garbe, dann hat man einen natürlichen Homomorphismus von $\mathfrak{S}$ in das kanonische Garbendatum von $\mathfrak{S}$. Jedes $f \in S_U$ bestimmt nämlich den Schnitt von $\mathfrak{S}$ über U, der jedem $x \in U$ den Keim von f in x zuordnet. Man erhält so den Homomorphismus $h_U: S_U \to \Gamma(U, \mathfrak{S})$, der im allgemeinen weder isomorph-in noch homomorph-auf ist (vgl. SERRE [32a], Ch. I, § 1, Prop. 1 und 2 für Einzelheiten). Der Homomorphismus $\{h_U\}$ von $\mathfrak{S}$ in das kanonische Garbendatum von $\mathfrak{S}$ induziert den identischen Isomorphismus von $\mathfrak{S}$ auf $\mathfrak{S}$ (vgl. den Schluß von 2.2).

2.4. Untergarbe. Exakte Sequenzen. Quotientengarbe. Beschränkung und triviale Erweiterung von Garben.

Wir kommen nun zu weiteren algebraischen Begriffen der Garbentheorie.

Definition: $\mathfrak{S}' = (S', \pi', X)$ *heißt Untergarbe von* $\mathfrak{S} = (S, \pi, X)$, *wenn gilt:*

I) *S' ist eine offene Teilmenge von S.*

II) *π' ist die Beschränkung von π auf S' und bildet S' auf X ab.*

III) *Der Halm $\pi'^{-1}(x) = S' \cap \pi^{-1}(x)$ ist Untergruppe des Halmes $\pi^{-1}(x)$ für alle $x \in X$.*

Um die Definition der Untergarbe zu legitimieren, muß gezeigt werden, daß $\mathfrak{S}'$ wirklich eine Garbe ist. Nun ist aber die Bedingung I) äquivalent mit

I*) *Ist $s(U)$ eine Schnittfläche von $\mathfrak{S}$ und ist $\alpha \in s(U) \cap S'$, dann gibt es eine in U enthaltene Umgebung V von $\pi(\alpha)$ derart, daß $s(x) \in S'$ für alle $x \in V$.*

Aus I*) folgt sofort, daß π' ein lokaler Homöomorphismus ist und (unter Verwendung von III)) daß die Gruppenoperationen in $\mathfrak{S}'$ stetig sind.

Die identische Abbildung von S' in S definiert einen Isomorphismus von $\mathfrak{S}'$ in $\mathfrak{S}$ (vgl. 2.1), der **Einbettung** heißt.

Wählt man für S' die Menge $0(\mathfrak{S})$ der Nullelemente der Halme von $\mathfrak{S}$ (d. h. $0(\mathfrak{S}) = s(X)$, wo s das Nullelement von $\Gamma(X, \mathfrak{S})$ ist (vgl. 2.3)), dann erhält man eine Untergarbe von $\mathfrak{S}$, deren Halme alle Nullgruppen sind. Die Projektion π' ist ein Homöomorphismus von $0(\mathfrak{S})$ auf X. Man kann die **Nullgarbe** 0 über X bis auf Isomorphie definieren als eine Garbe (X, π, X), wo π die Identität und jeder Halm die Nullgruppe ist. Die Nullgarbe ist als Untergarbe von jeder Garbe über X aufzufassen. Sie wird kurz mit 0 bezeichnet.

Es seien $\mathfrak{S} = (S, \pi, X)$ und $\widetilde{\mathfrak{S}} = (\widetilde{S}, \widetilde{\pi}, X)$ Garben über X und h ein Homomorphismus von $\mathfrak{S}$ in $\widetilde{\mathfrak{S}}$. Setzt man $S' = h^{-1}(0(\widetilde{\mathfrak{S}}))$, dann erhält man eine Untergarbe $h^{-1}(0) = (S', \pi', X)$ von $\mathfrak{S}$, den **Kern** von h. Der Halm der Garbe $h^{-1}(0)$ über x ist der Kern des Homomorphismus h_x (vgl. 2.1 (1)). — Setzt man $\widetilde{S}' = h(S)$, dann erhält man eine Untergarbe $h(\mathfrak{S}) = (\widetilde{S}', \widetilde{\pi}', X)$ von $\widetilde{\mathfrak{S}}$, das **Bild** von h. Der Halm der Garbe $h(\mathfrak{S})$ über x ist das Bild des Homomorphismus h_x.

Eine Folge $\{A_i\}$ von Gruppen (oder Garbendaten oder Garben) zusammen mit einer Folge $\{h_i\}$ von Homomorphismen $(h_i : A_i \to A_{i+1})$ soll eine **Sequenz** heißen. (Der Index i durchläuft alle ganzen Zahlen zwischen zwei Grenzen n_0, n_1 $(n_0 < i < n_1)$, die auch $-\infty$ oder $+\infty$ sein können. Der Homomorphismus h_i ist definiert für $n_0 < i < n_1 - 1$.) Die Sequenz heißt **exakt**, wenn der Kern eines jeden Homomorphismus gleich dem Bilde des vorhergehenden ist, sofern dieser definiert ist. Wenn die A_i Garbendaten über dem topologischen Raum X sind $(A_i = \{S_U^{(i)}\})$, dann bedeutet die Exaktheit, daß man für jede offene Menge U von X eine exakte Sequenz

$$\ldots \to S_U^{(i)} \to S_U^{(i+1)} \to S_U^{(i+2)} \to \ldots \tag{2}$$

hat. Wenn die A_i Garben über X sind, dann bedeutet die Exaktheit, daß über jedem festen Punkt von X die Halme der Garben A_i eine exakte Sequenz bilden. Da der direkte Limes von exakten Sequenzen wieder eine exakte Sequenz ist (vgl. [13], Chap. VIII, Theorem 5.4), erhält man

Lemma 2.4.1. *Gegeben sei eine exakte Sequenz*

$$\cdots \to \mathfrak{G}_n \to \mathfrak{G}_{n+1} \to \mathfrak{G}_{n+2} \to \cdots \tag{3}$$

von Garbendaten über dem topologischen Raum X. Die induzierte Sequenz der zugehörigen Garben ist dann ebenfalls exakt.

Es sei z. B.

$$0 \to \mathfrak{S}' \xrightarrow{h'} \mathfrak{S} \xrightarrow{h} \mathfrak{S}'' \to 0 \tag{4}$$

eine exakte Sequenz von Garben über X,

$$\mathfrak{S}' = (S', \pi', X), \quad \mathfrak{S} = (S, \pi, X), \quad \mathfrak{S}'' = (S'', \pi'', X).$$

Die erste 0 deutet dabei die Nulluntergarbe von $\mathfrak{S}'$ an, der erste Pfeil ihre Einbettung. Der Homomorphismus h' ist wegen der Exaktheit isomorph-in und kann deshalb als Einbettung der Untergarbe $\mathfrak{S}'$ in $\mathfrak{S}$ aufgefaßt werden. Die letzte 0 ist die Nulluntergarbe von $\mathfrak{S}''$, und $\mathfrak{S}'' \to 0$ ist der triviale Homomorphismus, der jeden Halm von $\mathfrak{S}''$ auf sein Nullelement abbildet. Der Homomorphismus h ist wegen der Exaktheit homomorph-auf. Zur exakten Sequenz (4) gehört für jeden Punkt x von X eine entsprechende exakte Sequenz der Halme über x:

$$0 \to S'_x \xrightarrow{h'_x} S_x \xrightarrow{h_x} S''_x \to 0. \tag{5}$$

Die Gruppe S''_x ist isomorph zur Quotientengruppe S_x/S'_x. Man prüft leicht nach, daß S'' folgende Topologie hat: Eine Teilmenge von S'' ist genau dann offen, wenn ihr Urbild in bezug auf h eine offene Teilmenge von S ist (Quotiententopologie bezüglich der Abbildung $h\colon S \to S''$). Diese Überlegungen zeigen, daß es zu vorgegebener Garbe $\mathfrak{S}$ und Untergarbe $\mathfrak{S}'$ von $\mathfrak{S}$ (bis auf Isomorphie) höchstens eine Garbe $\mathfrak{S}''$ geben kann, die mit $\mathfrak{S}'$ und $\mathfrak{S}$ die exakte Sequenz (4) bildet. Nach Beweis der Existenz einer solchen Garbe $\mathfrak{S}''$ sind wir berechtigt, von *der* Quotientengarbe $\mathfrak{S}'' = \mathfrak{S}/\mathfrak{S}'$ zu sprechen. Der Existenzbeweis kann direkt im Anschluß an die obigen Überlegungen erfolgen. Wir gehen etwas anders vor, indem wir für $\mathfrak{S}''$ ein Garbendatum angeben.

Die Gruppe $\Gamma(U, \mathfrak{S}')$ der Schnitte von $\mathfrak{S}'$ über einer offenen Menge U von X ist eine Untergruppe von $\Gamma(U, \mathfrak{S})$, der Gruppe der Schnitte von $\mathfrak{S}$ über U. Wir setzen $S''_U = \Gamma(U, \mathfrak{S})/\Gamma(U, \mathfrak{S}')$, d. h. wir haben die exakte Sequenz

$$0 \to \Gamma(U, \mathfrak{S}') \to \Gamma(U, \mathfrak{S}) \to S''_U \to 0. \tag{6}$$

Das kanonische Garbendatum von $\mathfrak{S}'$ ist Untergarbendatum des kanonischen Garbendatums von $\mathfrak{S}$. Die S''_U bilden das entsprechende Quotientengarbendatum (vgl. 2.2). Für eine offene Menge $V \subset U$ bildet nämlich der Beschränkungs-Homomorphismus $\Gamma(U, \mathfrak{S}) \to \Gamma(V, \mathfrak{S})$ die Untergruppe $\Gamma(U, \mathfrak{S}')$ von $\Gamma(U, \mathfrak{S})$ in die Untergruppe $\Gamma(V, \mathfrak{S}')$ von $\Gamma(V, \mathfrak{S})$ ab und induziert den Homomorphismus $r_V^U: S_U'' \to S_V''$. Das Quotientengarbendatum $\{S_U'', r_V^U\}$ bestimmt eine Garbe $\mathfrak{S}''$, die in der Tat die gewünschte Eigenschaft hat. Nach Konstruktion erhält man nämlich aus (6) eine exakte Sequenz von Garbendaten und damit nach Lemma 2.4.1 eine exakte Sequenz von Garben. Wir fassen unser Resultat in dem folgenden Satz zusammen:

Satz 2.4.2. *Über dem topologischen Raum X sei eine Garbe $\mathfrak{S}$ und eine Untergarbe $\mathfrak{S}'$ von $\mathfrak{S}$ gegeben. Dann gibt es bis auf Isomorphie genau eine Garbe $\mathfrak{S}''$ über X, die mit $\mathfrak{S}'$ und $\mathfrak{S}$ die folgende exakte Sequenz bildet:*

$$0 \to \mathfrak{S}' \xrightarrow{h'} \mathfrak{S} \xrightarrow{h} \mathfrak{S}'' \to 0 . \tag{7}$$

Dabei ist h' die Einbettung. Durch h_x $(x \in X)$ wird in natürlicher Weise ein Isomorphismus der Quotientengruppe S_x/S_x' auf den Halm S_x'' von $\mathfrak{S}''$ über x induziert.

Bemerkung: Aus (7) erhält man die exakte Sequenz

$$0 \to \Gamma(U, \mathfrak{S}') \to \Gamma(U, \mathfrak{S}) \to \Gamma(U, \mathfrak{S}'') . \tag{8}$$

$\Gamma(U, \mathfrak{S}) \to \Gamma(U, \mathfrak{S}'')$ ist aber im allgemeinen nicht homomorph-auf. Aus (6) ergibt sich, daß S_U'' eine Untergruppe von $\Gamma(U, \mathfrak{S}'')$ ist, nämlich die Untergruppe derjenigen Schnitte von $\mathfrak{S}''$ über U, die als Bilder von Schnitten von $\mathfrak{S}$ über U auftreten. —

Über dem Raum X sei die Garbe $\mathfrak{S} = (S, \pi, X)$ gegeben. Es sei Y eine Teilmenge von X. Versieht man $\pi^{-1}(Y)$ mit der Relativtopologie bezüglich S, dann wird durch $(\pi^{-1}(Y), \pi|\pi^{-1}(Y), Y)$ in natürlicher Weise eine Garbe $\mathfrak{S}|Y$ über Y gegeben. $\mathfrak{S}|Y$ nennt man die Beschränkung der Garbe $\mathfrak{S}$ auf Y.

Satz 2.4.3. *Wenn Y eine abgeschlossene Teilmenge des Raumes X ist und wenn $\mathfrak{S} = (S, \pi, Y)$ eine Garbe über Y ist, dann gibt es (bis auf Isomorphie) genau eine Garbe $\hat{\mathfrak{S}} = (\hat{S}, \hat{\pi}, X)$ über X mit $\hat{\mathfrak{S}}|Y = \mathfrak{S}$ und $\hat{\mathfrak{S}}|CY = 0$. Es gilt weiter, daß die Gruppen $\Gamma(U, \hat{\mathfrak{S}})$ und $\Gamma(U \cap Y, \mathfrak{S})$ für jede offene Menge U von X in natürlicher Weise isomorph sind.* ($\hat{\mathfrak{S}}$ heißt die (triviale) Erweiterung von $\mathfrak{S}$ auf X.)

Beweis: Es ist klar, daß die Garbe $\hat{\mathfrak{S}}$ eindeutig bestimmt ist und folgendermaßen erhalten wird: $\hat{S} = S \cup (CY \times 0)$; $\hat{\pi}(\alpha) = \pi(\alpha)$ für $\alpha \in S$, $\hat{\pi}(a \times 0) = a$ für $a \in CY$. Der Halm $\hat{S}_x = \hat{\pi}^{-1}(x)$ ist also gleich $\pi^{-1}(x)$ für $x \in Y$ und gleich der Nullgruppe für $x \in CY$. Die Mengen $s(U \cap Y) \cup ((U \cap CY) \times 0)$, wobei U eine beliebige offene Menge von X und s ein beliebiger Schnitt von $\mathfrak{S}$ über $U \cap Y$ ist, bilden eine Basis für die Topologie von $\hat{S}$. — Man kann $\hat{\mathfrak{S}}$ auch durch Angabe eines Garbendatums konstruieren: Für eine beliebige offene Menge U von X setze man $\hat{S}_U = \Gamma(U \cap Y, \mathfrak{S})$. Für offene Mengen V, U von X mit

$V \subset U$ setze man r_V^U gleich dem Beschränkungs-Homomorphismus von $\Gamma(U \cap Y, \mathfrak{S})$ auf $\Gamma(V \cap Y, \mathfrak{S})$. Man erhält so ein Garbendatum für $\hat{\mathfrak{S}}$, von dem man nachweist, daß es das kanonische Garbendatum von $\hat{\mathfrak{S}}$ ist. Da Y abgeschlossen ist, besitzt jeder Punkt $x \in \mathbf{C}Y$ eine Umgebung U, die Y nicht schneidet und für die deshalb $\hat{S}_U = 0$. Also ist in der Tat $\hat{S}_x = 0$.

Bemerkung: Wenn die Garbe $\mathfrak{S}$ über wenigstens einem Randpunkt von Y einen von 0 verschiedenen Halm besitzt, dann erfüllt der Raum $\hat{S}$ nicht das HAUSDORFFsche Trennungsaxiom.

2.5. Einige Beispiele.

1) Für eine abelsche Gruppe A und einen topologischen Raum X kann man die **konstante Garbe** $(X \times A, \pi, X)$ bilden, die auch einfach mit A bezeichnet werden soll. Hierbei ist π die Projektion von $X \times A$ auf X. Die Topologie von $X \times A$ ist die des cartesischen Produktes, wobei A mit der diskreten Topologie versehen ist. Für Punkte (x, a) und (x, a') von $X \times A$ ist die Summe (Differenz) definiert und gleich $(x, a \pm a')$.

2) Man ordne jeder nicht-leeren offenen Menge U des Raumes X die additive Gruppe S_U aller in U stetigen komplex-wertigen Funktionen zu. Für $U \supset V$ wähle man als Homomorphismus $S_U \to S_V$ die Beschränkung jeder in U definierten Funktion auf V. Man erhält ein Garbendatum, das nach 2.2 eine Garbe $\mathbf{C}_c$ bestimmt[1]): **Garbe der Keime von lokalen stetigen komplex-wertigen Funktionen.** — Entsprechend definiert man die Garbe $\mathbf{C}_c^*$: Jeder nicht-leeren offenen Menge U wird die abelsche Gruppe S_U^* aller in U stetigen komplex-wertigen **nicht-verschwindenden** Funktionen zugeordnet. Die Gruppenoperation ist die gewöhnliche Multiplikation. Ordnet man jeder Funktion $f \in S_U$ die Funktion $e^{2\pi i f} \in S_U^*$ zu, dann erhält man für jedes U einen Homomorphismus $S_U \to S_U^*$ und damit einen Homomorphismus des Garbendatums $\{S_U\}$ in das Garbendatum $\{S_U^*\}$, welcher einen Homomorphismus der Garbe $\mathbf{C}_c$ in die Garbe $\mathbf{C}_c^*$ induziert (vgl. 2.2). Ferner sei $\mathbf{Z}$ die konstante Garbe der ganzen Zahlen, welche eine Untergarbe von $\mathbf{C}_c$ ist. $\mathbf{Z}$ ist offenbar der Kern des Homomorphismus von $\mathbf{C}_c$ in $\mathbf{C}_c^*$. Jeder Punkt $z_0 \in \mathbf{C}^*$ ($\mathbf{C}^*$ ist die multiplikative Gruppe der von 0 verschiedenen komplexen Zahlen) besitzt eine Umgebung in $\mathbf{C}^*$, in der man für $\log z$ einen eindeutigen Zweig wählen kann. Wenn k ein Keim von $\mathbf{C}_c^*$ ist, dann ist $(2\pi i)^{-1} \log k$ ein Keim von $\mathbf{C}_c$, der bei $\mathbf{C}_c \to \mathbf{C}_c^*$ in k übergeht. Man hat daher die exakte Sequenz

$$0 \to \mathbf{Z} \to \mathbf{C}_c \to \mathbf{C}_c^* \to 0 \, . \tag{9}$$

---

[1]) Der untere Index $\mathfrak{c}$ soll an stetig (continuous) erinnern.

3) Nun sei X eine differenzierbare Mannigfaltigkeit[1]). Ordnet man in Analogie zu 2) jeder offenen Menge U von X die additive Gruppe der in U differenzierbaren komplex-wertigen Funktionen zu, dann erhält man eine Garbe, die mit C_b bezeichnet werden soll. C_b ist die Garbe der Keime von lokalen differenzierbaren komplex-wertigen Funktionen. Ebenso wird die Garbe C_b^* der Keime von lokalen nicht-verschwindenden differenzierbaren komplex-wertigen Funktionen definiert mit der gewöhnlichen Multiplikation als Gruppenoperation für die Halme. Man erhält wie in 2) die exakte Sequenz

$$0 \to \mathbf{Z} \to C_b \to C_b^* \to 0 \,. \tag{10}$$

4) Nun sei X eine komplexe Mannigfaltigkeit. Ordnet man in Analogie zu 2) und 3) jeder offenen Menge U von X die additive Gruppe der in U holomorphen (komplex-wertigen) Funktionen zu, dann erhält man eine Garbe, die mit C_ω bezeichnet werden soll. Ebenso wird die Garbe C_ω^* der Keime von lokalen nicht-verschwindenden holomorphen Funktionen definiert mit der gewöhnlichen Multiplikation als Gruppenoperation für die Halme. Man erhält wie in 2) die exakte Sequenz

$$0 \to \mathbf{Z} \to C_\omega \to C_\omega^* \to 0 \,. \tag{11}$$

Bemerkungen: Die Garben C_c, C_b und C_ω können auch als Garben von C-Moduln aufgefaßt werden. Bei den exakten Sequenzen (9), (10) und (11) sind jedoch alle Garben als Garben von abelschen Gruppen aufzufassen. — Die bei der Konstruktion von C_c, C_c^*, C_b, C_b^*, C_ω, C_ω^* benutzten Garbendaten sind kanonisch, d. h. $\Gamma(U, C_c)$ ist die additive Gruppe der in U definierten stetigen komplex-wertigen Funktionen usw.

2.6. Cohomologiegruppen eines topologischen Raumes mit Koeffizienten in einer Garbe.

Ziel dieses Abschnittes ist die Definition der Cohomologiegruppen $H^q(X, \mathfrak{S})$, (q ganz ≥ 0), des Raumes X mit Koeffizienten in einer Garbe $\mathfrak{S}$ über X. Zunächst definieren wir die Cohomologiegruppen $H^q(\mathfrak{U}, \mathfrak{S})$ einer Überdeckung $\mathfrak{U} = \{U_i\}_{i \in I}$ von X mit Koeffizienten in einem Garbendatum $\mathfrak{S}$ (vgl. Anfang dieses Paragraphen zur Terminologie). Die Cohomologiegruppe $H^q(X, \mathfrak{S})$ wird dann als direkter Limes aller Gruppen $H^q(\mathfrak{U}, \mathfrak{S})$ definiert ($\mathfrak{U}$ durchläuft „alle" Überdeckungen). Schließlich werden die Cohomologiegruppen einer Überdeckung $\mathfrak{U}$ (bzw. des Raumes X) mit Koeffizienten in einer Garbe $\mathfrak{S}$ als die Cohomologiegruppen mit Koeffizienten in dem kanonischen Garbendatum von $\mathfrak{S}$ definiert.

---

[1]) Hier tritt zum erstenmal das Wort „differenzierbar" auf. Wir verabreden für die ganze Arbeit, unter „differenzierbar" immer „differenzierbar vom Typ C^∞" (alle partiellen Ableitungen existieren und sind stetig) zu verstehen. Bei einer differenzierbaren Mannigfaltigkeit sollen die Koordinatentransformationen stets durch in diesem Sinne differenzierbare Funktionen erfolgen.

Cohomologiegruppen $H^q(\mathfrak{U}, \mathfrak{S})$.

Es sei $\mathfrak{S} = \{S_U, r_V^U\}$ ein Garbendatum über X und $\mathfrak{U} = \{U_i\}_{i \in I}$ eine Überdeckung von X. Eine q-Cokette ist eine Funktion f, die jedem $(q+1)$-Tupel $(i_0, \ldots, i_q)$ von Indizes aus I ein Element $f(i_0, \ldots, i_q)$ von $S_{(U_{i_0} \cap \cdots \cap U_{i_q})}$ zuordnet. Die q-Coketten bilden eine Gruppe $C^q(\mathfrak{U}, \mathfrak{S})$. Man definiert den Corand-Homomorphismus

$$\delta^q \colon C^q(\mathfrak{U}, \mathfrak{S}) \to C^{q+1}(\mathfrak{U}, \mathfrak{S})$$

durch die folgende Formel[1]):

$$(\delta^q f)\,(i_0, \ldots, i_{q+1}) = \sum_{k=0}^{q+1} (-1)^k\, r_W^{W_k}\, (f(i_0, \ldots, \hat{i_k}, \ldots, i_{q+1}))\ \text{für } f \in C^q(\mathfrak{U}, \mathfrak{S}).$$

Hierbei wurde für den Augenblick $W = U_{i_0} \cap \ldots \cap U_{i_{q+1}}$ und $W_k = U_{i_0} \cap \ldots \cap \hat{U}_{i_k} \cap \ldots \cap U_{i_{q+1}}$ gesetzt. Der Homomorphismus $r_W^{W_k}$ ist definiert, da $W \subset W_k$. Man beweist wie üblich, daß $\delta^{q+1}\,\delta^q = 0$, und kann damit $H^q(\mathfrak{U}, \mathfrak{S})$ definieren:

$$H^q(\mathfrak{U}, \mathfrak{S}) = \text{Kern } (\delta^q)/\text{Bild } (\delta^{q-1})\,.$$

Cohomologiegruppen $H^q(X, \mathfrak{S})$.

Es sei $\mathfrak{V} = \{V_j\}_{j \in J}$ eine Verfeinerung der Überdeckung $\mathfrak{U} = \{U_i\}_{i \in I}$ Wir wählen eine Abbildung $\tau \colon J \to I$ mit $V_j \subset U_{\tau j}$. Die Abbildung τ induziert einen Homomorphismus

$$\tau^* \colon C^q(\mathfrak{U}, \mathfrak{S}) \to C^q(\mathfrak{V}, \mathfrak{S})\,.$$

Zu $f \in C^q(\mathfrak{U}, \mathfrak{S})$ wird $\tau^* f$ so definiert:

$$(\tau^* f)\,(j_0, \ldots, j_q) = r_W^{W'}\,(f(\tau j_0, \ldots, \tau j_q))\,.$$

Hierbei wurde für den Augenblick $W = V_{j_0} \cap \ldots \cap V_{j_q}$ und $W' = U_{\tau j_0} \cap \ldots \cap U_{\tau j_q}$ gesetzt. Es ist $W \subset W'$.

Der Homomorphismus τ^* ist für jedes q definiert und ist vertauschbar mit den für die „formalen Komplexe" $\{C^q(\mathfrak{U}, \mathfrak{S})\}$ und $\{C^q(\mathfrak{V}, \mathfrak{S})\}$ definierten Corand-Homomorphismen. τ^* induziert daher einen Homomorphismus

$$t_{\mathfrak{V}}^{\mathfrak{U}} \colon H^q(\mathfrak{U}, \mathfrak{S}) \to H^q(\mathfrak{V}, \mathfrak{S})\,.$$

Lemma 2.6.1. *Der Homomorphismus $t_{\mathfrak{V}}^{\mathfrak{U}}$ ist unabhängig von der Auswahl der Verfeinerungsabbildung $\tau \colon J \to I$. Er hängt also nur ab von der Überdeckung $\mathfrak{U}$ und der Verfeinerung $\mathfrak{V}$ von $\mathfrak{U}$.*

Es gilt $t_{\mathfrak{U}}^{\mathfrak{U}} = Identität$.

Wenn weiterhin $\mathfrak{W}$ eine Verfeinerung von $\mathfrak{V}$ ist, dann gilt

$$t_{\mathfrak{W}}^{\mathfrak{U}} = t_{\mathfrak{W}}^{\mathfrak{V}}\, t_{\mathfrak{V}}^{\mathfrak{U}}\,.$$

---

[1]) Das „Dach" ($\frown$) über einem Symbol bedeutet, daß dieses Symbol weggelassen werden soll.

Beweis: Es seien τ, τ' zwei Abbildungen von J in I mit $V_j \subset U_{\tau j} \cap U_{\tau' j}$. Wir definieren für jedes $q \geq 1$ einen Homomorphismus (Homotopieoperator)

$$k^q : C^q(\mathfrak{U}, \mathfrak{S}) \to C^{q-1}(\mathfrak{V}, \mathfrak{S})$$

durch die folgende Formel:

$$(k^q f)(j_0, \ldots, j_{q-1}) = \sum_{h=0}^{q-1} (-1)^h \, r_W^{W_h} \left(f(\tau j_0, \ldots, \tau j_h, \tau' j_h, \tau' j_{h+1}, \ldots, \tau' j_{q-1}) \right)$$

für $f \in C^q(\mathfrak{U}, \mathfrak{S})$. Hierbei wurde für den Augenblick $W = V_{j_0} \cap \ldots \cap V_{j_{q-1}}$ und $W_h = U_{\tau j_0} \cap \ldots \cap U_{\tau j_h} \cap U_{\tau' j_h} \cap U_{\tau' j_{h+1}} \cap \ldots \cap U_{\tau' j_{q-1}}$ gesetzt. Es ist $W \subset W_h$. Für $q \geq 1$ bzw. für $q = 0$ gilt:

$$\delta^{q-1} k^q + k^{q+1} \delta^q = (\tau')^* - \tau^* \quad \text{bzw.} \quad k^1 \delta^0 = (\tau')^* - \tau^*.$$

Damit ist der erste Teil des Lemmas bewiesen. Der zweite Teil ist eine unmittelbare Folgerung.

Wegen des vorstehenden Lemmas haben gleichfeine Überdeckungen (zur Terminologie vgl. Anfang dieses Paragraphen) in natürlicher Weise isomorphe Cohomologiegruppen. Daher kann man sich bei der Definition der Cohomologiegruppen des Raumes X auf eigentliche Überdeckungen beschränken:

Definition: *Die Cohomologiegruppe $H^q(X, \mathfrak{S})$ des topologischen Raumes X mit Koeffizienten in einem Garbendatum $\mathfrak{S}$ ist der direkte Limes der Gruppen $H^q(\mathfrak{U}, \mathfrak{S})$ bezüglich der Homomorphismen $t_{\mathfrak{V}}^{\mathfrak{U}}$, wo $\mathfrak{U}$ alle eigentlichen Überdeckungen von X durchläuft.*

Die Cohomologiegruppen $H^q(\mathfrak{U}, \mathfrak{S})$ und $H^q(X, \mathfrak{S})$ mit Koeffizienten in einer Garbe $\mathfrak{S}$ über X sind die Cohomologiegruppen mit Koeffizienten in dem kanonischen Garbendatum von $\mathfrak{S}$.

Für die Überdeckung $\mathfrak{U} = \{U_i\}_{i \in I}$ von X ist nach Definition $H^0(\mathfrak{U}, \mathfrak{S})$ gleich der Gruppe der Funktionen f, die jedem $i \in I$ einen Schnitt f_i von $\mathfrak{S}$ über U_i zuordnen, so daß f_i und f_j in $U_i \cap U_j$ übereinstimmen. Es ist also $H^0(\mathfrak{U}, \mathfrak{S}) = \Gamma(X, \mathfrak{S})$, und man erhält den

Satz 2.6.2. *Die Cohomologiegruppe $H^0(X, \mathfrak{S})$ ist in natürlicher Weise isomorph zu $\Gamma(X, \mathfrak{S})$, der Gruppe der Schnitte von $\mathfrak{S}$ über X.*

Es sei $\mathfrak{S}$ eine Garbe über einer abgeschlossenen Teilmenge Y des topologischen Raumes X und $\hat{\mathfrak{S}}$ die nach Satz 2.4.3 über ganz X trivial erweiterte Garbe. Mit diesen Bezeichnungen gilt

Satz 2.6.3. *Die Cohomologiegruppen $H^q(Y, \mathfrak{S})$ und $H^q(X, \hat{\mathfrak{S}})$ sind in natürlicher Weise isomorph.*

Beweis: Die Überdeckung $\mathfrak{U} = \{U_i\}_{i \in I}$ von X definiert eine Überdeckung $\mathfrak{U}|Y = \{U_i \cap Y\}_{i \in I}$ von Y. Jede Überdeckung von Y kann auf diese Weise erhalten werden. Da $\Gamma(U \cap Y, \mathfrak{S})$ und $\Gamma(U, \hat{\mathfrak{S}})$ für jede offene Menge U von X in natürlicher Weise isomorph sind und die

Beschränkungs-Homomorphismen dabei ineinander übergehen, erhält man für jedes q einen Isomorphismus

$$C^q(\mathfrak{U}|Y, \mathfrak{S}) \cong C^q(\mathfrak{U}, \hat{\mathfrak{S}}) \, .$$

Die für die formalen Komplexe $\{C^q(\mathfrak{U}|Y, \mathfrak{S})\}$ und $\{C^q(\mathfrak{U}, \hat{\mathfrak{S}})\}$ definierten Corand-Homomorphismen gehen bei diesen Isomorphismen ineinander über. Daraus folgt

$$H^q(\mathfrak{U}|Y, \mathfrak{S}) \cong H^q(\mathfrak{U}, \hat{\mathfrak{S}})$$

und damit die Behauptung des Satzes.

2.7. Die exakte Cohomologiesequenz für Garbendaten.

Es seien $\mathfrak{S}$, $\tilde{\mathfrak{S}}$ zwei Garbendaten über dem topologischen Raum X. Ein Homomorphismus $h = \{h_U\}$ von $\mathfrak{S}$ in $\tilde{\mathfrak{S}}$ (vgl. 2.2) induziert in natürlicher Weise einen Homomorphismus von $C^q(\mathfrak{U}, \mathfrak{S})$ in $C^q(\mathfrak{U}, \tilde{\mathfrak{S}})$, der mit den Corand-Homomorphismen verträglich ist und deshalb einen natürlichen Homomorphismus

$$h_* : H^q(\mathfrak{U}, \mathfrak{S}) \to H^q(\mathfrak{U}, \tilde{\mathfrak{S}})$$

definiert. Wenn $\mathfrak{V}$ eine Verfeinerung von $\mathfrak{U}$ ist, dann hat man das kommutative Diagramm

$$
\begin{array}{ccc}
H^q(\mathfrak{U}, \mathfrak{S}) & \xrightarrow{h_*} & H^q(\mathfrak{U}, \tilde{\mathfrak{S}}) \\
t_{\mathfrak{V}}^{\mathfrak{U}} \downarrow & & \downarrow t_{\mathfrak{V}}^{\mathfrak{U}} \\
H^q(\mathfrak{V}, \mathfrak{S}) & \xrightarrow{h_*} & H^q(\mathfrak{V}, \tilde{\mathfrak{S}}) \, .
\end{array}
\tag{12}
$$

Bei der Limesbildung erhält man deshalb einen natürlichen Homomorphismus

$$h_* : H^q(X, \mathfrak{S}) \to H^q(X, \tilde{\mathfrak{S}}) \quad \text{(für jedes } q \geq 0) \, .$$

Es sei jetzt

$$0 \to \mathfrak{S}' \xrightarrow{h'} \mathfrak{S} \xrightarrow{h} \mathfrak{S}'' \to 0 \tag{13}$$

eine exakte Sequenz von Garbendaten über X. Hier bezeichnet 0 das **Nullgarbendatum**, das jeder offenen Menge von X die Nullgruppe zuordnet. Wenn S_U', S_U, S_U'' die durch die Garbendaten $\mathfrak{S}'$, $\mathfrak{S}$, $\mathfrak{S}''$ der offenen Menge U zugeordneten Gruppen sind, dann ist also S_U'' die Quotientengruppe S_U/S_U'. Es sei $\mathfrak{U}$ eine Überdeckung von X. Die zu (13) gehörige Sequenz

$$0 \to C^q(\mathfrak{U}, \mathfrak{S}') \to C^q(\mathfrak{U}, \mathfrak{S}) \to C^q(\mathfrak{U}, \mathfrak{S}'') \to 0 \tag{14}$$

ist exakt. Aus der Theorie der formalen Komplexe erhält man die exakte Cohomologiesequenz

$$0 \to H^0(\mathfrak{U}, \mathfrak{S}') \xrightarrow{h'_*} H^0(\mathfrak{U}, \mathfrak{S}) \xrightarrow{h_*} H^0(\mathfrak{U}, \mathfrak{S}'') \xrightarrow{\delta^0_*} H^1(\mathfrak{U}, \mathfrak{S}') \to$$

$$\cdots \to H^{q-1}(\mathfrak{U}, \mathfrak{S}'') \xrightarrow{\delta^{q-1}_*} H^q(\mathfrak{U}, \mathfrak{S}') \xrightarrow{h'_*} H^q(\mathfrak{U}, \mathfrak{S}) \xrightarrow{h_*} H^q(\mathfrak{U}, \mathfrak{S}'') \to \cdots \, . \tag{15}$$

Der Homomorphismus δ_{*}^{q-1} wird dabei bekanntlich so erhalten: Man repräsentiert das Element $a \in H^{q-1}(\mathfrak{U}, \mathfrak{S}'')$ durch eine Cokette $f \in C^{q-1}(\mathfrak{U}, \mathfrak{S}'')$ mit $\delta^{q-1} f = 0$. Dann wählt man eine Cokette $g \in C^{q-1}(\mathfrak{U}, \mathfrak{S})$, die bei dem Homomorphismus $C^{q-1}(\mathfrak{U}, \mathfrak{S}) \to C^{q-1}(\mathfrak{U}, \mathfrak{S}'')$ in f übergeht. (Es gibt eine solche Cokette g, da (14) exakt ist.) $\delta^{q-1} g$ gehört dann zur Untergruppe $C^q(\mathfrak{U}, \mathfrak{S}')$ von $C^q(\mathfrak{U}, \mathfrak{S})$. Es ist $\delta^q(\delta^{q-1} g) = 0$, und $\delta^{q-1} g$ repräsentiert das Element $\delta_{*}^{q-1} a \in H^q(\mathfrak{U}, \mathfrak{S}')$.

Nun sei $\mathfrak{V}$ eine Verfeinerung der Überdeckung $\mathfrak{U}$ von X. Dann ist für $\mathfrak{V}$ ebenfalls eine exakte Sequenz (15) definiert. Man hat das kommutative Diagramm

$$\begin{array}{ccc}
H^{q-1}(\mathfrak{U}, \mathfrak{S}'') & \xrightarrow{\delta_{*}^{q-1}} & H^q(\mathfrak{U}, \mathfrak{S}') \\
t_{\mathfrak{V}}^{\mathfrak{U}} \downarrow & & \downarrow t_{\mathfrak{V}}^{\mathfrak{U}} \\
H^{q-1}(\mathfrak{V}, \mathfrak{S}'') & \xrightarrow{\delta_{*}^{q-1}} & H^q(\mathfrak{V}, \mathfrak{S}') \, ,
\end{array} \qquad (16)$$

und daher durch Limesbildung einen natürlichen Homomorphismus

$$\delta_{*}^{q-1} \colon H^{q-1}(X, \mathfrak{S}'') \to H^q(X, \mathfrak{S}') \, .$$

Die Homomorphismen $t_{\mathfrak{V}}^{\mathfrak{U}}$ definieren wegen des kommutativen Diagramms (16) und der zu h_{*}' und h_{*} gehörigen kommutativen Diagramme (12) einen Homomorphismus der zu $\mathfrak{U}$ gehörigen exakten Cohomologiesequenz in die zu $\mathfrak{V}$ gehörige exakte Cohomologiesequenz. Man hat das kommutative Diagramm

$$\begin{array}{ccccccccc}
\cdots \to H^{q-1}(\mathfrak{U}, \mathfrak{S}'') & \xrightarrow{\delta_{*}^{q-1}} & H^q(\mathfrak{U}, \mathfrak{S}') & \xrightarrow{h_{*}'} & H^q(\mathfrak{U}, \mathfrak{S}) & \xrightarrow{h_{*}} & H^q(\mathfrak{U}, \mathfrak{S}'') & \to \cdots \\
\downarrow t_{\mathfrak{V}}^{\mathfrak{U}} & & \downarrow t_{\mathfrak{V}}^{\mathfrak{U}} & & \downarrow t_{\mathfrak{V}}^{\mathfrak{U}} & & \downarrow t_{\mathfrak{V}}^{\mathfrak{U}} & \\
\cdots \to H^{q-1}(\mathfrak{V}, \mathfrak{S}'') & \xrightarrow{\delta_{*}^{q-1}} & H^q(\mathfrak{V}, \mathfrak{S}') & \xrightarrow{h_{*}'} & H^q(\mathfrak{V}, \mathfrak{S}) & \xrightarrow{h_{*}} & H^q(\mathfrak{V}, \mathfrak{S}'') & \to \cdots .
\end{array} \qquad (17)$$

Da ein direkter Limes von exakten Sequenzen wieder eine exakte Sequenz ist, erhält man

Lemma 2.7.1. *Zu einer exakten Sequenz* $0 \to \mathfrak{S}' \to \mathfrak{S} \to \mathfrak{S}'' \to 0$ *von Garbendaten über dem topologischen Raum X gibt es eine natürliche exakte Cohomologiesequenz*

$$\begin{aligned}
&0 \to H^0(X, \mathfrak{S}') \to H^0(X, \mathfrak{S}) \to H^0(X, \mathfrak{S}'') \to H^1(X, \mathfrak{S}') \to \cdots \\
&\cdots \to H^{q-1}(X, \mathfrak{S}'') \to H^q(X, \mathfrak{S}') \to H^q(X, \mathfrak{S}) \to H^q(X, \mathfrak{S}'') \to \cdots .
\end{aligned} \qquad (18)$$

2.8. Parakompakte Räume.

Wichtige Sätze der Garbentheorie lassen sich nur für parakompakte Räume beweisen. Wir stellen daher in diesem Abschnitt im Anschluß an die Arbeit von DIEUDONNÉ (J. Math. Pure et Appl. (9), *23*, 65—76 (1944)) die für uns erforderlichen Definitionen und Sätze über parakompakte Räume zusammen. Bezüglich der Begriffe „kompakt",

„lokalkompakt", „parakompakt" halten wir uns an die Definitionen von BOURBAKI (Topologie générale). Die kompakten, lokalkompakten, und parakompakten Räume sind also per definitionem HAUSDORFFsche Räume.

Definition: Eine Überdeckung $\mathfrak{U} = \{U_i\}_{i \in I}$ des topologischen Raumes X heißt *punkt-endlich*, wenn jeder Punkt von X nur für endlich viele $i \in I$ in U_i enthalten ist. Die Überdeckung $\mathfrak{U}$ heißt *lokal-endlich*, wenn jeder Punkt von X eine Umgebung besitzt, die nur für endlich viele $i \in I$ die Menge U_i schneidet.

Definition: Der topologische Raum X heißt *parakompakt*, wenn er das HAUSDORFFsche Trennungsaxiom erfüllt und wenn es zu jeder Überdeckung $\mathfrak{U}$ von X eine Überdeckung $\mathfrak{V}$ von X gibt, die $\mathfrak{U}$ verfeinert und lokal-endlich ist.

Satz 2.8.1. *Jeder parakompakte Raum ist normal.*

Definition: Ein lokal-kompakter Raum heißt *abzählbar im Unendlichen*, wenn er Vereinigung von abzählbar vielen kompakten Teilmengen ist.

Satz 2.8.2. *Jeder lokalkompakte, im Unendlichen abzählbare Raum ist parakompakt. Insbesondere ist jeder lokalkompakte Raum mit abzählbarer Basis parakompakt.*

Satz 2.8.3 (Schrumpfungssatz). *Zu jeder punkt-endlichen Überdeckung $\mathfrak{U} = \{U_i\}_{i \in I}$ eines normalen Raumes X gibt es eine Überdeckung $\mathfrak{V} = \{V_i\}_{i \in I}$ von X (mit derselben Indexmenge I), für die $\overline{V}_i \subset U_i$ für alle $i \in I$.*

Wir verabreden, im folgenden von den auftretenden Mannigfaltigkeiten immer stillschweigend vorauszusetzen, daß sie im Unendlichen abzählbar sind. Sie sind dann nach Satz 2.8.2 parakompakt.

2.9. Cohomologiegruppen für parakompakte Räume.

Wir haben in 2.6 die Cohomologiegruppen $H^q(X, \mathfrak{S})$ eines topologischen Raumes X mit Koeffizienten in einem Garbendatum $\mathfrak{S}$ definiert. Es sei $\mathfrak{S}$ die zu $\mathfrak{S}$ gehörige Garbe. Da man einen natürlichen Homomorphismus von $\mathfrak{S}$ in das kanonische Garbendatum von $\mathfrak{S}$ hat und da die Coketten- und Cohomologiegruppen mit Koeffizienten in $\mathfrak{S}$ als die Gruppen mit Koeffizienten in dem kanonischen Garbendatum von $\mathfrak{S}$ definiert sind, gibt es natürliche Homomorphismen

$$C^q(\mathfrak{U}, \mathfrak{S}) \to C^q(\mathfrak{U}, \mathfrak{S})$$

$$H^q(\mathfrak{U}, \mathfrak{S}) \to H^q(\mathfrak{U}, \mathfrak{S})$$

$$h^{\mathfrak{S}} : H^q(X, \mathfrak{S}) \to H^q(X, \mathfrak{S}) .$$

Satz 2.9.1. *Der topologische Raum X sei parakompakt. $\mathfrak{S}$ sei ein Garbendatum über X und $\mathfrak{S}$ die zugehörige Garbe. Der natürliche Homomorphismus $h^{\mathfrak{S}}$ von $H^q(X, \mathfrak{S})$ in $H^q(X, \mathfrak{S})$ ist isomorph-auf.*

Der vorstehende Satz besagt, daß die Cohomologiegruppen eines parakompakten Raumes mit Koeffizienten in einem Garbendatum nur von der zugehörigen Garbe abhängen. Dem Beweis dieses Satzes schicken wir ein Lemma voraus.

Lemma 2.9.2. *Über dem parakompakten Raum X seien Garbendaten $\mathfrak{S}, \widetilde{\mathfrak{S}}$ gegeben mit den zugehörigen Garben $\mathfrak{S}, \widetilde{\mathfrak{S}}$. Es sei $h = \{h_U\}$ ein Homomorphismus von $\mathfrak{S}$ in $\widetilde{\mathfrak{S}}$ (vgl. 2.2), und es werde vorausgesetzt, daß h einen Homomorphismus von $\mathfrak{S}$ auf $\widetilde{\mathfrak{S}}$ induziert. Es sei $\mathfrak{U} = \{U_i\}_{i \in I}$ eine Überdeckung von X und $f \in C^q(\mathfrak{U}, \widetilde{\mathfrak{S}})$. Dann gibt es eine Verfeinerung $\mathfrak{V} = \{V_j\}_{j \in J}$ von $\mathfrak{U}$ und eine Abbildung $\tau: J \to I$ mit $V_j \subset U_{\tau j}$, derart, daß die Cokette $\tau^* f \in C^q(\mathfrak{V}, \widetilde{\mathfrak{S}})$ zum Bilde des natürlichen Homomorphismus von $C^q(\mathfrak{V}, \mathfrak{S})$ in $C^q(\mathfrak{V}, \widetilde{\mathfrak{S}})$ gehört.*

Beweis (nach SERRE [32a], Chap. II, § 3, 25, Lemme 2): Es sei $\mathfrak{S} = \{S_U, r_V^U\}$ und $\widetilde{\mathfrak{S}} = \{\widetilde{S}_U, \widetilde{r}_V^U\}$. Der Homomorphismus h ist durch Homomorphismen $h_U: S_U \to \widetilde{S}_U$ gegeben (vgl. 2.2). Wir machen zunächst die folgende Bemerkung: Es sei U eine beliebige Umgebung des Punktes x von X und $g \in \widetilde{S}_U$. Da $\mathfrak{S}$ auf $\widetilde{\mathfrak{S}}$ abgebildet wird, gibt es eine in U enthaltene Umgebung V von x derart, daß $\widetilde{r}_V^U g$ zum Bilde des Homomorphismus h_V gehört.

Es sei also nun $\mathfrak{U} = \{U_i\}_{i \in I}$ eine Überdeckung von X und $f \in C^q(\mathfrak{U}, \widetilde{\mathfrak{S}})$. Die Cokette f ordnet jedem $(q+1)$-Tupel $(i_0, \ldots, i_q)$ von Elementen aus I ein Element $f(i_0, \ldots, i_q)$ von $\widetilde{S}_{U_{i_0} \cap \cdots \cap U_{i_q}}$ zu, das für jede in $U_{i_0} \cap \ldots \cap U_{i_q}$ enthaltene offene Menge V durch den entsprechenden Homomorphismus des Garbendatums $\widetilde{\mathfrak{S}}$ auf ein Element von $\widetilde{S}_V$ abgebildet wird. Dieses Bildelement bezeichnen wir der Kürze halber mit $f(i_0, \ldots, i_q)$, aufgefaßt als Element von $\widetilde{S}_V$. Wir müssen jetzt zu der gegebenen Cokette f eine Verfeinerung $\mathfrak{V} = \{V_j\}_{j \in J}$ von $\mathfrak{U}$ mit den verlangten Eigenschaften konstruieren.

Ohne Einschränkung der Allgemeinheit können wir annehmen, daß die Überdeckung $\mathfrak{U}$ lokal-endlich ist. Es gibt dann nach den Sätzen 2.8.1 und 2.8.3 eine Überdeckung $\mathfrak{W} = \{W_i\}_{i \in I}$ von X mit $\overline{W}_i \subset U_i$. Wir setzen $J = X$ und wählen die Abbildung $\tau: X \to I$ so, daß $x \in W_{\tau x}$. Ferner wählen wir für jeden Punkt $x \in X$ eine Umgebung V_x von x so, daß die folgenden Bedingungen erfüllt sind:

a) Wenn $x \in U_i$ (bzw. $x \in W_i$), dann $V_x \subset U_i$ (bzw. $V_x \subset W_i$).

b) Wenn $V_x \cap W_i$ nicht-leer ist, dann $V_x \subset U_i$.

c) Wenn $x \in U_{i_0} \cap \ldots \cap U_{i_q}$, dann gehört $f(i_0, \ldots, i_q)$, aufgefaßt als Element von $\widetilde{S}_{V_x}$, zum Bilde des Homomorphismus $h_{V_x}: S_{V_x} \to \widetilde{S}_{V_x}$. (Man beachte, daß wegen a) die Menge V_x in $U_{i_0} \cap \ldots \cap U_{i_q}$ enthalten ist.)

V_x kann in der Tat so gewählt werden. Da $\mathfrak{U}$ und $\mathfrak{W}$ lokal-endlich sind und da $\overline{W_i} \subset U_i$, können a) und b) erfüllt werden. Nach der Bemerkung zu Beginn dieses Beweises kann V_x weiter so klein gewählt werden, daß auch noch c) erfüllt ist. Wir setzen nun $\mathfrak{V} = \{V_x\}_{x\in X}$. Die Abbildung τ ist bereits gewählt. Wegen a) ist $V_x \subset W_{\tau x} \subset U_{\tau x}$.

Es soll nun gezeigt werden, daß $\tau^* f \in C^q(\mathfrak{V}, \mathfrak{S})$ zum Bilde des Homomorphismus $C^q(\mathfrak{V}, \mathfrak{S}) \to C^q(\mathfrak{V}, \widetilde{\mathfrak{S}})$ gehört, d. h. daß $f(\tau x_0, \ldots, \tau x_q)$, aufgefaßt als Element von $\widetilde{S}_{V_{x_0} \cap \cdots \cap V_{x_q}}$, für alle $(q+1)$-Tupel $(x_0, \ldots, x_q)$ von X zum Bilde des Homomorphismus

$$h_{V_{x_0} \cap \cdots \cap V_{x_q}} : \quad S_{V_{x_0} \cap \cdots \cap V_{x_q}} \to \widetilde{S}_{V_{x_0} \cap \cdots \cap V_{x_q}}$$

gehört. Wenn $V_{x_0} \cap \ldots \cap V_{x_q}$ leer ist, dann ist das trivialerweise richtig. Anderenfalls ist $V_{x_0} \cap V_{x_k}$ nicht-leer für alle k mit $0 \leq k \leq q$, und wir schließen folgendermaßen weiter: Da $V_{x_k} \subset W_{\tau x_k}$, ist $V_{x_0} \cap W_{\tau x_k}$ nicht-leer, also gilt nach b), daß $V_{x_0} \subset U_{\tau x_k}$ für alle k mit $0 \leq k \leq q$. Daher gehört nach c) $f(\tau x_0, \ldots, \tau x_q)$, aufgefaßt als Element von $\widetilde{S}_{V_{x_0}}$, zum Bilde des Homomorphismus

$$h_{V_{x_0}} : \quad S_{V_{x_0}} \to \widetilde{S}_{V_{x_0}},$$

das entsprechende gilt also erst recht für die kleinere Menge $V_{x_0} \cap \ldots \cap V_{x_q}$. Q. E. D.

Bemerkung 1: Das Lemma 2.9.2 ist in dem speziellen Fall $q = 0$ für einen beliebigen topologischen Raum X gültig. Man wählt eine Überdeckung $\mathfrak{V} = \{V_x\}_{x\in X}$ und eine Abbildung $\tau: X \to I$ so, daß V_x eine Umgebung von x ist, daß $V_x \subset U_{\tau x}$ und daß $f(\tau x)$ aufgefaßt als Element von $\widetilde{S}_{V_x}$, zum Bilde des Homomorphismus h_{V_x} gehört.

Wir kommen nun zum Beweis von Satz 2.9.1.

Es sei $\mathfrak{S} = \{S_U\}$. Wenn der natürliche Homomorphismus $S_U \to \Gamma(U, \mathfrak{S})$ für alle offenen Mengen U von X isomorph-in ist, dann folgt die Behauptung des Satzes direkt aus dem Lemma ($\widetilde{\mathfrak{S}}$ wird gleich dem kanonischen Garbendatum von $\mathfrak{S}$ gesetzt). Man hat zum Beweis dieses Spezialfalles für q das Lemma für q und $q-1$ zu benutzen.

Im allgemeinen Fall betrachten wir für jede offene Menge U den Kern S'_U des Homomorphismus $S_U \to \Gamma(U, \mathfrak{S})$ und die Quotientengruppe $S''_U = S_U/S'_U$. Man erhält in natürlicher Weise Garbendaten $\mathfrak{S}' = \{S'_U\}$ und $\mathfrak{S}'' = \{S''_U\}$ und die exakte Sequenz

$$0 \to \mathfrak{S}' \to \mathfrak{S} \to \mathfrak{S}'' \to 0. \tag{19}$$

Zum Garbendatum $\mathfrak{S}''$ gehört ebenfalls die Garbe $\mathfrak{S}$. Der Homomorphismus $H^q(X, \mathfrak{S}'') \to H^q(X, \mathfrak{S})$ ist nach dem Spezialfall des Satzes für alle q isomorph-auf. Zu dem Garbendatum $\mathfrak{S}'$ gehört die Null-Garbe.

Wir können das Lemma auf die Garbendaten $0, \mathfrak{S}'$ anwenden. Daher ist $H^q(X, \mathfrak{S}') = 0$ für alle q. Aus der zu (19) gehörigen exakten Cohomologiesequenz (vgl. Lemma 2.7.1) erhält man, daß $H^q(X, \mathfrak{S}) \to H^q(X, \mathfrak{S}'')$ isomorph-auf ist. Damit ist auch $H^q(X, \mathfrak{S}) \to H^q(X, \mathfrak{S})$ isomorph-auf (für alle q). Q. E. D.

Bemerkung 2: Der Satz 2.9.1 gilt für einen beliebigen topologischen Raum im Falle $q = 0$ unter der Voraussetzung, daß der Homomorphismus von $\mathfrak{S}$ in das kanonische Garbendatum von $\mathfrak{S}$ isomorph-in ist.

2.10. Die exakte Cohomologiesequenz für Garben.

Wir betrachten eine exakte Sequenz

$$0 \to \mathfrak{S}' \to \mathfrak{S} \to \mathfrak{S}'' \to 0 \tag{20}$$

von Garben über dem topologischen Raum X. Für jede offene Menge U von X hat man unter Verwendung der Bezeichnungen von 2.4 die exakte Sequenz

$$0 \to \Gamma(U, \mathfrak{S}') \to \Gamma(U, \mathfrak{S}) \to S_U'' \to 0 \,. \tag{21}$$

Bezeichnet man das kanonische Garbendatum von $\mathfrak{S}'$ mit $\mathfrak{G}'$, das von $\mathfrak{S}$ mit $\mathfrak{G}$ und versteht man ferner unter $\mathfrak{G}''$ das durch die S_U'' gegebene Garbendatum, dann erhält man die exakte Sequenz

$$0 \to \mathfrak{G}' \to \mathfrak{G} \to \mathfrak{G}'' \to 0 \,, \tag{22}$$

zu der nach Lemma 2.7.1 eine exakte Cohomologiesequenz gehört. ($H^q(X, \mathfrak{G}') = H^q(X, \mathfrak{S}')$ und $H^q(X, \mathfrak{G}) = H^q(X, \mathfrak{S})$ per definitionem.) Die zu $\mathfrak{G}''$ gehörige Garbe ist $\mathfrak{S}''$. Setzt man voraus, daß X parakompakt ist, dann ist nach Satz 2.9.1 der natürliche Homomorphismus $H^q(X, \mathfrak{G}'') \to H^q(X, \mathfrak{S}'')$ isomorph-auf. Man kann also in der zu (22) gehörigen exakten Cohomologiesequenz die Gruppe $H^q(X, \mathfrak{G}'')$ durch $H^q(X, \mathfrak{S}'')$ ersetzen. Dies geschehe elementweise auf Grund des natürlichen Isomorphismus, so daß jetzt ein natürlicher Homomorphismus

$$\delta_*^q: H^q(X, \mathfrak{S}'') \to H^{q+1}(X, \mathfrak{S}')$$

definiert ist. Wir erhalten den

Satz 2.10.1. *Gegeben sei eine exakte Sequenz*

$$0 \to \mathfrak{S}' \xrightarrow{k'} \mathfrak{S} \xrightarrow{h} \mathfrak{S}'' \to 0 \tag{23}$$

von Garben über dem parakompakten Raum X. Es gibt eine exakte Cohomologiesequenz

$$0 \to H^0(X, \mathfrak{S}') \xrightarrow{h'_*} H^0(X, \mathfrak{S}) \xrightarrow{h_*} H^0(X, \mathfrak{S}'') \xrightarrow{\delta_*^0} H^1(X, \mathfrak{S}') \to \cdots$$

$$\cdots \to H^{q-1}(X, \mathfrak{S}'') \xrightarrow{\delta_*^{q-1}} H^q(X, \mathfrak{S}') \xrightarrow{h'_*} H^q(X, \mathfrak{S}) \xrightarrow{h_*} H^q(X, \mathfrak{S}'') \to \cdots$$

in der alle Homomorphismen in natürlicher Weise definiert sind.

Bemerkung: Auf Grund der Bemerkungen im vorhergehenden Abschnitt hat man ohne Voraussetzung der Parakompaktheit für einen beliebigen topologischen Raum X und eine exakte Sequenz (23) von Garben über X jedenfalls die exakte Cohomologiesequenz

$$0 \to H^0(X,\mathfrak{S}') \to H^0(X,\mathfrak{S}) \to H^0(X,\mathfrak{S}'') \to H^1(X,\mathfrak{S}') \to H^1(X,\mathfrak{S}) \to H^1(X,\mathfrak{S}'').$$

Wir kommen nun zu einigen Anwendungen der exakten Cohomologiesequenz.

Definition: *Eine Garbe $\mathfrak{S}$ von K-Moduln (K sei ein Körper, vgl. 2.1) heißt vom Typ (F), wenn die Cohomologiegruppen $H^q(X, \mathfrak{S})$ endlich-dimensionale Vektorräume über K sind und für fast alle q verschwinden.* (F soll an finit erinnern.)

Wenn $\mathfrak{S}$ vom Typ (F) ist, dann kann die EULER-POINCARÉsche Charakteristik $\chi(X, \mathfrak{S})$ definiert werden:

$$\chi(X, \mathfrak{S}) = \sum_{i=0}^{\infty} (-1)^i \dim H^i(X, \mathfrak{S}) \,, \quad (\dim = \text{Dimension über } K)\,.$$

Satz 2.10.2. *Es sei $0 \to \mathfrak{S}' \to \mathfrak{S} \to \mathfrak{S}'' \to 0$ eine exakte Sequenz von Garben über dem parakompakten Raum X. Wenn zwei der Garben vom Typ (F) sind, dann sind alle drei vom Typ (F), und es gilt*

$$\chi(X, \mathfrak{S}) = \chi(X, \mathfrak{S}') + \chi(X, \mathfrak{S}'')\,.$$

Der Beweis folgt durch leichte Rechnung aus Satz 2.10.1.

Satz 2.10.3. *Es sei $0 \to \mathfrak{S}_1 \to \mathfrak{S}_2 \to \mathfrak{S}_3 \to \cdots \to \mathfrak{S}_n \to 0$ eine exakte Sequenz von Garben über dem parakompakten Raum X, die alle vom Typ (F) sind. Es gilt*

$$\sum_{i=1}^{n} (-1)^i \chi(X, \mathfrak{S}_i) = 0\,.$$

Es sei $\mathfrak{R}_r$ der Kern der Homomorphismus von $\mathfrak{S}_r$ in $\mathfrak{S}_{r+1}$. Der Beweis erfolgt durch Anwendung von Satz 2.10.2. auf die exakten Sequenzen

$$0 \to \mathfrak{R}_r \to \mathfrak{S}_r \to \mathfrak{R}_{r+1} \to 0\,.$$

2.11. Feine Garben.

Wichtige Sätze der Garbentheorie und ihrer Anwendungen sind Aussagen über das Verschwinden von Cohomologiegruppen.

Definition: *Die Garbe $\mathfrak{S}$ über dem parakompakten Raum X heißt fein, wenn es zu jeder lokal-endlichen Überdeckung $\mathfrak{U} = \{U_i\}_{i \in I}$ von X ein System $\{l_i\}$ von Homomorphismen (2.4) von $\mathfrak{S}$ in sich gibt, für die gilt:*

I) *Zu jedem $i \in I$ gibt es eine in U_i enthaltene abgeschlossene Menge A_i von X, derart, daß*

$$l_i(S_x) = 0 \quad \text{für } x \notin A_i\,, \quad (S_x = \text{Halm von } \mathfrak{S} \text{ in } x)\,.$$

II) $\sum_{i \in I} l_i = \text{Identität}.$

Die Summe in II) kann gebildet werden, da $\mathfrak{U}$ lokal-endlich ist.

Satz 2.11.1. *Für eine feine Garbe $\mathfrak{S}$ über dem parakompakten Raum X verschwindet $H^q(X, \mathfrak{S})$ für alle $q \geq 1$.*

Beweis (siehe CARTAN [7a], Exposé XVII): Wegen der Parakompaktheit von X genügt es zu beweisen, daß $H^q(\mathfrak{U}, \mathfrak{S})$ für jede lokalendliche Überdeckung $\mathfrak{U} = \{U_i\}_{i \in I}$ von X für $q \geq 1$ verschwindet. Wir definieren für $q \geq 1$ einen Homomorphismus (Homotopie-Operator)

$$k^q: \quad C^q(\mathfrak{U}, \mathfrak{S}) \to C^{q-1}(\mathfrak{U}, \mathfrak{S})$$

in der folgenden Weise. Es sei $f \in C^q(\mathfrak{U}, \mathfrak{S})$. Zur Definition von $k^q f$ ist für jedes q-Tupel $(i_0, \ldots, i_{q-1})$ von I das Element $(k^q f)(i_0, \ldots, i_{q-1})$ anzugeben, das ein Schnitt von $\mathfrak{S}$ über $U_{i_0} \cap \ldots \cap U_{i_{q-1}}$ ist. Für jeden Index $i \in I$ sei $t(i, i_0, \ldots, i_{q-1})$ derjenige Schnitt von $\mathfrak{S}$ über $U_{i_0} \cap \ldots \cap U_{i_{q-1}}$, der über der kleineren Menge $U_i \cap U_{i_0} \cap \ldots \cap U_{i_{q-1}}$ gleich $l_i(f(i, i_0, \ldots, i_{q-1}))$ ist und außerhalb dieser kleineren Menge verschwindet. Die l_i sind Homomorphismen mit den Eigenschaften I) und II). Wir setzen

$$(k^q f)(i_0, \ldots, i_{q-1}) = \sum_{i \in I} t(i, i_0, \ldots, i_{q-1}) \, .$$

Da $\mathfrak{U}$ lokal-endlich ist, besteht diese Summe über einer geeigneten Umgebung jedes Punktes von X nur aus endlich vielen von 0 verschiedenen Summanden. Man prüft leicht nach, daß $k^{q+1} \delta^q + \delta^{q-1} k^q$ für $q \geq 1$ gleich der Identität ist. δ^q ist der Corand-Homomorphismus $C^q(\mathfrak{U}, \mathfrak{S}) \to C^{q+1}(\mathfrak{U}, \mathfrak{S})$. Damit ist der Satz bewiesen.

Der vorstehende Beweis ist eine Verallgemeinerung der Kegelkonstruktion, mit der man zeigt, daß die Cohomologiegruppen eines Simplex (in bezug auf konstante Koeffizienten) trivial sind.

Definition: *Gegeben sei eine lokal-endliche Überdeckung $\mathfrak{U} = \{U_i\}_{i \in I}$ des topologischen Raumes X. Ein System $\{\varphi_i\}$ von reell-wertigen stetigen Funktionen auf X heißt eine zu $\mathfrak{U}$ gehörige Zerlegung der Einheit, wenn*

1) $\varphi_i(x) \geq 0$ *für* $x \in X$,

2) $\varphi_i(x) = 0$ *außerhalb einer abgeschlossenen Teilmenge von* U_i,

3) $\sum_{i \in I} \varphi_i(x) = 1$. (Diese Summe kann gebildet werden, da $\mathfrak{U}$ lokalendlich ist.)

Satz 2.11.2. *Für jede lokal-endliche Überdeckung $\mathfrak{U} = \{U_i\}_{i \in I}$ eines normalen Raumes X existiert eine zugehörige Zerlegung der Einheit.*

Beweis: Nach dem Schrumpfungssatz (2.8.3) gibt es Überdeckungen $\mathfrak{V} = \{V_i\}_{i \in I}$ und $\mathfrak{W} = \{W_i\}_{i \in I}$ von X mit $\overline{W}_i \subset V_i$ und $\overline{V}_i \subset U_i$. Nach dem URYSOHNschen Satz existiert eine reell-wertige nicht-negative stetige Funktion φ_i' auf X, die auf $\overline{W}_i$ identisch 1 ist und die außerhalb V_i verschwindet. Da die U_i und W_i lokal-endliche Überdeckungen bilden, ist die Summe $\psi = \sum_{i \in I} \varphi_i'$ auf X definiert, verschwindet nirgends und ist stetig. Die Funktionen $\varphi_i = \varphi_i'/\psi$ haben dann die Eigenschaften 1), 2), 3).

Man betrachte nun die Garbe $\mathbf{C}_c$ über einem parakompakten Raum X (siehe 2.5, Beispiel 2)). Gegeben sei eine lokal-endliche Überdeckung $\mathfrak{U} = \{U_i\}_{i \in I}$ von X. Zu $\mathfrak{U}$ kann man, wie gerade angegeben, eine Zerlegung der Einheit mit Funktionen φ_i konstruieren. Mit Hilfe der Funktion φ_i definieren wir folgendermaßen einen Homomorphismus l_i von $\mathbf{C}_c$ in sich: Es sei S_U der $\mathbf{C}$-Modul der in der offenen Menge U stetigen komplexwertigen Funktionen. Für $f \in S_U$ sei $l_i(f) = \varphi_i f$. Damit ist ein Homomorphismus l_i des Garbendatums $\{S_U\}$ in sich und also auch ein Homomorphismus l_i von $\mathbf{C}_c$ in sich definiert (vgl. 2.2). Die Homomorphismen l_i haben die Eigenschaften I) und II), die bei der Definition der feinen Garbe verlangt wurden. Damit ist bewiesen:

Satz 2.11.3. *Die Garbe $\mathbf{C}_c$ der Keime von lokalen stetigen komplexwertigen Funktionen über einem parakompakten Raum ist fein.*

Es läßt sich natürlich genau so beweisen, daß die Garbe der Keime von lokalen stetigen reell-wertigen Funktionen über einem parakompakten Raum X fein ist. Der vorstehende Satz ist überhaupt nur als ein Beispiel für eine ganze Klasse ähnlicher Sätze anzusehen.

Nun sei X eine differenzierbare Mannigfaltigkeit (vgl. 2.8). Dann kann man zu einer vorgegebenen lokal-endlichen Überdeckung $\mathfrak{U}$ eine Zerlegung der Einheit mit Funktionen φ_i finden, aber so, daß die φ_i differenzierbar sind (vgl. [31] oder [31a], § 2, Corollaire 2). Mit Hilfe dieser differenzierbaren Zerlegungen der Einheit läßt sich dann für viele Garben über X nachweisen, daß sie fein sind, z. B. für die Garbe der Keime von differenzierbaren alternierenden Differentialformen vom Grade p mit reellen (oder komplexen) Koeffizienten. Das kanonische Garbendatum dieser Garbe erhält man, wenn man jeder offenen Menge U von X den $\mathbf{R}$-Modul (bzw. $\mathbf{C}$-Modul) der in U definierten differenzierbaren alternierenden Differentialformen vom Grade p zuordnet.

2.12. Auflösungen von Garben. Satz von DE RHAM.

Über dem parakompakten Raum X sei eine exakte Sequenz

$$0 \to \mathfrak{S} \xrightarrow{h} \mathfrak{S}_0 \xrightarrow{h^0} \mathfrak{S}_1 \xrightarrow{h^1} \mathfrak{S}_2 \xrightarrow{h^2} \cdots \xrightarrow{h^{k-1}} \mathfrak{S}_k \xrightarrow{h^k} \cdots \tag{24}$$

von Garben gegeben. Wenn die Cohomologiegruppen $H^q(X, \mathfrak{S}_k)$ für $q \geq 1$ und $k \geq 0$ verschwinden, dann nennen wir die Sequenz (24) eine **Auflösung der Garbe** $\mathfrak{S}$. Wir sprechen von einer **feinen Auflösung**, wenn alle Garben $\mathfrak{S}_k$ ($k \geq 0$) fein sind. Nach Satz 2.11.1 ist jede feine Auflösung eine Auflösung schlechthin. Aus der exakten Sequenz (24) erhält man die Sequenz

$$0 \to \Gamma(X, \mathfrak{S}) \xrightarrow{h_*} \Gamma(X, \mathfrak{S}_0) \xrightarrow{h_*^0} \Gamma(X, \mathfrak{S}_1) \xrightarrow{h_*^1} \cdots \xrightarrow{h_*^{k-1}} \Gamma(X, \mathfrak{S}_k) \xrightarrow{h_*^k} \cdots, \tag{25}$$

die im allgemeinen nur noch bei $\Gamma(X, \mathfrak{S})$ und $\Gamma(X, \mathfrak{S}_0)$ exakt ist. Da $h_*^{k+1} h_*^k = 0$, bilden die Gruppen $\Gamma(X, \mathfrak{S}_k)$ ($k \geq 0$) zusammen mit den Homomorphismen h_*^k einen **formalen Komplex**.

Satz 2.12.1. *Über dem parakompakten Raum X sei eine exakte Sequenz (24) gegeben, die eine Auflösung der Garbe $\mathfrak{S}$ sei. Die q-te Cohomologiegruppe $(q \geqq 0)$ des formalen Komplexes $\{\Gamma(X, \mathfrak{S}_k), k \geqq 0\}$ ist in natürlicher Weise zur Cohomologiegruppe $H^q(X, \mathfrak{S})$ isomorph; in anderen Worten*

$$H^q(X, \mathfrak{S}) \cong \operatorname{Kern}(h_*^q)/\operatorname{Bild}(h_*^{q-1}) \qquad \text{für } q \geqq 1 .$$

$$H^0(X, \mathfrak{S}) \cong \operatorname{Kern}(h_*^0) .$$

Beweis: Die Aussage des Satzes ist für $q = 0$ trivial. Offenbar ist $\operatorname{Kern}(h_*^0) = \Gamma(X, \mathfrak{S})$, das ist aber nach Satz 2.6.2 die Cohomologiegruppe $H^0(X, \mathfrak{S})$. Aus der exakten Sequenz (24) erhält man für jedes $k \geqq 0$ eine exakte Sequenz von Garben über X

$$0 \to \mathfrak{Kern}(h^k) \xrightarrow{h'^k} \mathfrak{S}_k \xrightarrow{h^k} \mathfrak{Kern}(h^{k+1}) \to 0 , \tag{26}$$

wo $\mathfrak{Kern}(h^k)$ eine Untergarbe von $\mathfrak{S}_k$ und h'^k die Einbettung ist. Da die Cohomologiegruppen $H^q(X, \mathfrak{S}_k)$ für $q \geqq 1$ verschwinden, erhält man aus der zu (26) gehörigen Cohomologiesequenz (Satz 2.10.1) folgende natürliche Isomorphismen

$$H^{q-1}(X, \mathfrak{Kern}(h^{k+1})) \cong H^q(X, \mathfrak{Kern}(h^k)) \quad \text{für } q \geqq 2 . \tag{27}$$

Da $\mathfrak{Kern}(h^0) = \mathfrak{S}$ ist, ergibt sich durch wiederholte Anwendung von (27)

$$H^1(X, \mathfrak{Kern}(h^{q-1})) \cong H^q(X, \mathfrak{S}) \quad \text{für } q \geqq 1 .$$

Die zu (26) gehörige exakte Cohomologiesequenz (man ersetze k durch $q-1$)

$$H^0(X, \mathfrak{S}_{q-1}) \xrightarrow{h_*^{q-1}} H^0(X, \mathfrak{Kern}(h^q)) \to H^1(X, \mathfrak{Kern}(h^{q-1})) \to 0$$

ergibt dann die Behauptung des Satzes, da offenbar $H^0(X, \mathfrak{Kern}(h^q)) = \operatorname{Kern}(h_*^q)$ und da $H^0(X, \mathfrak{S}_{q-1}) = \Gamma(X, \mathfrak{S}_{q-1})$.

Man betrachte über der differenzierbaren Mannigfaltigkeit X (vgl. 2.8) die Garbe $\mathfrak{A}^k$ der Keime von differenzierbaren alternierenden Differentialformen vom Grade k mit reellen Koeffizienten (kurz k-Formen, vgl. Schluß von 2.11). Für eine offene Menge U von X ist $\Gamma(U, \mathfrak{A}^k)$ der $\mathbf{R}$-Modul der in U definierten k-Formen. Die Ableitung d bildet $\Gamma(U, \mathfrak{A}^k)$ homomorph in $\Gamma(U, \mathfrak{A}^{k+1})$ ab und induziert daher einen Homomorphismus h^k von $\mathfrak{A}^k$ in $\mathfrak{A}^{k+1}$. Es sei $\mathbf{R}$ die konstante Garbe der reellen Zahlen und h die Einbettung von $\mathbf{R}$ in die Garbe $\mathfrak{A}^0$ der Keime von differenzierbaren reellwertigen Funktionen.

Satz 2.12.2 (Lemma von Poincaré). *Die Sequenz*

$$0 \to \mathbf{R} \xrightarrow{h} \mathfrak{A}^0 \xrightarrow{h^0} \mathfrak{A}^1 \xrightarrow{h^1} \mathfrak{A}^2 \xrightarrow{h^2} \cdots \xrightarrow{h^{k-1}} \mathfrak{A}^k \xrightarrow{h^k} \cdots$$

ist exakt.

Zum Beweis hat man, da dd und damit auch $h^{k+1}h^k$ verschwinden, nur folgendes zu zeigen: In einer Umgebung U des Punktes $x \in X$ sei eine k-Form ω mit $d\omega = 0$ gegeben ($k \geq 1$). Dann gibt es in einer in U enthaltenen Umgebung V von x eine ($k-1$)-Form α mit $d\alpha = \omega$ in V. Dies ist ein lokaler Satz, der nur für den Fall bewiesen zu werden braucht, daß X der n-dimensionale euklidische Raum ist. Es handelt sich dann um das Lemma von POINCARÉ in der klassischen Form, das z. B. durch ein Induktionsverfahren bewiesen werden kann.

Satz 2.12.3 (DE RHAM). *Es sei X eine differenzierbare Mannigfaltigkeit, und es sei A^k ($k \geq 0$) der **R**-Modul der auf ganz X definierten differenzierbaren k-Formen. Mit Z^k werde der Kern des **R**-Homomorphismus d: $A^k \to A^{k+1}$ bezeichnet. Es ist $dA^{k-1} \subset Z^k$ ($k \geq 1$). Man hat die folgenden Isomorphien*

$$H^0(X, \mathbf{R}) \cong Z^0 \quad \text{und} \quad H^k(X, \mathbf{R}) \cong Z^k/dA^{k-1} \quad (k \geq 1)\,.$$

Beweis: Die exakte Sequenz von Satz 2.12.2 ist eine feine Auflösung der konstanten Garbe **R**. Der Satz 2.12.1 liefert die Behauptung, wenn man beachtet, daß im vorliegenden Spezialfall der Homomorphismus h_*^k die Ableitung für k-Formen ist.

Bemerkung: Der DE RHAMsche Satz gilt natürlich entsprechend, wenn A^k den **C**-Modul der auf ganz X definierten k-Formen mit komplexwertigen lokalen differenzierbaren Funktionen als Koeffizienten und Z^k den Kern des **C**-Homomorphismus d: $A^k \to A^{k+1}$ bezeichnet. Man hat dann die Isomorphien:

$$H^0(X, \mathbf{C}) \cong Z^0 \quad \text{und} \quad H^k(X, \mathbf{C}) \cong Z^k/dA^{k-1} \quad (k \geq 1)\,.$$

§ 3. Über stetige, differenzierbare und komplex-analytische Bündel. Vektorraum-Bündel

3.1. Eine Garbe $\mathfrak{S} = (S, \pi, X)$ von (nicht notwendigerweise abelschen) Gruppen über dem topologischen Raum X wird nach 2.1 (siehe die Bemerkung) durch die Forderungen I), II) und eine entsprechend modifizierte Forderung III) definiert, die jetzt so lautet:

III) *Gehören die Punkte $\alpha, \beta \in S$ demselben Halm an, dann sind Elemente $\alpha\beta, \alpha\beta^{-1}$ definiert, die dem Halm von α, β angehören. Jeder Halm S_x ist in bezug auf diese Operationen eine Gruppe. $\alpha\beta^{-1}$ hängt stetig von α, β ab.* (Es folgt, daß das Einselement 1_x der Gruppe S_x stetig von x abhängt und daß $\alpha\beta, \alpha^{-1}\beta$ stetig von α, β abhängen.)

Die Begriffe des Garbendatums, des kanonischen Garbendatums usw. lassen sich sinngemäß übertragen. Wie in 2.3 ist die Gruppe $\Gamma(U, \mathfrak{S})$ der Schnitte von $\mathfrak{S}$ über der offenen Menge U von X und der Beschränkungs-Homomorphismus r_V^U definiert. Das Einselement von $\Gamma(U, \mathfrak{S})$ ist der Schnitt $x \to 1_x$. (Wenn U leer ist, dann besteht $\Gamma(U, \mathfrak{S})$ per definitionem nur aus dem Einselement.)

Cohomologiegruppen $H^q(X, \mathfrak{S})$ lassen sich im nicht-abelschen Fall nicht definieren, jedoch kann für $q = 1$ noch eine Cohomologie-menge $H^1(X, \mathfrak{S})$ mit ausgezeichnetem Element definiert werden.

Man kann die Cohomologiemenge wieder mit Koeffizienten in einem Garbendatum definieren. Wir formulieren ihre Definition aber der Einfachheit halber nur für das kanonische Garbendatum, d. h. für die Garbe $\mathfrak{S}$ selbst.

Wenn $\mathfrak{S}$ eine Garbe von abelschen Gruppen ist, dann stimmt die noch zu definierende Cohomologiemenge $H^1(X, \mathfrak{S})$ mit der ersten Cohomologiegruppe von X mit Koeffizienten in $\mathfrak{S}$ überein. Das ausgezeichnete Element entspricht dabei dem Nullelement der Cohomologiegruppe.

Cohomologiemenge $H^1(\mathfrak{U}, \mathfrak{S})$.

Es sei $\mathfrak{U} = \{U_i\}_{i \in I}$ eine Überdeckung von X. Ein $\mathfrak{U}$-Cozyklus ist eine Funktion f, die jedem geordneten Paar i, j von Elementen aus I ein Element $f_{ij} \in \Gamma(U_i \cap U_j, \mathfrak{S})$ zuordnet derart, daß

$$f_{ij} f_{jk} = f_{ik} \quad \text{in} \quad U_i \cap U_j \cap U_k \quad (i, j, k \in I) \, .$$

Diese und ähnliche Gleichungen sind natürlich immer als Gleichungen für die auf einen gemeinsamen Existenzbereich beschränkten Schnitte aufzufassen.

Es folgt, daß f_{ii} gleich dem Einselement von $\Gamma(U_i, \mathfrak{S})$ ist und daß $f_{ij} = f_{ji}^{-1}$.

Die Menge der $\mathfrak{U}$-Cozyklen soll mit $Z^1(\mathfrak{U}, \mathfrak{S})$ bezeichnet werden. Die $\mathfrak{U}$-Cozyklen f, f' heißen äquivalent, wenn es für jedes $i \in I$ ein Element $g_i \in \Gamma(U_i, \mathfrak{S})$ gibt, so daß für alle $i, j \in I$

$$f'_{ij} = g_i^{-1} f_{ij} g_j \quad \text{in} \quad U_i \cap U_j \, .$$

Die Menge der Äquivalenzklassen von $\mathfrak{U}$-Cozyklen ist die Cohomologiemenge $H^1(\mathfrak{U}, \mathfrak{S})$. Wenn $\mathfrak{V} = \{V_j\}_{j \in J}$ eine Verfeinerung von $\mathfrak{U} = \{U_i\}_{i \in I}$ ist, dann hat man wie in Lemma 2.6.1 eine natürliche Abbildung

$$t_{\mathfrak{V}}^{\mathfrak{U}}: \quad H^1(\mathfrak{U}, \mathfrak{S}) \to H^1(\mathfrak{V}, \mathfrak{S})$$

mit den dort angegebenen Eigenschaften. $t_{\mathfrak{V}}^{\mathfrak{U}}$ wird wie folgt definiert:

Es sei τ eine Abbildung von J in I mit $V_k \subset U_{\tau k}$ für alle $k \in J$. Jedem $\mathfrak{U}$-Cozyklus f wird der $\mathfrak{V}$-Cozyklus $\tau^* f$ zugeordnet:

$$(\tau^* f)_{r, s} = f_{\tau r, \tau s} \quad \text{in} \quad V_r \cap V_s \quad (r, s \in J) \, .$$

Die durch τ^* induzierte Abbildung $t_{\mathfrak{V}}^{\mathfrak{U}}$ von $H^1(\mathfrak{U}, \mathfrak{S})$ in $H^1(\mathfrak{V}, \mathfrak{S})$ ist unabhängig von der Wahl von τ. Ist nämlich auch $'\tau$ eine Abbildung von J in I mit $V_k \subset U_{'\tau k}$, dann wird die Äquivalenz zwischen $\tau^* f$ und $'\tau^* f$ durch $g_r = f_{\tau r, '\tau r}$ hergestellt $(r \in J)$. Es ist in der Tat

$$('\tau^* f)_{rs} = f_{\tau r, '\tau r}^{-1} (\tau^* f)_{rs} f_{\tau s, '\tau s} \quad \text{in} \quad V_r \cap V_s \, .$$

Der direkte Limes der Mengen $H^1(\mathfrak{U}, \mathfrak{S})$ bezüglich der Abbildungen $t_{\mathfrak{V}}^{\mathfrak{U}}$ ist die Cohomologiemenge $H^1(X, \mathfrak{S})$. Dabei durchläuft $\mathfrak{U}$ alle eigentlichen Überdeckungen von X (vgl. § 2 (Anfang) und 2.6). Man kann zeigen, daß die Abbildung $t_{\mathfrak{V}}^{\mathfrak{U}}$ eineindeutig-in ist. Wenn $\mathfrak{V}$ eine Verfeinerung von $\mathfrak{U}$ ist, dann läßt sich also $H^1(\mathfrak{U}, \mathfrak{S})$ als Teilmenge von $H^1(\mathfrak{V}, \mathfrak{S})$ auffassen. Wenn $\mathfrak{U}$ und $\mathfrak{V}$ gleichfein sind, dann ist $H^1(\mathfrak{U}, \mathfrak{S})$ mit $H^1(\mathfrak{V}, \mathfrak{S})$ in natürlicher Weise zu identifizieren. $H^1(X, \mathfrak{S})$ kann jetzt definiert werden als die Vereinigung aller Mengen $H^1(\mathfrak{U}, \mathfrak{S})$, wo $\mathfrak{U}$ alle eigentlichen Überdeckungen von X durchläuft. Das ausgezeichnete Element von $H^1(X, \mathfrak{S})$ wird in bezug auf jede Überdeckung $\mathfrak{U}$ durch $f_{ij} = 1 \in \Gamma(U_i \cap U_j, \mathfrak{S})$ repräsentiert.

Wenn G eine topologische Gruppe ist, dann gibt es eine wohlbestimmte Garbe G_c über dem topologischen Raum X, für die $\Gamma(U, G_c)$ gleich der Gruppe der stetigen Abbildungen von U in G ist.

Wenn X eine differenzierbare Mannigfaltigkeit und G eine reelle LIEsche Gruppe ist, dann gibt es eine wohlbestimmte Garbe G_b über X, für die $\Gamma(U, G_b)$ gleich der Gruppe der differenzierbaren Abbildungen von U in G ist[1]).

Wenn X eine komplexe Mannigfaltigkeit und G eine komplexe LIEsche Gruppe ist, dann gibt es eine wohlbestimmte Garbe G_ω über X, für die $\Gamma(U, G_\omega)$ gleich der Gruppe der holomorphen Abbildungen von U in G ist[2]).

Verabredung: Wenn von der Garbe G_b über X gesprochen wird, dann soll immer stillschweigend vorausgesetzt sein, daß G eine reelle LIEsche Gruppe und X eine differenzierbare Mannigfaltigkeit ist. Wenn von der Garbe G_ω über X gesprochen wird, dann ist immer vorausgesetzt, daß G eine komplexe LIEsche Gruppe und X eine komplexe Mannigfaltigkeit ist.

Die Garbe G_b über X ist eine Untergarbe der Garbe G_c über X.
Die Garbe G_ω über X ist eine Untergarbe der Garbe G_b über X.
Man hat natürliche Abbildungen

$$H^1(X, G_b) \to H^1(X, G_c) \quad \text{und} \quad H^1(X, G_\omega) \to H^1(X, G_b) \tag{1}$$

und die (zusammengesetzte) Abbildung

$$H^1(X, G_\omega) \to H^1(X, G_c) .$$

Wenn $h\colon G' \to G$ ein stetiger bzw. differenzierbarer bzw. holomorpher Homomorphismus von G' in G ist, dann hat man Garbenhomomorphismen

$$G_c' \to G_c , \quad G_b' \to G_b , \quad G_\omega' \to G_\omega$$

und natürliche Abbildungen

$$H^1(X, G_c') \to H^1(X, G_c), \; H^1(X, G_b') \to H^1(X, G_b), \; H^1(X, G_\omega') \to H^1(X, G_\omega). \tag{2}$$

Wenn $G' = G$ und h der zu einem Element $a \in G$ gehörige innere Automorphismus $h(g) = a^{-1} g a$ $(g \in G)$ ist, dann sind die natürlichen Abbildungen (2) *alle gleich der Identität.* $\tag{2*}$

---

[1]) Über die Bedeutung des Wortes „differenzierbar" s. Fußnote 1 auf S. 27.
[2]) Die Bezeichnungen G_c, G_b, G_ω sind in Übereinstimmung mit 2.5, Beispiele 2—4.

3.2.a). Die topologische Gruppe G operiere effektiv und stetig auf dem topologischen Raum F.

Operieren: Für $g \times f \in G \times F$ ist ein Element $gf \in F$ definiert; es ist $g_1(g_2 f) = (g_1 g_2)f$; für das Einselement e von G ist $ef = f$ für alle $f \in F$.

Effektiv: Aus $gf = f$ für festes g und alle f folgt $g = e$.

Stetig: $g \times f \to gf$ ist eine stetige Abbildung von $G \times F$ in F.

Gegeben sei weiterhin ein topologischer Raum X.

Definition: *Ein topologischer Raum W zusammen mit einer stetigen Abbildung (Projektion) π von W auf X heißt Faserbündel über X mit F als (typischer) Faser und G als Strukturgruppe, wenn die folgenden Bestimmungsstücke vorliegen:*

Eine Überdeckung $\mathfrak{U} = \{U_i\}_{i \in I}$ von X.

Homöomorphismen h_i von $\pi^{-1}(U_i)$ auf $U_i \times F$, die für jedes $u \in U_i$ die „Faser" $\pi^{-1}(u)$ auf $u \times F$ abbilden und für die gilt:

Zu jedem Paar $i, j \in I$ gibt es ein Element $g_{ij} \in \Gamma(U_i \cap U_j, G_c)$ mit

$$(h_i h_j^{-1})(u \times f) = u \times g_{ij}(u)f \qquad (u \in U_i \cap U_j, \ f \in F). \qquad (3)$$

Bemerkung: Da G auf F effektiv operiert, ist g_{ij} durch h_i und h_j eindeutig festgelegt. Offenbar ist $\{g_{ij}\}$ ein Cozyklus. $\{g_{ij}\} \in Z^1(\mathfrak{U}, G_c)$.

Ein cartesisches Produkt $U \times F$ (U offene Menge von X) zusammen mit einem Homöomorphismus h_U von $\pi^{-1}(U)$ auf $U \times F$ heißt **zulässige Karte**, wenn für jede Menge U_i der Überdeckung $\mathfrak{U}$ gilt

$$(h_U h_i^{-1})(u \times f) = u \times g_{U,i}(u)f \qquad (u \in U \cap U_i, \ f \in F), \qquad (3^*)$$

wo $g_{U,i} \in \Gamma(U \cap U_i, G_c)$.

Definition: *Zwei Systeme von Bestimmungsstücken machen W (zusammen mit der Projektion π) dann und nur dann zu demselben Faserbündel W über X mit F als Faser und G als Strukturgruppe, wenn jede zulässige Karte des einen Systems auch für das andere zulässig ist.*

Definition: *Gegeben seien Faserbündel W, W' über X (Projektionen π, π') mit F als Faser und G als Strukturgruppe. Ein Isomorphismus g von W auf W' ist ein Homöomorphismus g von W auf W', der für jeden Punkt x von X die Faser $\pi^{-1}(x)$ auf die Faser $\pi'^{-1}(x)$ abbildet und außerdem folgende Eigenschaft hat: Zu jedem Punkt x von X gibt es eine Umgebung U und zulässige Karten $(h_U : \pi^{-1}(U) \to U \times F)$ bzw. $(h'_U : \pi'^{-1}(U) \to U \times F)$ von W bzw. W' derart, daß der Homöomorphismus $h'_U g h_U^{-1}$ von $U \times F$ auf sich den Punkt $u \times f$ auf $u \times g_U(u)f$ abbildet, wo $g_U \in \Gamma(U, G_c)$.*

Gegeben sei eine Überdeckung $\mathfrak{U} = \{U_i\}_{i \in I}$ von X und ein $\mathfrak{U}$-Cozyklus $g = \{g_{ij}\} \in Z^1(\mathfrak{U}, G_c)$. Dann kann man ein Faserbündel W_g über X mit F als Faser und G als Strukturgruppe so konstruieren:

Man bildet die cartesischen Produkte $U_i \times F$, die man als paarweise **punktfremd** auffaßt. Man identifiziert in ihrer Vereinigung $\bigcup_{i \in I} (U_i \times F)$ für $u \in U_i \cap U_j$ die Punkte

$$(u, f) \in U_j \times F \quad \text{und} \quad (u, g_{ij}(u)f) \in U_i \times F$$

miteinander. Man erhält so den Raum W_g, der in natürlicher Weise ein Faserbündel ist, die Projektion ist bezüglich einer Karte $U_i \times F$ die Projektion dieses cartesischen Produktes auf U_i.

Die zu $g \in Z^1(\mathfrak{U}, G_c)$ und $g' \in Z^1(\mathfrak{V}, G_c)$ gehörigen Faserbündel sind dann und nur dann isomorph, wenn g und g' dasselbe Element der Cohomologiemenge $H^1(X, G_c)$ repräsentieren. Da jedes Faserbündel über X mit F als Faser und G als Strukturgruppe zu einem Faserbündel W_g isomorph ist, erhält man

Satz 3.2.1. *Die Isomorphieklassen von Faserbündeln über X mit F als Faser und G als Strukturgruppe (G operiere effektiv auf F) entsprechen eineindeutig und in natürlicher Weise den Elementen der Cohomologiemenge $H^1(X, G_c)$. Dem ausgezeichneten Element von $H^1(X, G_c)$ entspricht die Isomorphieklasse des trivialen Faserbündels $W = X \times F$.*

Die Faserbündel der zu $\xi \in H^1(X, G_c)$ gehörigen Isomorphieklasse nennt man „*zu ξ assoziiert*".

Wenn $F = G$ und G durch Linkstranslationen auf G operiert, dann heißen die Faserbündel mit G als Faser und Strukturgruppe **Prinzipal-Faserbündel**.

Wegen des Satzes 3.2.1 ist es sinnvoll, die Elemente von $H^1(X, G_c)$ als „G-Bündelklassen über X" zu bezeichnen. *Zur Verkürzung der Redeweise werden wir die Elemente von $H^1(X, G_c)$ aber einfach G-Bündel nennen. Wenn von einem Faserbündel gesprochen wird, ist das jedoch stets im Sinne der angegebenen Definition gemeint.*

3.2.b). Es sei nun X eine differenzierbare (komplexe) Mannigfaltigkeit und G eine reelle (komplexe) LIEsche Gruppe[1]). G operiere effektiv und differenzierbar (holomorph) auf der differenzierbaren (komplexen) Mannigfaltigkeit F.

Differenzierbar (holomorph): $g \times f \to gf$ ist eine differenzierbare (holomorphe) Abbildung von $G \times F$ in F.

Alle Definitionen und Aussagen von 3.2.a) lassen sich jetzt wörtlich übertragen. Man ersetze nur überall G_c durch G_b bzw. G_ω. Ein Faserbündel W ist dann automatisch und in natürlicher Weise eine differenzierbare bzw. komplexe Mannigfaltigkeit. Die Projektion π ist differenzierbar bzw. holomorph. Ein Isomorphismus zweier Faserbündel ist automatisch ein differenzierbarer bzw. holomorpher Homöomorphismus.

Je nachdem G_c, G_b, G_ω verwandt wird, sprechen wir von *stetigen, differenzierbaren, komplex-analytischen Faserbündeln und G-Bündeln*[2]).

---

[1]) Über LIEsche Gruppen siehe etwa L. PONTRJAGIN, *Topological groups*. Princeton math. series vol. 2, Princeton University Press 1946.

[2]) Nach dem Muster von 3.2.a) lassen sich noch viele andere Arten von Faserbündeln definieren (z. B. reell-analytische). Man hat nur G_c durch eine andere Garbe zu ersetzen. Man spricht von Faserbündeln mit Strukturgarbe (vgl. [13a]). Für die Zwecke dieser Arbeit reicht es aus, die Garben G_c, G_b, G_ω zu betrachten.

Es sei W (Projektion π) ein stetiges bzw. differenzierbares bzw. komplex-analytisches Faserbündel über X. Ein Schnitt von W über einer offenen Menge U von X ist eine stetige bzw. differenzierbare bzw. holomorphe Abbildung s von U in W mit $\pi s =$ Identität.

3.2.c). Wenn die topologische Gruppe G stetig aber nicht notwendigerweise effektiv auf dem topologischen Raum F operiert (vgl. 3.2 a)), dann bilden die Elemente h von G, die trivial auf F operieren (d. h. $hf = f$ für alle $f \in F$), einen abgeschlossenen Normalteiler N von G. Die topologische Gruppe G/N operiert effektiv und stetig auf F. Entsprechendes gilt für den Fall, daß G eine reelle (komplexe) Liesche Gruppe ist, die differenzierbar (holomorph) auf der differenzierbaren (komplexen) Mannigfaltigkeit F operiert. G/N ist eine reelle (komplexe) Liesche Gruppe, die effektiv und differenzierbar (holomorph) auf F operiert[1]).

Man hat natürliche Abbildungen (vgl. 3.1 (2))

$$t\colon H^1(X, G_c) \to H^1(X, (G/N)_c) \qquad (X \text{ topologischer Raum})$$

$$t\colon H^1(X, G_b) \to H^1(X, (G/N)_b) \quad (X \text{ differenzierbare Mannigfaltigkeit})$$

$$t\colon H^1(X, G_\omega) \to H^1(X, (G/N)_\omega) \qquad (X \text{ komplexe Mannigfaltigkeit}).$$

Wenn $\xi \in H^1(X, G_c)$, dann nennen wir die zu $t\xi$ assoziierten Faserbündel mit F als Faser auch zu ξ assoziiert und sprechen auch in diesem Falle von Faserbündeln mit F als Faser und G als Strukturgruppe. Entsprechend für G_b und G_ω.

3.2.d). Die folgenden Bemerkungen gelten für den stetigen, differenzierbaren und auch für den komplex-analytischen Fall.

Es sei E ein Prinzipal-Faserbündel über X mit G als Faser und Strukturgruppe. Die Gruppe G operiert effektiv auf E. Ein Element a von G operiert nämlich durch Rechtstranslationen auf jeder Faser von E: In bezug auf eine lokale Produktdarstellung $U \times G$ von E (zulässige Karte) hat man $(u \times g)a = u \times ga$. Dieses Operieren von a auf E ist unabhängig von der Wahl der Produktdarstellung, da die Kartentransformationen (3) und (3*) durch Linkstranslationen erfolgen.

G operiere (nicht notwendigerweise effektiv) auf F. Dann kann man mit Hilfe von E folgendermaßen ein Faserbündel W über X mit F als Faser konstruieren. Man bildet das direkte Produkt $E \times F$ und identifiziert in ihm $ea \times f$ mit $e \times af$ für alle $a \in G, e \in E, f \in F$. Man erhält so einen Raum W, der in natürlicher Weise als Faserbündel über X

---

[1]) Es werde daran erinnert, daß eine abgeschlossene Untergruppe einer Lieschen Gruppe immer eine Liesche Untergruppe ist. Eine abgeschlossene Untergruppe einer komplexen Lieschen Gruppe braucht jedoch keine komplexe Liesche Untergruppe zu sein. — Im vorliegenden Fall läßt sich aber leicht beweisen, daß (für eine komplexe Liesche Gruppe G) der Normalteiler N eine komplexe Liesche Untergruppe ist. G/N ist also auch eine komplexe Liesche Gruppe.

mit F als Faser und G als Strukturgruppe aufzufassen ist. W und E sind zu demselben G-Bündel assoziiert.

3.3. Es seien Y, X topologische Räume, G eine topologische Gruppe und φ eine stetige Abbildung von Y in X. Man hat eine natürliche Abbildung

$$\varphi^* \colon H^1(X, G_c) \to H^1(Y, G_c) \,. \tag{4}$$

Wenn ξ in bezug auf eine Überdeckung $\mathfrak{U} = \{U_i\}_{i \in I}$ von X durch einen $\mathfrak{U}$-Cozyklus $\{g_{ij}\}$ repräsentiert wird, dann wird $\varphi^* \xi$ in bezug auf die Überdeckung $\varphi^{-1}\mathfrak{U} = \{\varphi^{-1}U_i\}_{i \in I}$ durch den $\varphi^{-1}\mathfrak{U}$-Cozyklus $\{g_{ij}\varphi\}$ repräsentiert. Wir nennen $\varphi^* \xi$ das durch die Abbildung φ aus dem G-Bündel ξ induzierte G-Bündel.

Wenn ein zu ξ assoziiertes Faserbündel W über X (Projektion π) mit F als Faser und G als Strukturgruppe gegeben ist, dann kann folgendermaßen ein Faserbündel $\varphi^* W$ über Y, das zu $\varphi^* \xi$ assoziiert ist, konstruiert werden: $\varphi^* W$ ist Teilraum von $Y \times W$. Ein Punkt $y \times w \in Y \times W$ gehört dann und nur dann zu $\varphi^* W$, wenn $\varphi(y) = \pi(w)$. Die Projektion $\bar{\pi}$ des Faserbündels $\varphi^* W$ wird durch $\bar{\pi}(y, w) = y$ gegeben.

Wenn φ eine differenzierbare (holomorphe) Abbildung der differenzierbaren (komplexen) Mannigfaltigkeit Y in die differenzierbare (komplexe) Mannigfaltigkeit X ist und wenn G eine reelle (komplexe) Liesche Gruppe ist, dann ist eine natürliche Abbildung

$$\varphi^* \colon H^1(X, G_b) \to H^1(Y, G_b) \quad \text{bzw.} \quad \varphi^* \colon H^1(X, G_\omega) \to H^1(Y, G_\omega) \tag{4'}$$

definiert. Die Konstruktion des Faserbündels $\varphi^* W$ erfolgt genau so wie im stetigen Fall.

3.4.a). Es sei G' eine abgeschlossene Untergruppe der topologischen Gruppe G. Wir betrachten den Raum G/G' der Links-Restklassen xG' ($x \in G$) und die Abbildung σ von G auf G/G'. Die Aussage

$$\sigma \colon G \to G/G' \ \textit{besitzt einen lokalen Schnitt} \tag{5}$$

bedeutet, daß es in G/G' eine Umgebung U von $\sigma(e)$ (e ist das Eins-element von G) und eine stetige Abbildung s von U in G mit $\sigma s =$ Identität gibt.

Satz 3.4.1 (vgl. Steenrod [35], 7.4). *Wenn (5) erfüllt ist, dann ist G in natürlicher Weise ein Prinzipal-Faserbündel* (Projektion σ) *über G/G' mit G' als Faser und Strukturgruppe.*

Satz 3.4.2. *Es sei G' eine abgeschlossene (reelle Liesche) Untergruppe der reellen Lieschen Gruppe G. Dann besitzt $G \xrightarrow{\sigma} G/G'$ einen lokalen differenzierbaren (sogar reell-analytischen) Schnitt und G ist in natürlicher Weise als differenzierbares Prinzipal-Faserbündel* (Projektion σ) *über G/G' mit G' als Faser und Strukturgruppe aufzufassen.*

Satz 3.4.3. *Es sei G' eine abgeschlossene komplexe Liesche Unter-gruppe der komplexen Lieschen Gruppe G. Dann besitzt $G \xrightarrow{\sigma} G/G'$ einen* *lokalen holomorphen Schnitt und G ist in natürlicher Weise als komplex-analytisches Prinzipal-Faserbündel* (Projektion σ) *über G/G' mit G' als Faser und Strukturgruppe aufzufassen*[1]).

3.4.b). Die folgenden Ausführungen gelten im stetigen, differenzierbaren und komplex-analytischen Fall. Mit X wird sinngemäß ein topologischer Raum, eine differenzierbare Mannigfaltigkeit oder eine komplexe Mannigfaltigkeit und mit G eine topologische, reelle LIEsche oder komplexe LIEsche Gruppe bezeichnet. G' sei eine abgeschlossene Untergruppe von G. Im stetigen Fall werde immer vorausgesetzt, daß (5) gilt. Im komplex-analytischen Fall setzen wir ausdrücklich voraus, daß G' eine komplexe LIEsche Untergruppe ist.

Verabredung: Es sei ξ ein G-Bündel über X und W ein zu ξ assoziiertes Faserbündel mit F als Faser (vgl. 3.2. a) und 3.2. c)). Es bezeichne h die zur Einbettung von G' in G gehörige natürliche Abbildung der Menge der G'-Bündel über X in die Menge der G-Bündel über X (vgl. 3.1). Wenn es ein G'-Bündel $\check{\xi}$ über X gibt mit $h\check{\xi} = \xi$, dann sagen wir: *„Die Strukturgruppe von W kann auf G' reduziert werden"* und auch *„Die Strukturgruppe von ξ kann auf G' reduziert werden"*, wenn ferner ein solches G'-Bündel im Rahmen der jeweiligen Betrachtungen in natürlicher Weise vorliegt, dann sagen wir: „Die Strukturgruppe kann in natürlicher Weise auf G' reduziert werden."

Es sei ξ ein G-Bündel über X und E (Projektion π) ein zu ξ assoziiertes Prinzipal-Faserbündel (mit G als Faser). Man identifiziere zwei Punkte einer Faser von E, wenn der eine durch Rechtsmultiplikation mit einem Element von G' aus dem anderen hervorgeht (vgl. 3.2.d)). Der Quotientenraum werde mit E/G' bezeichnet.

Satz 3.4.4. *Man hat ein kommutatives Diagramm*

$$E \xrightarrow{\ \sigma\ } E/G'$$
$$\pi \searrow \quad \swarrow \varrho$$
$$X$$

E (Projektion σ) ist in natürlicher Weise Prinzipal-Faserbündel über E/G' mit G' als Faser und Strukturgruppe. Das zugehörige G'-Bündel über E/G' werde mit $\check{\xi}$ bezeichnet. E/G' (Projektion ϱ) ist ein Faserbündel über X mit G/G' als Faser, das zu ξ assoziiert ist (G operiert durch Linkstranslationen auf G/G'; beachte 3.2.c)). Es sei h die Abbildung der Menge der G'-Bündel über E/G' in die Menge der G-Bündel über E/G'. Es ist

$$h\,\check{\xi} = \varrho^{*}\xi\,. \tag{6}$$

---

[1]) Die Existenz eines lokalen differenzierbaren bzw. holomorphen Schnittes, die in den Sätzen 3.4.2 bzw. 3.4.3 behauptet wurde, läßt sich durch Einführung kanonischer Koordinaten in der Umgebung des Einselementes von G beweisen. In den in dieser Arbeit explizit vorkommenden Fällen läßt sich die Existenz eines lokalen Schnittes immer leicht direkt nachweisen.

(Nach „Liften" von ξ kann die Strukturgruppe in natürlicher Weise auf G' reduziert werden.)

Der Beweis erfolgt mit Hilfe der Sätze 3.4.1 bis 3.4.3 und werde dem Leser überlassen. Wir deuten hier nur an, wie man die Gleichung (6) erhalten kann: Nach 3.3 ist die Teilmenge derjenigen Elemente $d \times e$ von $E/G' \times E$, für die $\varrho(d) = \pi(e)$, ein Prinzipal-Faserbündel W über E/G' mit G als Faser, das zu $\varrho^* \xi$ assoziiert ist. Nach 3.2. d) erhält man aus $E \times G$ ein Faserbündel $\widetilde{W}$ über E/G', wenn man die Identifizierungen $e a \times a^{-1} g = e \times g$ für alle $a \in G'$, $e \in E$, $g \in G$ einführt. $\widetilde{W}$ hat G als Faser und G' als Strukturgruppe (G' operiert durch Linkstranslationen auf G) und kann deshalb als zu $h \check{\xi}$ assoziiertes Prinzipal-Faserbündel mit G als Faser und Strukturgruppe aufgefaßt werden. Bildet man das durch $e \times g$ repräsentierte Element von $\widetilde{W}$ auf das Element $\sigma(e) \times eg$ von W ab, dann erhält man einen Isomorphismus der beiden Prinzipal-Faserbündel aufeinander und damit ist (6) bewiesen.

Satz 3.4.5. *Die Strukturgruppe des G-Bündels ξ über X kann dann und nur dann auf G' reduziert werden, wenn das zu ξ assoziierte Faserbündel E/G' über X einen* (stetigen bzw. differenzierbaren bzw. holomorphen) *Schnitt s besitzt.*

Es sei $\check{\xi}$ das G'-Bündel von Satz 3.4.4. Wenn ein Schnitt s vorliegt, dann ist

$$\eta = s^*(\check{\xi})$$

ein G'-Bündel über X, das bei $G' \to G$ in ξ übergeht, und man kann ferner für E zulässige Karten $U_i \times G$ finden (die U_i überdecken X), derart, daß der Übergang von einer Karte zur anderen durch Abbildungen

$$g_{ij}\colon\ U_i \cap U_j \to G'$$

gegeben wird und daß der Schnitt s in bezug auf alle Karten $U_i \times G$ jedem $u \in U_i$ den durch $u \times e$ ($e =$ Einselement von G) repräsentierten Punkt von E/G' zuordnet. Der Cozyklus $\{g_{ij}\}$ repräsentiert das Bündel ξ, wenn man die g_{ij} als Abbildungen in G auffaßt. Faßt man sie als Abbildungen in G' auf, dann repräsentiert $\{g_{ij}\}$ das Bündel η.

Für die Beweise der vorstehenden Sätze werde der Leser auf STEEN-ROD [35] verwiesen. Die Grundlage für beide Sätze ist im stetigen Fall die Voraussetzung (5), daß G/G' einen lokalen Schnitt besitzt. In den beiden anderen Fällen braucht eine analoge Voraussetzung nicht besonders gemacht zu werden, da immer ein lokaler Schnitt existiert.

3.5. Unter X werde wie bisher sinngemäß ein topologischer Raum, eine differenzierbare Mannigfaltigkeit oder eine komplexe Mannigfaltigkeit verstanden. Die komplexe LIEsche Gruppe $\mathbf{GL}(q, \mathbf{C})$ operiert effektiv und holomorph auf dem komplexen Vektorraum $\mathbf{C}_q$ (vgl. 0.10). Die stetigen bzw. differenzierbaren bzw. komplex-analytischen Faserbündel W über X mit $\mathbf{C}_q$ als Faser und $\mathbf{GL}(q, \mathbf{C})$ als Strukturgruppe werden stetige bzw. differenzierbare bzw. komplex-analytische **Vektor-raum-Bündel** und für $q=1$ **Geradenbündel** genannt. Die Vektorraum-Struktur der Fasern von W ist invariant gegenüber den Transformationen von einer zulässigen Karte von W zu einer anderen. Die Punkte einer Faser können daher in natürlicher Weise addiert und mit komplexen Zahlen multipliziert werden. Jede Faser ist ein komplexer Vektorraum. Also können stetige bzw. differenzierbare bzw. holomorphe Schnitte von W, die über einer offenen Menge U von X definiert sind, addiert und mit komplexen Zahlen multipliziert werden, und man kommt dabei aus dem Bereich der stetigen bzw. differenzierbaren bzw. holomorphen Schnitte von W über U nicht heraus. Deshalb kann man folgende Garben über X definieren:

I) $\mathfrak{C}(W) =$ Garbe der Keime von lokalen stetigen Schnitten von W.

Das kanonische Garbendatum von $\mathfrak{C}(W)$ erhält man, wenn man jeder offenen Menge U von X den **C**-Modul aller stetigen Schnitte von W über U zuordnet. Entsprechend:

II) $\mathfrak{A}(W) =$ Garbe der Keime von lokalen differenzierbaren Schnitten von W.

III) $\Omega(W) =$ Garbe der Keime von lokalen holomorphen Schnitten von W.

Die Garben $\mathfrak{C}(W)$ (über einem parakompakten Raum) und $\mathfrak{A}(W)$ (über einer differenzierbaren Mannigfaltigkeit) sind fein, denn man kann die (stetigen bzw. differenzierbaren) Funktionen φ_i einer Zerlegung der Einheit mit den lokalen Schnitten von W multiplizieren. Man erhält dadurch Garbenhomomorphismen l_i (vgl. 2.11).

Gegeben sei ein (stetiges bzw. differenzierbares bzw. komplex-analytisches) $\mathbf{GL}(q, \mathbf{C})$-Bündel ξ über X und ein assoziiertes Vektorraum-Bündel W. Dann kann man folgendermaßen ein Prinzipal-Faserbündel E über X mit $\mathbf{GL}(q, \mathbf{C})$ als typischer Faser konstruieren, das zu ξ assoziiert ist:

Die Faser von E über x ist die Menge aller Isomorphismen des (festen) Vektorraumes $\mathbf{C}_q$ auf den Vektorraum W_x (= Faser von W über x).

Die Vektorraum-Bündel mit $\mathbf{R}^q$ als Faser und $\mathbf{GL}(q, \mathbf{R})$ oder $\mathbf{GL}^+(q, \mathbf{R})$ als Strukturgruppe werden ganz entsprechend definiert. Die Konstruktion des Prinzipal-Faserbündels E zu einem solchen Vektorraum-Bündel W erfolgt genauso wie für ein Vektorraum-Bündel mit $\mathbf{C}_q$ als Faser.

3.6.a). Für zwei Vektorräume beliebiger endlicher Dimension über einem Körper K ist die direkte Summe $A \oplus B$ und das Tensorprodukt $A \otimes B$ definiert, die wieder Vektorräume über K sind. Es ist $\dim(A \oplus B) = \dim(A) + \dim(B)$ und $\dim(A \otimes B) = \dim(A) \cdot \dim(B)$. Für $a \in A$ und $b \in B$ ist ein Vektor $a \oplus b \in A \oplus B$ und ein Vektor $a \otimes b \in A \otimes B$ definiert. Das Produkt $a \otimes b$ ist linear in jedem Faktor.

Der Vektorraum $A \otimes B$ wird von den Elementen der Form $a \otimes b$ erzeugt.

Ferner ist der Vektorraum $\mathrm{Hom}\,(A, B)$ über K definiert, dessen Elemente die Homomorphismen (linearen Abbildungen) von A in B sind.

Für einen Vektorraum A (endlicher Dimension) über K ist der zu A duale Vektorraum A^* der Linearformen definiert. Es ist $A^* = \mathrm{Hom}\,(A, K)$ und $\dim(A^*) = \dim(A)$.

Ferner ist der Vektorraum $A^{(p)}$ der p-Vektoren definiert. Für $a_1, \ldots, a_p \in A$ ist ein Vektor $a_1 \wedge a_2 \wedge \ldots \wedge a_p \in A^{(p)}$ definiert, der von jedem Faktor linear abhängt, sich bei einer Permutation der Faktoren mit dem Vorzeichen der Permutation multipliziert und der verschwindet, wenn zwei der Faktoren übereinstimmen. Die Vektoren der Form $a_1 \wedge \ldots \wedge a_p$ erzeugen $A^{(p)}$. Es ist $\dim(A^{(p)}) = \binom{q}{p}$, wenn $q = \dim(A)$. (Zu den vorstehend besprochenen Dingen der multilinearen Algebra vgl. BOURBAKI, Algèbre Chap. III.)

3.6.b). Gegeben seien zwei Vektorraum-Bündel W und W' über X mit $\mathbf{C}_q$ bzw. $\mathbf{C}_{q'}$ als typischer Faser (vgl. 3.5). Die Faser von W bzw. W' über dem Punkte $x \in X$ ist ein komplexer Vektorraum und soll mit W_x bzw. W'_x bezeichnet werden.

Es lassen sich in natürlicher Weise Vektorraum-Bündel $W \oplus W'$ (die WHITNEYsche Summe), $W \otimes W'$ (das Tensorprodukt), $\mathrm{Hom}\,(W, W')$, W^* (das duale Vektorraum-Bündel) und $W^{(p)}$ (das Vektorraum-Bündel der p-Vektoren) definieren. Die Fasern dieser Vektorraum-Bündel über dem Punkte $x \in X$ sind der Reihe nach gleich $W_x \oplus W'_x$, $W_x \otimes W'_x$, $\mathrm{Hom}\,(W_x, W'_x)$, $(W_x)^*$, $(W_x)^{(p)}$.

Wenn $U \times \mathbf{C}_q$ bzw. $U \times \mathbf{C}_{q'}$ lokale Produktdarstellungen von W bzw. W' sind, dann ist $U \times (\mathbf{C}_q \otimes \mathbf{C}_{q'})$ eine lokale Produktdarstellung von $W \otimes W'$. Kartentransformationen von W, W' induzieren in natürlicher Weise Kartentransformationen von $W \otimes W'$. Entsprechend in den anderen Fällen.

Wenn W, W' stetig bzw. differenzierbar bzw. komplex-analytisch sind, dann haben auch diese neuen Vektorraum-Bündel die entsprechende Eigenschaft. Im stetigen, im differenzierbaren und im komplex-analytischen Fall gilt

Satz 3.6.1. *Es seien W, W', W'' Vektorraum-Bündel über X. Man hat die folgenden Isomorphien*

$$(W \oplus W') \oplus W'' \cong W \oplus (W' \oplus W''), \quad W \oplus W' \cong W' \oplus W$$

$$(W \otimes W') \otimes W'' \cong W \otimes (W' \otimes W''), \quad W \otimes W' \cong W' \otimes W$$

$$(W \oplus W') \otimes W'' \cong (W \otimes W'') \oplus (W' \otimes W''),$$

$$(W \oplus W')^* \cong W^* \oplus (W')^*, \quad (W \otimes W')^* = W^* \otimes (W')^*$$

$W^{(p)*} \cong W^{*(p)}$ ($W^{*(p)}$ *heißt Vektorraum-Bündel der p-Formen von W*)

$W^{*(n)} \otimes W^{(p)} \cong W^{*(n-p)}$ (für ein Vektorraum-Bündel W mit $\mathbf{C}_n$ als Faser)

$\mathrm{Hom}\,(W, W') \cong W^* \otimes W'$.

Zum Beweis von Satz 3.6.1 siehe Sachverzeichnis in BOURBAKI, Algèbre Chap. III unter Stichwort *Isomorphisme canonique.*

Die in diesem Abschnitt für Vektorraum-Bündel (mit einem komplexen Vektorraum als Faser) definierten Operationen der WHITNEY-schen Summe, des Tensorprodukts usw. können genau so für Vektorraum-Bündel mit einem reellen Vektorraum als Faser definiert werden. Der Satz 3.6.1 gilt ganz entsprechend.

3.6.c). Es sei ξ ein stetiges bzw. differenzierbares bzw. komplex-analytisches $\mathbf{GL}(q, \mathbf{C})$-Bündel über X und ξ' ein entsprechendes $\mathbf{GL}(q', \mathbf{C})$-Bündel über X. Wir definieren jetzt ein $\mathbf{GL}(q + q', \mathbf{C})$-Bündel $\xi \oplus \xi'$ (die WHITNEYsche Summe von ξ und ξ'), und ein $\mathbf{GL}(qq', \mathbf{C})$-Bündel $\xi \otimes \xi'$ (das Tensorprodukt von ξ und ξ'). Diese Bündel sind je nachdem wieder stetig, differenzierbar, komplex-analytisch:

Es seien W, W' zu ξ, ξ' assoziierte Vektorraum-Bündel. Dann wird $\xi \oplus \xi'$ (bzw. $\xi \otimes \xi'$) definiert als das nur von ξ und ξ' abhängende $\mathbf{GL}(q + q', \mathbf{C})$-Bündel (bzw. $\mathbf{GL}(qq', \mathbf{C})$-Bündel), das zu $W \oplus W'$ (bzw. $W \otimes W'$) assoziiert ist. Es gibt eine Überdeckung $\mathfrak{U} = \{U_i\}_{i \in I}$ von X, für die ξ und ξ' durch $\mathfrak{U}$-Cozyklen $\{g_{ij}\}$, $\{g'_{ij}\}$ repräsentiert werden können, wo g_{ij} bzw. g'_{ij} eine Abbildung von $U_i \cap U_j$ in $\mathbf{GL}(q, \mathbf{C})$ bzw. $\mathbf{GL}(q', \mathbf{C})$ ist.

Das $\mathbf{GL}(q + q', \mathbf{C})$-Bündel $\xi \oplus \xi'$ wird dann repräsentiert durch einen $\mathfrak{U}$-Cozyklus $\{h_{ij}\}$, wo

$$h_{ij}(x) = \begin{pmatrix} g_{ij}(x) & 0 \\ 0 & g'_{ij}(x) \end{pmatrix} \in \mathbf{GL}(q + q', \mathbf{C}) \quad \text{für } x \in U_i \cap U_j \, .$$

Das $\mathbf{GL}(qq', \mathbf{C})$-Bündel $\xi \otimes \xi'$ wird dann repräsentiert durch einen $\mathfrak{U}$-Cozyklus $\{h_{ij}\}$, wo

$$h_{ij}(x) = g_{ij}(x) \otimes g'_{ij}(x) \in \mathbf{GL}(qq', \mathbf{C}) \quad \text{für } x \in U_i \cap U_j$$

und wo $\otimes$ die Bildung des KRONECKER-Produktes der Matrizen $g_{ij}(x)$ $g'_{ij}(x)$ bezeichnet.

Für ein stetiges bzw. differenzierbares bzw. komplex-analytisches $\mathbf{GL}(q, \mathbf{C})$-Bündel ξ über X definieren wir das duale $\mathbf{GL}(q, \mathbf{C})$-Bündel ξ^* und die $\mathbf{GL}\left(\binom{q}{p}, \mathbf{C}\right)$-Bündel $\xi^{(p)}$, die je nachdem wieder stetig, differenzierbar, komplex-analytisch sind: Es sei W ein zu ξ assoziiertes Vektorraum-Bündel. Dann wird ξ^* definiert als das nur von ξ abhängige $\mathbf{GL}(q, \mathbf{C})$-Bündel, zu dem W^* assoziiert ist. $\xi^{(p)}$ wird definiert als das nur von ξ abhängige $\mathbf{GL}\left(\binom{q}{p}, \mathbf{C}\right)$-Bündel, zu dem $W^{(p)}$ assoziiert ist.

ξ sei in bezug auf eine Überdeckung $\mathfrak{U} = \{U_i\}_{i \in I}$ durch einen $\mathfrak{U}$-Cozyklus $\{g_{ij}\}$ gegeben. Dann wird ξ^* durch einen $\mathfrak{U}$-Cozyklus $\{g^*_{ij}\}$ gegeben, wo

$$g^*_{ij}(x) = (g_{ij}^{-1}(x))^{\dagger} \in \mathbf{GL}(q, \mathbf{C}) \quad \text{für } x \in U_i \cap U_j \, .$$

$((g_{ij}^{-1}(x))^{\dagger} = \text{Transponierte der Inversen der Matrix } g_{ij}(x).)$

Um einen $\mathfrak{U}$-Cozyklus für $\xi^{(p)}$ angeben zu können, verfahren wir folgendermaßen: Der Vektorraum $\mathbf{C}_q^{(p)}$ der p-Vektoren des Vektorraumes $\mathbf{C}_q$ werde in beliebiger, aber bestimmter Weise auf den Vektorraum $\mathbf{C}_{\binom{q}{p}}$ isomorph abgebildet und entsprechend mit ihm identifiziert[1]).

Die Gruppe $\mathbf{GL}(q, \mathbf{C})$ operiert auf $\mathbf{C}_q$ und damit auch auf $\mathbf{C}_{\binom{q}{p}}$. Man erhält so einen holomorphen Homomorphismus ψ_p von $\mathbf{GL}(q, \mathbf{C})$ in $\mathbf{GL}\left(\binom{q}{p}, \mathbf{C}\right)$. Das Bündel $\xi^{(p)}$ wird repräsentiert durch einen $\mathfrak{U}$-Cozyklus $g_{ij}^{(p)}$, wo

$$g_{ij}^{(p)}(x) = \psi_p(g_{ij}(x)) \in \mathbf{GL}\left(\binom{q}{p}, \mathbf{C}\right) \quad \text{für } x \in U_i \cap U_j .$$

$\xi^{(0)}$ ist das triviale $\mathbf{C}^*$-Bündel $(\mathbf{C}^* = \mathbf{GL}(1, \mathbf{C}))$. Für ein $\mathbf{GL}(q, \mathbf{C})$-Bündel ξ ist $\xi^{(q)}$ ebenfalls ein $\mathbf{C}^*$-Bündel und wird repräsentiert durch den $\mathfrak{U}$-Cozyklus $g_{ij}^{(q)}$, wo $g_{ij}^{(q)}(x)$ jetzt gleich der Determinante von $g_{ij}(x)$ ist für $x \in U_i \cap U_j$.

Die Definitionen dieses Abschnitts 3.6.c) erfolgen entsprechend für $\mathbf{GL}(q, \mathbf{R})$- und $\mathbf{GL}^+(q, \mathbf{R})$-Bündel.

3.7. Es ist $\mathbf{GL}(1, \mathbf{C}) = \mathbf{C}^*$ (multiplikative Gruppe der komplexen Zahlen $\neq 0$). Das Tensorprodukt $\xi \otimes \xi'$ zweier (stetiger bzw. differenzierbarer bzw. komplex-analytischer) $\mathbf{C}^*$-Bündel ist wieder ein $\mathbf{C}^*$-Bündel. Wenn ξ, ξ' durch $\{g_{ij}\}$, $\{g'_{ij}\}$ gegeben sind [g_{ij}, g'_{ij} sind (stetige bzw. differenzierbare bzw. holomorphe) nicht verschwindende komplexwertige Funktionen in $U_i \cap U_j$], dann ist $\xi \otimes \xi'$ das durch $g_{ij}g'_{ij}$ definierte stetige bzw. differenzierbare bzw. komplex-analytische $\mathbf{C}^*$-Bündel.

Die Gruppenoperation von $H^1(X, \mathbf{C}_c^*)$, $H^1(X, \mathbf{C}_b^*)$, $H^1(X, \mathbf{C}_\omega^*)$ im Sinne der Garbentheorie ist also das Tensorprodukt. Wenn ξ (gegeben durch $\{g_{ij}\}$) einer dieser Gruppen angehört, dann ist ξ^{-1} das durch $\{g_{ij}^{-1}\}$ definierte Bündel. Es ist $\xi^{-1} = \xi^*$.

3.8. Wir schalten hier einige weitere Bemerkungen über $\mathbf{C}^*$-Bündel ein. Wenn der Raum X parakompakt ist, dann hat man die exakte Sequenz (vgl. 2.5.2))

$$\cdots \to H^1(X, \mathbf{C}_c) \to H^1(X, \mathbf{C}_c^*) \xrightarrow{\delta_*^1} H^2(X, \mathbf{Z}) \to H^2(X, \mathbf{C}_c) \to \cdots$$

Da die Garbe $\mathbf{C}_c$ fein ist, verschwinden $H^1(X, \mathbf{C}_c)$ und $H^2(X, \mathbf{C}_c)$, vgl. 2.11. Es folgt, daß δ_*^1 die Gruppe der stetigen $\mathbf{C}^*$-Bündel über X isomorph auf die zweite ganzzahlige Cohomologiegruppe von X abbildet.

Wenn X eine differenzierbare Mannigfaltigkeit ist, dann hat man auch noch die exakte Sequenz

$$\to H^1(X, \mathbf{C}_b) \to H^1(X, \mathbf{C}_b^*) \xrightarrow{\delta_*^1} H^2(X, \mathbf{Z}) \to H^2(X, \mathbf{C}_b) .$$

---

[1]) Welchen Isomorphismus man wählt, ist gleichgültig. Man beachte 3.1 (2*).

Da $\mathbf{C}_b$ fein ist, folgt, daß δ_*^1 die Gruppe der differenzierbaren $\mathbf{C}^*$-Bündel isomorph auf $H^2(X, \mathbf{Z})$ abbildet. Man schließt weiter, daß der natürliche Homomorphismus

$$H^1(X, \mathbf{C}_b^*) \to H^1(X, \mathbf{C}_c^*)$$

isomorph-auf ist.

Wenn X eine komplexe Mannigfaltigkeit ist, dann hat man die exakte Sequenz

$$\to H^1(X, \mathbf{C}_\omega) \to H^1(X, \mathbf{C}_\omega^*) \xrightarrow{\delta_*^1} H^2(X, \mathbf{Z}) \to H^2(X, \mathbf{C}_\omega) .$$

Darauf werden wir in Abschnitt 15.9 zu sprechen kommen.

§ 4. Spezielle Fälle von Reduktionen der Strukturgruppe eines Bündels. Über Chernsche Klassen und Pontrjaginsche Klassen

4.1.a). Wir stellen zunächst einige Bezeichnungen zusammen[1]. Es sei $\mathbf{GL}(r, q - r; \mathbf{C})$ die Untergruppe derjenigen Matrizen von $\mathbf{GL}(q, \mathbf{C})$, die den durch $z_{r+1} = z_{r+2} = \cdots = z_q = 0$ gegebenen r-dimensionalen linearen Teilraum L_r von $\mathbf{C}_q$ (Koordinaten $z_1, z_2, \ldots, z_q$) auf sich abbilden.

Die Matrizen $A \in \mathbf{GL}(r, q - r; \mathbf{C})$ sind von der Form

$$A = \begin{pmatrix} A' & B \\ 0 & A'' \end{pmatrix},$$

wo $A' \in \mathbf{GL}(r, \mathbf{C})$, $A'' \in \mathbf{GL}(q - r, \mathbf{C})$ und wo B eine beliebige komplexe Matrix von r Zeilen und $q - r$ Spalten ist.

Entsprechend wird $\mathbf{GL}(r, q - r; \mathbf{R})$ definiert als die Untergruppe derjenigen Matrizen $A \in \mathbf{GL}(q, \mathbf{R})$, die die oben angegebene Form haben ($A' \in \mathbf{GL}(r, \mathbf{R})$, $A'' \in \mathbf{GL}(q - r, \mathbf{R})$, B eine beliebige reelle $r \times (q - r)$-Matrix). Ferner sei $\mathbf{GL}^+(r, q - r; \mathbf{R})$ die Untergruppe derjenigen $A \in \mathbf{GL}(r, q - r; \mathbf{R})$, für die $A' \in \mathbf{GL}^+(r, \mathbf{R})$ und $A'' \in \mathbf{GL}^+(q - r, \mathbf{R})$.

$\mathfrak{G}(r, q - r; \mathbf{C}) = \mathbf{GL}(q, \mathbf{C})/\mathbf{GL}(r, q - r; \mathbf{C}) = \mathbf{U}(q)/\mathbf{U}(r) \times \mathbf{U}(q - r)$ ist die GRASSMANNsche Mannigfaltigkeit der r-dimensionalen linearen Teilräume von $\mathbf{C}_q$. Entsprechend werden die reellen GRASSMANNschen Mannigfaltigkeiten definiert:

$$\mathfrak{G}(r, q - r; \mathbf{R}) = \mathbf{GL}(q, \mathbf{R})/\mathbf{GL}(r, q - r; \mathbf{R}) = \mathbf{O}(q)/\mathbf{O}(r) \times \mathbf{O}(q - r) ,$$

$$\mathfrak{G}^+(r, q - r; \mathbf{R}) = \mathbf{GL}^+(q, \mathbf{R})/\mathbf{GL}^+(r, q - r; \mathbf{R}) = \mathbf{SO}(q)/\mathbf{SO}(r) \times \mathbf{SO}(q - r) .$$

$\Delta(q, \mathbf{C})$ sei die Untergruppe derjenigen Matrizen von $\mathbf{GL}(q, \mathbf{C})$, die alle Teilräume L_r als ganzes festlassen. Hier bezeichnet L_r wieder den durch $z_{r+1} = z_{r+2} = \cdots = z_q = 0$ gegebenen r-dimensionalen Teilraum von $\mathbf{C}_q$. Offenbar ist $\Delta(q, \mathbf{C})$ die Gruppe der Dreiecksmatrizen von $\mathbf{GL}(q, \mathbf{C})$ (alle Koeffizienten unter der Diagonale sind 0).

---

[1] Es werde auf die Zusammenstellung von Bezeichnungen in 0.10 verwiesen.

$\Delta(q, C) \cap \mathbf{U}(q) = \mathbf{T}^q$ (unitäre Diagonalmatrizen; $\mathbf{T}^q$ ist ein q-dimensionaler Torus). $\mathbf{F}(q) = \mathbf{GL}(q, \mathbf{C})/\Delta(q, \mathbf{C}) = \mathbf{U}(q)/\mathbf{T}^q =$ Mannigfaltigkeit der im Nullpunkt von $\mathbf{C}_q$ situierten „Fahnen". Eine solche Fahne ist eine aufsteigende Folge $O = E_0 \subset E_1 \subset \ldots \subset E_q = \mathbf{C}_q$ von linearen Teilräumen $(\dim E_k = k)$ von $\mathbf{C}_q$.

4.1.b). Es sei nun X ein lokal-kompakter, im Unendlichen abzählbarer Raum (vgl. 2.8). Es sei G eine reelle Liesche Gruppe und G^0 eine abgeschlossene (Liesche) Untergruppe derart, daß G/G^0 eine Zelle ist. Dann gilt (vgl. [35], 12.8)

$$H^1(X, G_c^0) \to H^1(X, G_c) \ \text{ist eineindeutig-auf}. \tag{1}$$

Wenn (unter Beibehaltung der obigen Voraussetzungen) X eine differenzierbare Mannigfaltigkeit und G^0 eine **kompakte** Untergruppe von G ist, dann hat man das kommutative Diagramm

$$
\begin{array}{ccc}
H^1(X, G_b^0) & \to & H^1(X, G_b) \\
\downarrow & & \downarrow \\
H^1(X, G_c^0) & \to & H^1(X, G_c) \ .
\end{array}
\tag{1*}
$$

Alle Pfeile in diesem Diagramm stellen eineindeutige Abbildungen-auf dar[1]). Die vier Mengen dieses Diagramms können daher in natürlicher Weise identifiziert werden. (1), (1*) können angewandt werden für

$$
\begin{aligned}
&G^0 = \mathbf{U}(q), &&G = \mathbf{GL}(q, \mathbf{C}) \\
&G^0 = \mathbf{U}(r) \times \mathbf{U}(q - r), &&G = \mathbf{GL}(r, q - r; \mathbf{C}) \\
& &&\text{oder } G = \mathbf{GL}(r, \mathbf{C}) \times \mathbf{GL}(q - r, \mathbf{C}) \\
&G^0 = \mathbf{T}^q, &&G = \Delta(q, \mathbf{C}) \\
& &&\text{oder } G = \mathbf{C}^* \times \cdots \times \mathbf{C}^* \qquad q \text{ mal} \\
&G^0 = \mathbf{O}(q), &&G = \mathbf{GL}(q, \mathbf{R}) \\
&G^0 = \mathbf{SO}(q), &&G = \mathbf{GL}^+(q, \mathbf{R}) \\
&G^0 = \mathbf{O}(r) \times \mathbf{O}(q - r), &&G = \mathbf{GL}(r, q - r; \mathbf{R}) \\
& &&\text{oder } G = \mathbf{GL}(r, \mathbf{R}) \times \mathbf{GL}(q - r, \mathbf{R}) \\
&G^0 = \mathbf{SO}(r) \times \mathbf{SO}(q - r), &&G = \mathbf{GL}^+(r, q - r; \mathbf{R}) \\
& &&\text{oder } G = \mathbf{GL}^+(r, \mathbf{R}) \times \mathbf{GL}^+(q - r, \mathbf{R}) \ .
\end{aligned}
$$

---

[1]) Die Richtigkeit dieser Behauptung kann mit Hilfe von (1), dem Steenrodschen *Approximationssatz* (jeder stetige Schnitt in einem differenzierbaren Faserbündel über X kann durch differenzierbare Schnitte beliebig genau approximiert werden (vgl. [35], 6.7)) und dem *Klassifikationssatz für die kompakte* Liesche *Gruppe* G^0 (vgl. [35], 19.3 und 19.6) bewiesen werden. — Man kann bereits zeigen, daß alle Abbildungen im Diagramm (1*) eineindeutig-auf sind, wenn man nur voraussetzt, daß G eine zusammenhängende Liesche Gruppe ist, daß G^0 eine abgeschlossene (nicht notwendigerweise kompakte) Liesche Untergruppe von G ist und daß G/G^0 eine Zelle ist. Man verwende den Satz, daß der Quotientenraum einer zusammenhängenden Lieschen Gruppe modulo einer maximalen kompakten Untergruppe eine Zelle ist (vgl. [35], 12.14).

4.1.c). Die folgenden Überlegungen gelten im stetigen, differenzierbaren und komplex-analytischen Fall.

Durch $A \to \begin{pmatrix} A' & 0 \\ 0 & A'' \end{pmatrix}$ (vgl. 4.1.a)) erhält man einen Homomorphismus h von $\mathbf{GL}(r, q - r; \mathbf{C})$ in $\mathbf{GL}(r, \mathbf{C}) \times \mathbf{GL}(q - r, \mathbf{C})$, dessen Kern genau aus den Matrizen der Form $\begin{pmatrix} 1 & B \\ 0 & 1 \end{pmatrix}$ besteht. Man hat die exakte Sequenz

$$0 \to \mathbf{C}_{r(q-r)} \to \mathbf{GL}(r, q - r; \mathbf{C}) \xrightarrow{h} \mathbf{GL}(r, \mathbf{C}) \times \mathbf{GL}(q - r, \mathbf{C}) \to 0 . \qquad (2)$$

Der Kern von h wird dabei mit dem komplexen Vektorraum der Dimension $r(q - r)$ identifiziert. Der Homomorphismus h ordnet nach 3.1 (2) jedem $\mathbf{GL}(r, q - r; \mathbf{C})$-Bündel ξ ein $\mathbf{GL}(r, \mathbf{C}) \times \mathbf{GL}(q - r, \mathbf{C})$-Bündel zu, d. h. ein Paar (ξ', ξ''), wo ξ' ein $\mathbf{GL}(r, \mathbf{C})$- und ξ'' ein $\mathbf{GL}(q - r, \mathbf{C})$-Bündel ist. ξ' heißt **Teilbündel** und ξ'' **Quotientenbündel** von ξ.

Die Aussage

„*Das* $\mathbf{GL}(q, \mathbf{C})$-*Bündel* ξ *hat* ξ', ξ'' *als Teil- bzw. Quotientenbündel*"

soll bedeuten: Es gibt ein $\mathbf{GL}(r, q - r; \mathbf{C})$-Bündel, das bei der Einbettung $\mathbf{GL}(r, q - r; \mathbf{C}) \to \mathbf{GL}(q, \mathbf{C})$ in ξ übergeht und das ξ' als Teil- und ξ'' als Quotientenbündel hat.

Die Gruppe $\Delta(q, \mathbf{C})$ besteht aus denjenigen Matrizen von $\mathbf{GL}(q, \mathbf{C})$, deren Koeffizienten unterhalb der Diagonale alle gleich 0 sind. Ordnet man jeder Matrix $A \in \Delta(q, \mathbf{C})$ den k-ten diagonalen Koeffizienten von A zu, dann erhält man einen Homomorphismus φ_k von $\Delta(q, \mathbf{C})$ in $\mathbf{C}^*$ ($\mathbf{C}^* = \mathbf{GL}(1, \mathbf{C})$).

Vermöge φ_k wird jedem $\Delta(q, \mathbf{C})$-Bündel ξ ein $\mathbf{C}^*$-Bündel ξ_k zugeordnet. Die $\xi_1, \xi_2, \ldots, \xi_q$ heißen **diagonale** $\mathbf{C}^*$-Bündel von ξ, sie sind (einschließlich Reihenfolge!) dem $\Delta(q, \mathbf{C})$-Bündel ξ in natürlicher Weise zugeordnet.

Die Aussage

„*Das* $\mathbf{GL}(q, \mathbf{C})$-*Bündel* ξ *hat die diagonalen* $\mathbf{C}^*$-*Bündel* $\xi_1, \ldots, \xi_q$"

soll bedeuten: Es gibt ein $\Delta(q, \mathbf{C})$-Bündel, das bei der Einbettung $\Delta(q, \mathbf{C}) \to \mathbf{GL}(q, \mathbf{C})$ in ξ übergeht und das $\xi_1, \xi_2, \ldots, \xi_q$ (nach einer geeigneten Permutation) als diagonale $\mathbf{C}^*$-Bündel hat.

Satz 4.1.1. *Das* $\mathbf{GL}(q, \mathbf{C})$-*Bündel* ξ *habe die diagonalen* $\mathbf{C}^*$-*Bündel* $\xi_1, \ldots, \xi_q$ *und das* $\mathbf{GL}(q', \mathbf{C})$-*Bündel* ξ' *habe die diagonalen* $\mathbf{C}^*$-*Bündel* $\xi'_1, \ldots, \xi'_{q'}$. *Dann hat*

ξ^* *die q diagonalen* $\mathbf{C}^*$-*Bündel* $\xi_1^{-1}, \ldots, \xi_q^{-1}$,

$\xi \oplus \xi'$ *die* $q + q'$ *diagonalen* $\mathbf{C}^*$-*Bündel* $\xi_1, \ldots, \xi_q, \xi'_1, \ldots, \xi'_{q'}$,

$\xi \otimes \xi'$ *die* qq' *diagonalen* $\mathbf{C}^*$-*Bündel* $\xi_i \otimes \xi'_j$,

$\xi^{(p)}$ *die* $\binom{q}{p}$ *diagonalen* $\mathbf{C}^*$-*Bündel* $\xi_{i_1} \otimes \ldots \otimes \xi_{i_p}$ $(1 \leqq i_1 < i_2 < \cdots < i_p \leqq q)$.

Zum Beweis verwende man 3.6.c) und 3.1 (2*).

4.1.d). Die folgenden Ausführungen gelten weiterhin im stetigen, differenzierbaren und im komplex-analytischen Fall.

Es sei W ein Vektorraum-Bündel (Faser C_q) über X und E das zu W gehörige Prinzipal-Faserbündel (Faser $GL(q, C)$) der Isomorphismen von C_q in W (vgl. 3.5). Wir betrachten das Faserbündel $^{[r]}W = E/GL(r, q-r; C)$ mit der GRASSMANNschen Mannigfaltigkeit $\mathfrak{G}(r, q-r; C)$ als typischer Faser (vgl. Satz 3.4.4). Die Faser $^{[r]}W_x$ ist die GRASSMANNsche Mannigfaltigkeit der r-dimensionalen linearen Teilräume des komplexen Vektorraumes W_x. Die Faserbündel $W, E, {}^{[r]}W$ sind zu einem wohlbestimmten $GL(q, C)$-Bündel ξ assoziiert.

Wir nehmen jetzt an, daß $^{[r]}W$ einen Schnitt s besitzt, d. h. daß jedem $x \in X$ ein r-dimensionaler linearer Teilraum W_x' von W_x zugeordnet ist, der stetig (bzw. differenzierbar bzw. holomorph) von x abhängt. Nach Satz 3.4.5 bestimmt der Schnitt s ein $GL(r, q-r; C)$-Bündel, dessen Teil- bzw. Quotientenbündel wir mit ξ', ξ'' bezeichnen. ξ' ist ein $GL(r, C)$-Bündel, ξ'' ist ein $GL(q-r, C)$-Bündel. Die Vereinigungsmenge aller W_x' ist ein Vektorraum-Bündel W' über X, das zu ξ' assoziiert ist. Die Vereinigungsmenge aller $W_x'' = W_x/W_x'$ ist ein Vektorraum-Bündel W'' über X, das zu ξ'' assoziiert ist.

Bemerkung 1: *Jeder Punkt $x \in X$ besitzt eine Umgebung U, über der W dem direkten Produkt $U \times C_q$ isomorph ist ($C_q =$ komplexer Vektorraum der q-Tupel $z_1, \ldots, z_q$ von komplexen Zahlen). Die Isomorphie kann so gewählt werden, daß $\cdot W'$ in $U \times C_q$ durch*

$$z_{r+1} = \cdots = z_q = 0$$

gegeben wird (vgl. Satz 3.4.5).

Es seien $W, \widetilde{W}$ Vektorraum-Bündel über X. Ein *Homomorphismus* $W \to \widetilde{W}$ ist eine stetige (bzw. differenzierbare bzw. holomorphe) Abbildung von W in $\widetilde{W}$, die jede Faser W_x linear in die Faser $\widetilde{W}_x$ abbildet.

Eine Sequenz

$$0 \to W' \to W \to W'' \to 0 \tag{3}$$

von Vektorraum-Bündeln (typische Faser C_r, C_q, C_{q-r}) ist exakt, wenn für jedes $x \in X$ die entsprechende Sequenz

$$0 \to W_x' \to W_x \to W_x'' \to 0 \tag{3*}$$

exakt ist (wir schreiben $W'' = W/W'$ und nennen W' Teil-Vektorraum-Bündel und W'' Quotienten-Vektorraum-Bündel).

Bemerkung 2: *Wenn ein Vektorraum-Bündel W (Faser C_q) und ein Schnitt s in dem zugehörigen Faserbündel $^{[r]}W$ vorliegt, dann gibt es in natürlicher Weise eine exakte Sequenz (3). — Nach Bemerkung 1 gilt für eine exakte Sequenz (3) folgendes:*

Jeder Punkt $x \in X$ besitzt eine Umgebung U, über der W' zu $U \times C_r$, W zu $U \times (C_r \oplus C_{r-q})$ und W'' zu $U \times C_{r-q}$ isomorph ist, und zwar so, daß die exakte Sequenz (3) der exakten Sequenz

$$0 \to C_r \to C_r \oplus C_{r-q} \to C_{r-q} \to 0$$

entspricht[1]). — *Wenn W', W, W'' Vektorraum-Bündel sind, die zu*
ξ', ξ, ξ'' *assoziiert sind* [ξ' bzw. ξ bzw. ξ'' ist ein $\mathbf{GL}(r, \mathbf{C})$- bzw. $\mathbf{GL}(q, \mathbf{C})$-
bzw. $\mathbf{GL}(q-r, \mathbf{C})$-Bündel], *so existiert dann und nur dann eine exakte
Sequenz* (3), *wenn* ξ *die Bündel* ξ', ξ'' *als Teil- bzw. Quotientenbündel hat.*

Es gelten die folgenden Sätze, deren Beweise wir zum Teil dem
Leser überlassen (vgl. 3.6):

Satz 4.1.2. *Es sei*

$$0 \to W' \to W \to W'' \to 0 \tag{4}$$

eine exakte Sequenz von Vektorraum-Bündeln über X, *und es sei* $\widetilde{W}$ *ein
weiteres Vektorraum-Bündel über* X. *Dann gibt es in natürlicher Weise
die exakte Sequenz*

$$0 \to W' \otimes \widetilde{W} \to W \otimes \widetilde{W} \to W'' \otimes \widetilde{W} \to 0 . \tag{5}$$

Aus (4) *erhält man durch „Dualisierung" die exakte Sequenz*

$$0 \to (W'')^* \to W^* \to (W')^* \to 0 . \tag{6}$$

Satz 4.1.3. *Gegeben sei eine exakte Sequenz*

$$0 \to F \to W \to W' \to 0$$

von Vektorraum-Bündeln über X, *wobei* F *ein Geradenbündel sei. Dann
gibt es in natürlicher Weise die exakte Sequenz*

$$0 \to W'^{(p-1)} \otimes F \to W^{(p)} \to W'^{(p)} \to 0 . \tag{7}$$

Beweis: Man hat natürliche Homomorphismen $W^{(p)} \to W'^{(p)}$ und
$W^{(p-1)} \otimes F \to W^{(p)}$. Der letzte Homomorphismus verschwindet auf dem
Kern des natürlichen Homomorphismus von $W^{(p-1)} \otimes F$ auf $W'^{(p-1)} \otimes F$
und induziert deshalb einen Homomorphismus $W'^{(p-1)} \otimes F \to W^{(p)}$.
Damit sind alle Homomorphismen von (7) in natürlicher Weise gegeben.
Man zeigt leicht, daß (7) exakt ist.

Durch Dualisierung erhält man aus dem vorstehenden Satz den

Satz 4.1.3*. *Es sei*

$$0 \to W' \to W \to F \to 0$$

eine exakte Sequenz von Vektorraum-Bündeln über X, *wobei* F *ein Geradenbündel sei. Dann gibt es in natürlicher Weise die exakte Sequenz*

$$0 \to (W')^{(p)} \to W^{(p)} \to (W')^{(p-1)} \otimes F \to 0 . \tag{7*}$$

4.1.e). Alle Ausführungen gelten wieder im stetigen, differenzierbaren und im komplex-analytischen Fall.

---

[1]) Der zweite Pfeil ordnet dem r-Tupel $(z_1, \ldots, z_r)$ das q-Tupel $(z_1, \ldots, z_r,$
$0, \ldots, 0)$ zu, der dritte Pfeil ordnet dem q-Tupel $(z_1, \ldots, z_q)$ das $(q-r)$-Tupel
$(0, \ldots, 0, z_{r+1}, \ldots, z_q)$ zu.

Wir betrachten die am Anfang von 4.1.d) beschriebene Situation und konstruieren zu dem Vektorraum-Bündel W (Faser $\mathbf{C}_q$) das Faserbündel $^4W = E/\varDelta(q, \mathbf{C})$ mit der Fahnenmannigfaltigkeit

$$\mathbf{F}(q) = \mathbf{GL}(q, \mathbf{C})/\varDelta(q, \mathbf{C})$$

als typischer Faser. W und ^4W sind zu einem wohlbestimmten $\mathbf{GL}(q, \mathbf{C})$-Bündel ξ assoziiert. Die Faser $(^4W)_x$ ist die Mannigfaltigkeit der Fahnen des komplexen Vektorraumes W_x.

Wir nehmen jetzt an, daß ^4W einen Schnitt s besitzt, d. h. daß jedem $x \in X$ eine Fahne $s(x)$ von W_x zugeordnet ist, die stetig bzw. differenzierbar bzw. komplex-analytisch von x abhängt. Die Fahne $s(x)$ ist eine aufsteigende Folge $_xL_0 \subset {_xL_1} \subset \ldots \subset {_xL_q}$ von linearen Teilräumen von W_x (dim $_xL_r = r$, $_xL_0 = 0$, $_xL_q = W_x$; vgl. 4.1.a)). Die Vereinigungsmenge $\bigcup\limits_{x \in X} {_xL_r}$ ist nach 4.1.d) ein Faserbündel $W_{(r)}$ über X mit $\mathbf{C}_r$ als typischer Faser. Man hat exakte Sequenzen

$$0 \to W_{(r)} \to W_{(r+1)} \to A_{r+1} \to 0 \, .$$

A_r ist ein Geradenbündel $(W_{(1)} = A_1)$. Wir bezeichnen die A_r als die zum Schnitt s gehörigen diagonalen Geradenbündel. Durch den Schnitt s wird ein $\varDelta(q, \mathbf{C})$-Bündel bestimmt, das bei der Einbettung $\varDelta(q, \mathbf{C}) \to \mathbf{GL}(q, \mathbf{C})$ in ξ übergeht. Die Geradenbündel $A_1, A_2, \ldots, A_q$ sind zu den diagonalen $\mathbf{C}^*$-Bündeln $\xi_1, \ldots, \xi_q$ dieses $\varDelta(q, \mathbf{C})$-Bündels assoziiert.

Jeder Punkt $x \in X$ besitzt eine Umgebung U, über der W zu $U \times \mathbf{C}_q$ isomorph ist, und zwar so, daß $W_{(r)}$ $(0 \leq r \leq q)$ in $U \times \mathbf{C}_q$ durch $z_{r+1} = \cdots = z_q = 0$ gegeben wird (vgl. Satz 3.4.5 und 4.1.d)).

4.1.f). Die folgenden Überlegungen gelten im stetigen und im differenzierbaren Fall. Es wird vorausgesetzt, daß der Basisraum X lokal-kompakt und im Unendlichen abzählbar ist. Im differenzierbaren Fall (X differenzierbare Mannigfaltigkeit) ist das per definitionem von selbst erfüllt (vgl. 2.8).

Satz 4.1.4. *Wenn das* $\mathbf{GL}(q, \mathbf{C})$-*Bündel* ξ *über* X *das* $\mathbf{GL}(r, \mathbf{C})$-*Bündel* ξ' *als Teilbündel und das* $\mathbf{GL}(q - r, \mathbf{C})$-*Bündel* ξ'' *als Quotientenbündel hat, dann ist* ξ *gleich der* Whitney*schen Summe von* ξ' *und* ξ''.

$$\xi = \xi' \oplus \xi'' \, .$$

Satz 4.1.5. *Wenn das* $\mathbf{GL}(q, \mathbf{C})$-*Bündel* ξ *über* X *die diagonalen* $\mathbf{C}^*$-*Bündel* $\xi_1, \xi_2, \ldots, \xi_q$ *hat, dann gilt*

$$\xi = \xi_1 \oplus \xi_2 \oplus \cdots \oplus \xi_q \, .$$

Beide Sätze ergeben sich durch Anwendung von 4.1.b) (1), (1*). Die $\mathbf{GL}(r, q - r; \mathbf{C})$-Bündel sind mit den $\mathbf{U}(r) \times \mathbf{U}(q - r)$-Bündeln zu identifizieren, welche wiederum mit den $\mathbf{GL}(r, \mathbf{C}) \times \mathbf{GL}(q - r, \mathbf{C})$-Bündeln zu identifizieren sind. Daraus ergibt sich 4.1.4. Ebenso ergibt sich 4.1.5: Die $\varDelta(q, \mathbf{C})$-Bündel sind mit den $\mathbf{T}^q$-Bündeln zu identifizieren, welche wiederum mit den $\underset{q\text{-mal}}{\underbrace{\mathbf{C}^* \times \cdots \times \mathbf{C}^*}}$-Bündeln zu identifizieren sind.

Bemerkung: Zu einer exakten Sequenz (3) von stetigen bzw. differenzierbaren bzw. komplex-analytischen Vektorraum-Bündeln über X betrachte man die exakte Sequenz $0 \to \mathrm{Hom}(W'', W') \to \mathrm{Hom}(W'', W) \to \mathrm{Hom}(W'', W'') \to 0$. Die zugehörigen Garben der Keime von lokalen stetigen bzw. differenzierbaren bzw. holomorphen Schnitten bilden ebenfalls eine exakte Sequenz (vgl. 3.5 und 16.1). In $H^0(X, \mathfrak{C}\,\mathrm{Hom}(W'', W''))$ bzw. $H^0(X, \mathfrak{A}\,\mathrm{Hom}(W'', W''))$ bzw. $H^0(X, \Omega\,\mathrm{Hom}(W'', W''))$ liegt der identische Homomorphismus Id von W'' auf sich. Zu der exakten Sequenz von Garben gehört die exakte Cohomologie-Sequenz, insbesondere also der Homomorphismus δ_*^0 (vgl. 2.10), der Id in das Element $\delta_*^0\,(Id)$ der ersten Cohomologiegruppe von X mit Koeffizienten in $\mathfrak{C}\,\mathrm{Hom}(W'', W')$ bzw. $\mathfrak{A}\,\mathrm{Hom}(W'', W')$ bzw. $\Omega\,\mathrm{Hom}(W'', W')$ überführt. Wenn $\delta_*^0\,(Id)$ verschwindet, dann sind W und $W' \oplus W''$ isomorph. Satz 4.1.4 folgt, da $\mathfrak{C}\,\mathrm{Hom}(W'', W')$ und $\mathfrak{A}\,\mathrm{Hom}(W'', W')$ fein sind. Satz 4.1.5 kann durch mehrfache Anwendung von Satz 4.1.4 bewiesen werden. Im komplex-analytischen Fall sind die beiden Sätze im allgemeinen falsch. (Vgl. ATIYAH, Trans. Amer. Math. Soc. 85, 181—207 (1957).)

4.1.g). Der Satz 4.1.4 und die zugehörigen Überlegungen gelten auch für $\mathbf{GL}(q, \mathbf{R})$-Bündel. Wir fassen das in dem folgenden Satz zusammen:

Satz 4.1.6. *Es sei ξ ein* (stetiges oder differenzierbares) $\mathbf{GL}(q, \mathbf{R})$-*Bündel über X und W ein assoziiertes Vektorraum-Bündel mit $\mathbf{R}^q$ als typischer Faser. Wir betrachten das Prinzipal-Faserbündel E (Faser $\mathbf{GL}(q, \mathbf{R})$) der Isomorphismen von $\mathbf{R}^q$ in W. Das Faserbündel $^{[r]}W = E/\mathbf{GL}(r, q - r; \mathbf{R})$ hat die* GRASSMANN*sche Mannigfaltigkeit der r-dimensionalen* (nicht-orientierten) *linearen Teilräume von W_x als Faser über x. Wenn $^{[r]}W$ einen Schnitt s besitzt, dann ist die Vereinigungsmenge aller $s(x)$ ($s(x)$ ist ein r-dimensionaler linearer Teilraum von W_x) ein Vektorraum-Bündel W' über X mit $\mathbf{R}^r$ als typischer Faser. Die Vereinigungsmenge aller $W_x/s(x)$ ist ein Vektorraum-Bündel W'' über X mit $\mathbf{R}^{q-r}$ als typischer Faser. W' ist zu einem $\mathbf{GL}(r, \mathbf{R})$-Bündel ξ' und W'' zu einem $\mathbf{GL}(q - r, \mathbf{R})$-Bündel ξ'' assoziiert. ξ ist gleich der* WHITNEY*schen Summe von ξ' und ξ''; in anderen Worten: W ist isomorph zu $W' \oplus W''$.*

Der Satz bleibt richtig, wenn man überall $\mathbf{GL}$ durch $\mathbf{GL}^+$ und $\mathfrak{G}$ durch $\mathfrak{G}^+$ und nicht-orientiert durch orientiert ersetzt.

4.2. Wir werden in diesem Abschnitt die CHERNschen Cohomologieklassen eines stetigen $\mathbf{U}(q)$-Bündels über dem „zulässigen" Raum X definieren[1]).

---

[1]) Die CHERNschen Klassen werden als ganzzahlige Cohomologieklassen von X definiert. Die Cohomologiegruppen eines topologischen Raumes X mit Koeffizienten in einer additiven Gruppe A sind, wenn nichts anderes erwähnt wird, im Sinne der ČECHschen Theorie [mit *beliebigen* Trägern (supports)] zu verstehen. $H^i(X,A)$ ist also die i-te Cohomologiegruppe von X mit Koeffizienten in der konstanten Garbe A (vgl. 2.5, Beispiel 1 und 2.6). Die direkte Summe $H^*(X, A) = \sum_i H^i(X, A)$ ist ein Ring bezüglich des Cup-Produktes. Für lokal-endliche Polyeder, insbesondere für differenzierbare Mannigfaltigkeiten, ist $H^i(X,A)$ in natürlicher Weise mit der entsprechenden simplizialen Cohomologiegruppe isomorph (vgl. [13], S. 250).

Ein Raum soll „zulässig" heißen, wenn er lokal-kompakt, im Unendlichen abzählbar (vgl. 2.8) und endlich-dimensional[1]) ist. *Wir setzen im folgenden immer voraus, daß die Räume, über denen die auftretenden Bündel definiert sind, zulässig sind.*

Die stetigen $U(q)$-Bündel über einem zulässigen Raum entsprechen nach 4.1.b) (1) eineindeutig den stetigen $GL(q, C)$-Bündeln; die differenzierbaren $U(q)$- und $GL(q, C)$-Bündel und die komplex-analytischen $GL(q, C)$-Bündel können als stetige Bündel aufgefaßt werden (vgl. 3.1 (1)). Daher sind auch für alle diese Bündel die CHERNschen Klassen erklärt, sobald die CHERNschen Klassen der stetigen $U(q)$-Bündel definiert sind. Unter den CHERNschen Klassen eines Vektorraum-Bündels (Faser C_q) werden die des zugehörigen $GL(q, C)$-Bündels verstanden.

Die unitäre Gruppe $U(N) = 1 \times U(N)$ ist Normalteiler von $U(q) \times U(N)$. Daher ist $U(q + N)/U(N)$ ein Prinzipal-Faserbündel mit typischer Faser $U(q)$ über der GRASSMANNschen Mannigfaltigkeit $\mathfrak{G}(q, N; C)$ als Basis. Der homogene Raum $U(q + N)/U(N)$ ist die STIEFELsche Mannigfaltigkeit der unitär-orthogonalen q-Beine im Nullpunkt des C_{q+N}. Die Homotopiegruppen von $U(q + N)/U(N)$ verschwinden bis zur Dimension $2N$ einschließlich. $U(q + N)/U(N)$ ist zu einem $U(q)$-Bündel über $\mathfrak{G}(q, N; C)$ assoziiert, das universelles $U(q)$-Bündel genannt wird.

Nach dem Klassifikationssatz (vgl. [35] und [6a], Exposé VIII) stehen die $U(q)$-Bündel über dem zulässigen Raum X mit $\dim X \leq 2N$ in eineindeutiger Zuordnung zu den Homotopieklassen von stetigen Abbildungen von X in $\mathfrak{G}(q, N; C)$. Zwei solche Abbildungen sind nämlich genau dann homotop, wenn sie aus dem universellen $U(q)$-Bündel das gleiche $U(q)$-Bündel über X induzieren (vgl. 3.3). Ferner kann jedes $U(q)$-Bündel über X durch eine solche Abbildung aus dem universellen $U(q)$-Bündel induziert werden.

Um die CHERNschen Klassen der $U(q)$-Bündel zu definieren, würde es genügen, die CHERNschen Klassen der universellen Bündel zu definieren. Um jede Vorzeichen-Zweideutigkeit in der Definition der CHERNschen Klassen zu vermeiden, gehen wir hier etwas anders vor und geben „Axiome" für die CHERNschen Klassen an zusammen mit einem „Eindeutigkeits- und Existenz-Beweis".

Axiome für die CHERNschen Klassen:

Axiom I: *Für jedes stetige $U(q)$-Bündel ξ über dem zulässigen Raum X und für jede ganze Zahl $i \geq 0$ ist eine CHERNsche Klasse $c_i(\xi) \in H^{2i}(X, Z)$ gegeben; es ist $c_0(\xi) = 1$.*

---

[1]) Wir verwenden den folgenden Dimensionsbegriff: Die Dimension von X ist dann und nur dann $\leq n$, wenn es zu jeder Überdeckung $\mathfrak{U}$ von X (vgl. § 2) eine Verfeinerung $\mathfrak{W}$ von $\mathfrak{U}$ gibt, derart, daß jeder Punkt von X in höchstens $n + 1$ Mengen von $\mathfrak{W}$ enthalten ist. — Da die Cohomologiegruppen von X mit Koeffizienten in einer Garbe $\mathfrak{S}$ auch durch „alternierende" Coketten usw. definiert werden können (vgl. [32a]), verschwinden die Cohomologiegruppen $H^i(X, \mathfrak{S})$ für $i > \dim(X)$.

Wir setzen $c(\xi) = \sum_{i=0}^{\infty} c_i(\xi)$. Diese endliche Summe ($X$ ist endlich-dimensional) ist ein Element des Cohomologie-Ringes $H^*(X, \mathbf{Z})$ und heißt die (totale) CHERNsche Klasse von ξ. Eine stetige Abbildung f von Y in X induziert eine Abbildung (einen Homomorphismus):

$$f^*\colon H^1(X, \mathbf{U}(q)_c) \to H^1(Y, \mathbf{U}(q)_c)\,, \quad f^*\colon H^*(X, \mathbf{Z}) \to H^*(Y, \mathbf{Z})\,.$$

Axiom II: $c(f^*\xi) = f^*c(\xi)$.

Axiom III: *Für stetige* $\mathbf{U}(1)$-*Bündel* $\xi_1, \ldots, \xi_q$ *über* X *gilt*

$$c(\xi_1 \oplus \cdots \oplus \xi_q) = c(\xi_1) \ldots c(\xi_q)\,.$$

($\oplus$: WHITNEYsche Summe; Multiplikation im Sinne von $H^*(X, \mathbf{Z})$.)

Der komplexe projektive Raum $\mathbf{P}_n(\mathbf{C})$ (homogene Koordinaten $z_0, \ldots, z_n$) sei überdeckt mit den $n+1$ offenen Mengen U_i, definiert durch $z_i \neq 0$. Es sei η_n das durch den Cozyklus $\{f_{ij}\} = \{z_j z_i^{-1}\}$ gegebene $\mathbf{C}^*$-Bündel (η_n ist komplex-analytisch, kann aber auch als stetiges $\mathbf{C}^*$-Bündel und damit als $\mathbf{U}(1)$-Bündel aufgefaßt werden). Die natürlich orientierte Hyperebene ($z_0 = 0$) ist ein $\mathbf{P}_{n-1}(\mathbf{C})$ und repräsentiert eine $(2n - 2)$-dimensionale ganzzahlige Homologieklasse von $\mathbf{P}_n(\mathbf{C})$. Die entsprechende Cohomologieklasse (in bezug auf die natürliche Orientierung von $\mathbf{P}_n(\mathbf{C})$) werde mit g_n bezeichnet. g_n ist ein erzeugendes Element von $H^2(\mathbf{P}_n(\mathbf{C}), \mathbf{Z}) \cong \mathbf{Z}$.

Axiom IV: *Normierung:* $c(\eta_n) = 1 + g_n$.

Bemerkung: Bei der Einbettung j von $\mathbf{P}_{n-1}(\mathbf{C})$ in $\mathbf{P}_n(\mathbf{C})$ ist $j^*g_n = g_{n-1}$ und $j^*\eta_n = \eta_{n-1}$ in Übereinstimmung mit Axiom II. — Man zeigt leicht, daß das universelle $\mathbf{U}(1)$-Bündel über der GRASSMANNschen Mannigfaltigkeit $\mathfrak{G}(1, n; \mathbf{C}) = \mathbf{P}_n(\mathbf{C})$ mit η_n^{-1} übereinstimmt.

Eindeutigkeitsbeweis:

a) Jedes $\xi \in H^1(X, \mathbf{U}(1)_c)$ kann durch eine stetige Abbildung f von X in $\mathbf{P}_n(\mathbf{C})$, n hinreichend groß, aus η_n induziert werden: $f^*(\eta_n) = \xi$. Nach den Axiomen II und IV ist $c(\xi) = f^*(1 + g_n)$. Damit ist $c(\xi)$ eindeutig bestimmt. Es ist $c_i(\xi) = 0$ für $i > 1$.

b) Nun sei $\xi \in H^1(X, \mathbf{U}(q)_c)$. Man konstruiere ein zu ξ assoziiertes Faserbündel $Y_\xi \xrightarrow{\varrho} X$ mit $\mathbf{F}(q) = \mathbf{U}(q)/\mathbf{T}^q$ als Faser (der Raum Y_ξ ist wieder zulässig). $\varrho^*\xi$ ist nach Satz 3.4.4 und Satz 4.1.5 gleich der WHITNEYschen Summe von q diagonalen $\mathbf{U}(1)$-Bündeln $\xi_1, \xi_2, \ldots, \xi_q$ über Y_ξ, deren CHERNsche Klassen nach a) bestimmt sind. Wir setzen $c(\xi_i) = 1 + \gamma_i$, wo $\gamma_i \in H(Y_\xi, \mathbf{Z})$, und erhalten aus II und III

$$\varrho^*c(\xi) = c(\varrho^*\xi) = \prod_{i=1}^{q} (1 + \gamma_i)\,. \tag{8}$$

ϱ^* bildet den Cohomologie-Ring $H^*(X, \mathbf{Z})$ isomorph in $H^*(Y_\xi, \mathbf{Z})$ ab ([2]). Daher ist $c(\xi)$ eindeutig bestimmt. Wir haben miterhalten, daß für ein $U(q)$-Bündel ξ die CHERNschen Klassen $c_i(\xi)$ für $i > q$ verschwinden.

Der Existenzbeweis verläuft parallel zum Eindeutigkeitsbeweis. Zunächst wird die CHERNsche Klasse eines $U(1)$-Bündels nach a) definiert. Man hat zu beachten, daß $c(\xi) = f^*(1 + g_n)$ (n hinreichend groß) nach dem Klassifikationssatz und der Bemerkung bei Axiom IV nur von ξ und nicht von f und n abhängt. Es ist klar, daß $c(\xi)$ für $U(1)$-Bündel ξ das Axiom II befriedigt. Die Definition der CHERNschen Klasse $c(\xi)$ eines $U(q)$-Bündels ξ erfolgt mit Hilfe von (8):

Man betrachtet ein zu ξ assoziiertes Prinzipal-Faserbündel E mit $U(q)$ als Faser und setzt $Y_\xi = E/T^q$. Nach Satz 3.4.4 ist jetzt ein T^q-Bündel $\check{\xi}$ über Y_ξ gegeben, das bei der Einbettung $T^q \to U(q)$ in $\varrho^*\xi$ übergeht. Wir bezeichnen die diagonalen $U(1)$-Bündel von $\check{\xi}$ mit $\xi_1, \ldots, \xi_q$ und setzen $c(\xi_i) = 1 + \gamma_i$.

Da ϱ^* den Ring $H^*(X, \mathbf{Z})$ isomorph in $H^*(Y_\xi, \mathbf{Z})$ abbildet, kann $c(\xi)$ durch (8) definiert werden, sofern gezeigt wird, daß die elementarsymmetrischen Funktionen σ_j der γ_i als ϱ^*-Bilder von Elementen von $H^*(X, \mathbf{Z})$ auftreten.

Es sei N der Normalisator von $T = T^q$ in $U(q)$ ($N = $ Menge aller $a \in U(q)$ mit $a^{-1}Ta = T$). Bekanntlich ist N/T eine endliche Gruppe Φ, die zur Gruppe der Permutationen von q Elementen isomorph ist. Jedes Element $\alpha \in \Phi$ (repräsentiert durch $a \in N$) induziert einen Homöomorphismus $\tilde{\alpha}$ von Y_ξ auf sich, der jede Faser auf sich abbildet. In bezug auf eine Karte $V \times (U(q)/T)$, $V \subset X$, wird $\tilde{\alpha}$ durch Rechtstranslationen gegeben:

$$\tilde{\alpha}(v \times g\mathbf{T}) = (v \times ga\mathbf{T}) = (v \times g\mathbf{T}a) , \quad v \in V, \; g \in U(q), \; g\mathbf{T} \in U(q)/\mathbf{T} .$$

Φ ist also eine Gruppe von fasertreuen Homöomorphismen von Y_ξ und definiert daher eine Gruppe von Automorphismen des Ringes $H^*(Y_\xi, \mathbf{Z})$, die auf $\varrho^*H^*(X, \mathbf{Z})$ gleich der Identität sind. Der durch $t \to a^{-1}ta$ gegebene nur von α abhängige (im allgemeinen äußere) Automorphismus von $\mathbf{T}$ erzeugt eine eineindeutige Abbildung $\alpha^{\#}$ von $H^1(Y_\xi, \mathbf{T}_c)$ auf sich (vgl. 3.1 (2)). Da der äußere Automorphismus eine Permutation der Diagonalkoeffizienten der Diagonalmatrizen von $\mathbf{T}$ ist, gehen die Diagonalbündel von $\alpha^{\#}\check{\xi}$ durch die entsprechende Permutation aus $\xi_1, \ldots, \xi_q$ hervor. Man kann zeigen, daß $\alpha^{\#}\check{\xi} = \tilde{\alpha}^*\check{\xi}$ (für $\tilde{\alpha}^*$ siehe 3.3). Daraus folgt, daß $\tilde{\alpha}^*$ die ξ_i und damit auch die $\gamma_i \in H^2(Y_\xi, \mathbf{Z})$ permutiert (Axiom II trifft auf $U(1)$-Bündel zu). Φ operiert so als volle Permutationsgruppe auf $(\gamma_1, \ldots, \gamma_q)$. Damit das Element $x \in H^*(Y_\xi, \mathbf{Z})$ zu $\varrho^*H^*(X, \mathbf{Z})$ gehört, ist notwendig, daß x bei allen Operationen von Φ invariant bleibt. Nach BOREL [2] treten die elementar-symmetrischen Funktionen σ_j der γ_i auch tatsächlich als ϱ^*-Bilder auf und können zur Definition der CHERNschen Klassen benutzt werden $(\sigma_j = \varrho^* c_j(\xi))$. Es ist klar, daß die CHERNschen Klassen nicht von der Wahl von E abhängen. Die Axiome I, II, IV sind für die so definierten CHERNschen Klassen offenbar erfüllt.

Der Beweis von III erfolgt so: Wenn das $U(q)$-Bündel ξ über X gleich der WHITNEYschen Summe $\xi'_1 \oplus \xi'_2 \oplus \cdots \oplus \xi'_q$ von $U(1)$-Bündeln ξ'_i über X ist, dann gibt es für das Faserbündel Y_ξ einen Schnitt $s : X \to Y_\xi$, derart, daß $s^* \, \xi_i = \xi'_i$ ist, wo ξ_i wieder das i-te diagonale $U(1)$-Bündel von $\check{\xi}$ bezeichnet. Nun ist

$$ c(\xi) = s^* \, \varrho^* \, c(\xi) = s^* \prod_{i=1}^{q} c(\xi_i) = \prod_{i=1}^{q} c(\xi'_i) \,. $$

Bemerkung: Da für das universelle $U(q)$-Bündel ξ die Räume $X = \mathfrak{G}(q, N; \mathbf{C})$ und Y_ξ triangulierbar sind, gilt: Wenn für stetige $U(q)$-Bündel ξ über triangulierbaren Räumen Klassen $c(\xi)$ definiert sind, welche die Axiome I—IV befriedigen, dann stimmen diese Klassen mit den CHERNschen Klassen überein. Wenn X triangulierbar ist, dann können für ein $U(q)$-Bündel ξ über X charakteristische Klassen $c_i(\xi) \in H^{2i}(X, \mathbf{Z})$ im Sinne der Hindernistheorie definiert werden (vgl. [35]). Man betrachtet ein zu ξ assoziiertes Faserbündel $E/U(i-1)$ mit der STIEFELschen Mannigfaltigkeit $\mathfrak{S}_{q,i} = U(q)/U(i-1)$ der unitären $(q-i+1)$-Beine des $\mathbf{C}_q$ als Faser. Die erste nicht-verschwindende Homotopiegruppe von $\mathfrak{S}_{q,i}$ ist $\pi_{2i-1}(\mathfrak{S}_{q,i})$, die unendlich-zyklisch ist. Es ist also ein „erstes Hindernis" $c_i(\xi) \in H^{2i}(X, \pi_{2i-1}(\mathfrak{S}_{q,i}))$ definiert. Um $c_i(\xi)$ als Element von $H^{2i}(X, \mathbf{Z})$ ansehen zu können, ist ein Isomorphismus zwischen $\pi_{2i-1}(\mathfrak{S}_{q,i})$ und $\mathbf{Z}$ auszuzeichnen. Wir geben zu diesem Zweck ein erzeugendes Element von $\pi_{2i-1}(\mathfrak{S}_{q,i})$ an, das der Zahl $1 \in \mathbf{Z}$ zugeordnet wird: Man wähle ein festes $(q-i)$-Bein im $\mathbf{C}_q$. Der komplementäre Raum dieses Beines ist ein komplexer Vektorraum $\mathbf{C}_i$, der *orientiert* ist. Die Sphäre S^{2i-1} der Vektoren vom Betrage 1 dieses $\mathbf{C}_i$ ist als Rand der orientierten Vollkugel des $\mathbf{C}_i$ ebenfalls orientiert. Jeder Punkt dieser Sphäre ergänzt das feste $(q-i)$-Bein zu einem $(q-i+1)$-Bein und definiert deshalb einen Punkt in $\mathfrak{S}_{q,i}$. Die so erhaltene Abbildung der *orientierten* S^{2i-1} in $\mathfrak{S}_{q,i}$ repräsentiert das ausgezeichnete erzeugende Element von $\pi_{2i-1}(\mathfrak{S}_{q,i})$. — Die charakteristischen Klassen der Hindernistheorie sind jetzt als Elemente von $H^{2i}(X, \mathbf{Z})$ definiert. Eine eingehende Diskussion zeigt, daß sie die Axiome I—IV befriedigen und damit mit den CHERNschen Klassen übereinstimmen.

4.3. Auf Grund der Axiome I, II, III ist zur Festlegung der CHERNschen Klassen nur die Definition der CHERNschen Klasse $c_1(\xi)$ eines $U(1)$- bzw. $\mathbf{C}^*$-Bündels erforderlich (Axiom IV). Wir setzen in diesem Abschnitt voraus, daß der Basisraum X *zulässig* ist, und geben in den beiden folgenden Sätzen weitere Definitionsmöglichkeiten für $c_1(\xi)$.

Satz 4.3.1. *Es sei ξ ein stetiges $\mathbf{C}^*$-Bündel über X, d. h. $\xi \in H^1(X, \mathbf{C}_c^*)$. Man betrachte den Isomorphismus δ_*^1 (vgl. 3.6) von $H^1(X, \mathbf{C}_c^*)$ auf $H^2(X, \mathbf{Z})$. Es ist $\delta_*^1(\xi) = c_1(\xi)$.*

Beweis: Da δ_*^1 mit Abbildungen vertauschbar ist, genügt es, die Behauptung für das Bündel η_n von Axiom IV zu beweisen. Man muß also zeigen: $\delta_*^1(\eta_n) = g_n$. Für die Einbettung j von $\mathbf{P}_{n-1}(\mathbf{C})$ in $\mathbf{P}_n(\mathbf{C})$ ist j^* für $n \geq 2$ ein Isomorphismus von $H^2(\mathbf{P}_n(\mathbf{C}), \mathbf{Z})$ auf $H^2(\mathbf{P}_{n-1}(\mathbf{C}), \mathbf{Z})$. Nun ist δ_*^1 mit j^* vertauschbar, und es ist $j^* g_n = g_{n-1}$. Daher bleibt zu zeigen, daß für die RIEMANNsche Zahlenkugel $\mathbf{S}^2 = \mathbf{P}_1(\mathbf{C})$ gilt: $\delta_*^1(\eta_1) = g_1$. Zum Beweis dieser Gleichung muß man beachten, daß $\delta_*^1(\eta_1)$ im Sinne der ČECHschen Theorie definiert ist, während man g_1 in bezug auf eine Triangulierung von $\mathbf{S}^2$ durch eine Cokette repräsentiert, die genau einem 2-Simplex durchlaufen in der natürlichen Orientierung von $\mathbf{S}^2$ die Zahl 1, allen anderen Simplexen die Zahl 0 zuordnet. Man hat die natürliche Identifizierung (vgl. [13], S. 250) zwischen ČECHscher und simplizialer Cohomologie zu verwenden: $\mathbf{S}^2$ werde als Tetraeder trianguliert und gleichzeitig als komplexe z-Ebene (abgeschlossen durch ∞) aufgefaßt ($z = z_1/z_0$). Der Punkt $z = 0$ sei ein Eckpunkt des Tetraeders, ∞ sei innerer Punkt der 0 gegenüberliegenden Seitenfläche. A, B, C seien die von 0 verschiedenen Eckpunkte des Tetraeders. Die Reihenfolge A, B, C sei eine positive Umlaufung des Nullpunktes. Die offenen Sterne S_0, S_A, S_B, S_C der Eckpunkte des Tetraeders bilden eine Überdeckung von $\mathbf{S}^2$, deren Nerv zu dem Tetraeder isomorph ist. Dieser Isomorphismus induziert den natürlichen Isomorphismus zwischen ČECHscher und simplizialer Cohomologietheorie. η_1 kann durch Abbildungen f_{rj} von $S_r \cap S_j$ in $\mathbf{C}^*$ gegeben werden:

$$f_{0A} = f_{0B} = f_{0C} = z, \quad f_{A0} = f_{B0} = f_{C0} = z^{-1}; \quad \text{alle anderen } f_{rj} = 1.$$

$\delta_*^1(\eta_1)$ wird definitionsgemäß durch $c_{rjk} = \dfrac{1}{2\pi i}(\log f_{rj} + \log f_{jk} + \log f_{kr})$ gegeben, wo $\log$ einen beliebigen, aber festgewählten Zweig des Logarithmus in dem einfach-zusammenhängenden Gebiet $S_r \cap S_j$ andeutet. Man wähle $\log f_{0A}$ beliebig und $\log f_{0B}, \log f_{0C}$ als analytische Fortsetzungen von $\log f_{0A}$ in positiver Richtung um den Nullpunkt ($\log f_{A0} = -\log f_{0A}, \ldots$). Alle $\log f_{rj}$ mit r und j ungleich 0 werden gleich 0 gesetzt. Es folgt: $c_{0CA} = 1$ (bei Permutation der Indizes ergibt sich 1 bzw. -1), alle anderen $c_{rjk} = 0$. Das beendet den Beweis, da $0CA$ eine im Sinne der natürlichen Orientierung von $\mathbf{S}^2$ positive Umlaufung eines 2-Simplex ist.

Es sei ξ ein $\mathbf{U}(1)$-Bündel über der orientierten *kompakten Mannigfaltigkeit* X. Wir betrachten ein assoziiertes Faserbündel $A \xrightarrow{\pi} X$ mit dem Einheitskreis $|z| \leq 1$ als Faser (z läuft in der komplexen Ebene;

$e^{2\pi i\varphi} \in U(1)$ operiert auf A durch $z \to e^{2\pi i\varphi}z$; der Einheitskreis sei in der natürlichen Weise orientiert). A ist eine berandete Mannigfaltigkeit. X und die Faser sind in bestimmter Weise orientiert, also auch A. Der Rand von A werde gleich E gesetzt: $E \xrightarrow{\pi} X$, Faser $S^1 = U(1)$. Das Faserbündel E ist zu ξ assoziiert. Die Mannigfaltigkeit X wird als die durch $z = 0$ gegebene Untermannigfaltigkeit von $A - E$ aufgefaßt. $j: X \to A - E$ sei die Einbettung. Nach Thom [36] betrachtet man den Gysin-Homomorphismus

$$\psi^*: H^i(X, \mathbf{Z}) \to H_{cp}^{i+2}(A - E, \mathbf{Z}) \,.$$

Die zweite Gruppe ist Cohomologiegruppe mit kompakten Trägern. Für $a \in H^i(X, \mathbf{Z})$ ist $\psi^*(a) = D_{A-E}^{-1}(j_* D_X(a))$, wo D in X bzw. $A - E$ den Isomorphismus der Cohomologiegruppen auf die Homologiegruppen dualer Dimension bezeichnet. Im zweiten Fall haben Homologie und Cohomologie kompakte Träger. ψ^* ist isomorph-auf. Es gibt einen natürlichen Isomorphismus k^* von $H_{cp}^{i+2}(A - E, \mathbf{Z})$ auf $H^{i+2}(\tilde{A}, \mathbf{Z})$, $(i + 2 \neq 0)$, wo $\tilde{A}$ der kompakte Raum ist, den man erhält, wenn man in A den Rand E auf einen Punkt zusammenzieht. Das Bündel $\pi^*\xi$ über A ist trivial über $A - X$ und kann deshalb als Bündel über $\tilde{A}$ aufgefaßt werden, das mit $\tilde{\xi}$ bezeichnet werde.

Satz 4.3.2. *Bezeichnungen wie oben. Es sei 1 das Einselement des Cohomologieringes* $H^*(X, \mathbf{Z})$. *Es ist*

$$k^*\psi^*(1) = c_1(\tilde{\xi}) \text{ und } j^*\psi^*(1) = c_1(\xi) \,.$$

Die zweite Gleichung besagt: Die in $A - E$ eingebettete orientierte kompakte Mannigfaltigkeit X repräsentiert eine Homologieklasse von $A - E$ (kompakte Träger), deren entsprechende Cohomologieklasse (kompakte Träger) bei Beschränkung auf X die Chern*sche Klasse $c_1(\xi)$ ergibt.*

Beweis: Die zweite Gleichung ist eine Folgerung der ersten. Thom [36] hat eine Definition von ψ^* angegeben, aus der unmittelbar folgt, daß ψ^* mit Abbildungen vertauschbar ist. Die erste Gleichung braucht deshalb nur für das Bündel η_n über $X = \mathbf{P}_n(\mathbf{C})$ bewiesen zu werden. In diesem Falle ist $E = S^{2n+1}$, $\tilde{A} = \mathbf{P}_{n+1}(\mathbf{C})$ und $\tilde{\eta}_n = \eta_{n+1}$. Die Orientierung von A induziert die natürliche Orientierung auf $\mathbf{P}_{n+1}(\mathbf{C})$. Da X gleich der natürlich orientierten Hyperebene $\mathbf{P}_n(\mathbf{C})$ von $\mathbf{P}_{n+1}(\mathbf{C})$ ist, folgt schließlich $k^*\psi^*(1) = g_{n+1} = c_1(\eta_{n+1}) = c_1(\tilde{\eta}_n)$. Q. E. D.

4.4. Wir wollen in diesem Abschnitt die Chernschen Klassen c_i der Bündel ξ^*, $\xi \oplus \xi'$, $\xi \otimes \xi'$, $\xi^{(p)}$ (vgl. 3.6) aus denen von ξ, ξ' (bzw. aus denen von ξ) berechnen. Zu diesem Zweck formulieren wir ein Lemma, das diese Aufgabe auf den Fall zurückführt, wo alle auftretenden Bündel Whitneysche Summe von U(1)-Bündeln sind.

Lemma 4.4.1. *Es sei $\xi, \xi', \xi'', \ldots$ eine endliche Anzahl von stetigen* U(q)-*Bündeln (für irgendwelche q) über dem zulässigen Raum X (vgl. 4.2).*

Es gibt einen zulässigen Raum Y und eine stetige Abbildung φ von Y auf X mit folgenden Eigenschaften.

I) $\varphi^*\colon H^*(X, \mathbf{Z}) \to H^*(Y, \mathbf{Z})$ *ist isomorph-in.*

II) *Alle Bündel* $\varphi^*\xi$, $\varphi^*\xi'$, $\varphi^*\xi''$, ... *sind Summe von* $\mathbf{U}(1)$-*Bündeln.*

Beweis durch wiederholte Anwendung des Verfahrens von 4.2, Eindeutigkeitsbeweis b).

Aus 3.7 und Satz 4.3.1 folgt sofort das

Lemma 4.4.2. *Es seien* ξ_1, ξ_2 *zwei* $\mathbf{U}(1)$-*Bündel über dem zulässigen Raum X. Es ist* $c_1(\xi_1 \otimes \xi_2) = c_1(\xi_1) + c_1(\xi_2)$.

Wir führen die folgende Verabredung ein: Es seien $a_i, b_i, c_i, \ldots$ $(i = 1, 2, \ldots)$ kommutative Unbestimmte. Wir setzen $a_0 = b_0 = c_0 = \cdots = 1$ und schreiben formal

$$\sum_{i=0}^{k} a_i\, x^i = \prod_{i=1}^{k} (1 + \alpha_i x)\,, \quad \sum_{i=0}^{m} b_i\, x^i = \prod_{i=1}^{m} (1 + \beta_i x)\,, \ \text{usw.}$$

Jedes Polynom, das symmetrisch in allen „Variablenreihen" $\alpha_i, \beta_i, \gamma_i, \ldots$ ist, wird in der eindeutig bestimmten Weise als Polynom in den elementar-symmetrischen Funktionen $a_i, b_i, c_i, \ldots$ aufgefaßt. Wenn für die $a_i, b_i, c_i, \ldots$ spezielle Werte eingesetzt werden, dann nehmen diese Polynome wohlbestimmte Werte an. In den Anwendungen werden die speziellen Werte immer geradedimensionale Elemente eines Cohomologieringes sein.

Satz 4.4.3. *Es sei ξ ein $\mathbf{U}(q)$-Bündel und ξ' ein $\mathbf{U}(q')$-Bündel über dem zulässigen Raum X. Man schreibe formal*

$$\sum_{i=0}^{q} c_i(\xi)\, x^i = \prod_{j=1}^{q} (1 + \gamma_j x) \ \text{und} \ \sum_{i=0}^{q'} c_i(\xi')\, x^i = \prod_{k=1}^{q'} (1 + \delta_k x)\,.$$

Es gilt unter Verwendung der obigen Verabredung

I) $\displaystyle\sum_{i=0}^{q} c_i(\xi^*)\, x^i = \prod_{j=1}^{q} (1 - \gamma_j x)$, *d. h.* $c_i(\xi^*) = (-1)^i\, c_i(\xi)$.

II) $\displaystyle\sum_{i=0}^{q+q'} c_i(\xi \oplus \xi')\, x^i = \prod_{j=1}^{q} (1 + \gamma_j x) \prod_{k=1}^{q'} (1 + \delta_k x)$, *d. h.* $c(\xi \oplus \xi') = c(\xi)\, c(\xi')$.

III) $\displaystyle\sum_{i=0}^{qq'} c_i(\xi \otimes \xi')\, x^i = \prod_{j,k} (1 + (\gamma_j + \delta_k)\, x)$, $(1 \leqq j \leqq q,\ 1 \leqq k \leqq q')$.

IV) $\displaystyle\sum_{i} c_i(\xi^{(p)})\, x^i = \prod (1 + (\gamma_{i_1} + \gamma_{i_2} + \cdots + \gamma_{i_p})\, x)$,

das Produkt ist zu erstrecken über alle $\binom{q}{p}$ Kombinationen mit
$1 \leqq i_1 < \cdots < i_p \leqq q$.

Beweis: Die Formeln sind nach Satz 4.1.1, Lemma 4.4.2 und Axiom III (4.2) richtig, wenn ξ, ξ' Summe von $\mathbf{U}(1)$-Bündeln sind. Damit sind sie wegen Lemma 4.4.1 allgemein richtig.

Bemerkung: Formel II) ist die WHITNEYsche Multiplikations-formel (sog. "duality formula", siehe z. B. [10]). Die Formel III) impliziert für $q' = 1$ eine Formel von KUNDERT (Ann. of Math. 54, 215—246 (1951)): Wenn nämlich ξ ein festes $U(q)$-Bündel über X ist und ξ' die Gruppe $H^1(X, U(1)_c)$ der stetigen $U(1)$-Bündel durchläuft, dann durchläuft $\xi \otimes \xi'$ die Menge aller $U(q)$-Bündel über X, die als $PU(q)$-Bündel mit ξ identisch sind ($PU(q)$ = projektiv aufgefaßte unitäre Gruppe). Damit können die CHERNschen Klassen aller dieser $U(q)$-Bündel berechnet werden. Das ist aber gerade der Inhalt der KUNDERTschen Formel.

4.5. In diesem Abschnitt sollen die PONTRJAGINschen Klassen eines $O(q)$-Bündels über dem zulässigen Raum X (vgl. 4.2) definiert werden. Damit sind dann auch die PONTRJAGINschen Klassen der $GL(q, \mathbf{R})$-Bündel definiert (vgl. 4.1.b) (1)).

Wir haben die folgenden Einbettungen zu verwenden:

$$\begin{array}{ccc}
U(q) \to O(2q) & \qquad & O(q) \to U(q) \\
\downarrow \qquad \downarrow & & \downarrow \qquad \downarrow \\
GL(q, \mathbf{C}) \to GL(2q, \mathbf{R}) & & GL(q, \mathbf{R}) \to GL(q, \mathbf{C})\,.
\end{array} \qquad (9)$$

Beide Diagramme sind kommutativ. Die Isomorphismen-in von links nach rechts im ersten Diagramm werden erhalten, wenn man jede lineare Abbildung des $\mathbf{C}_q$ (Koordinaten $z_1, \ldots, z_q$) vermöge $z_k = x_{2k-1} + i x_{2k}$ als lineare Abbildung des $\mathbf{R}^{2q}$ (Koordinaten $x_1, \ldots, x_{2q}$) auffaßt. Die Isomorphismen-in von links nach rechts im zweiten Diagramm erhält man, wenn man die Matrizen mit reellen Koeffizienten als Matrizen mit komplexen Koeffizienten auffaßt. Die PONTRJAGINschen Klassen eines $O(q)$-Bündels über einem zulässigen Raum X sollen mit Hilfe der CHERNschen Klassen der unitären Bündel definiert werden.

Wir betrachten die zur obigen Einbettung gehörige Abbildung ψ von $H^1(X, O(q)_c)$ in $H^1(X, U(q)_c)$. Für ein $O(q)$-Bündel ξ über X wird definiert

$$\check{p}(\xi) = c(\psi(\xi)) = \sum_{i=1}^{\infty} c_i(\psi(\xi)) \in H^*(X, \mathbf{Z}) \quad \text{und} \quad p_i(\xi) = (-1)^i c_{2i}(\psi(\xi)).$$

Man kann durch Betrachtung des klassifizierenden Raumes (vgl. [2]) von $O(q)$ zeigen, daß $2c_{2i+1}(\psi(\xi)) = 0$. Das Element $p_i(\xi) \in H^{4i}(X, \mathbf{Z})$ heißt i-te PONTRJAGINsche Klasse von ξ. Die Summe $\sum_{i=0}^{\infty} p_i(\xi)$ heißt die (totale) PONTRJAGINsche Klasse von ξ und wird mit $p(\xi)$ bezeichnet. Aus den Eigenschaften der CHERNschen Klassen folgt sofort:

I) $p_0(\xi) = 1$.

II) Wenn $f: Y \to X$ und $\xi \in H^1(X, O(q)_c)$, dann $\check{p}(f^*\xi) = f^*\check{p}(\xi)$.

III) Wenn $\xi_1 \in H^1(X, O(q)_c)$ und $\xi_2 \in H^1(X, O(q')_c)$, dann
$$\check{p}(\xi_1 \oplus \xi_2) = \check{p}(\xi_1)\, \check{p}(\xi_2).$$

$\xi_1 \oplus \xi_2 \in H^1(X, O(q + q')_c)$ ist die WHITNEYsche Summe von ξ_1, ξ_2.

Bemerkung: Die PONTRJAGINsche Klasse $p(\xi)$ erfüllt nicht die Multiplikationsformel III). Es gilt jedoch

$p(\xi_1 \oplus \xi_2) = p(\xi_1)\, p(\xi_2)$ modulo 2-Torsionselementen von $H^*(X, \mathbf{Z})$.

Jedes $\mathbf{U}(q)$-Bündel ξ über X geht bei der zur Einbettung $\mathbf{U}(q) \to \mathbf{O}(2q)$ gehörigen Abbildung ϱ von $H^1(X; \mathbf{U}(q)_c)$ in $H^1(X, \mathbf{O}(2q)_c)$ in ein $\mathbf{O}(2q)$-Bündel $\varrho(\xi)$ über.

Satz 4.5.1. *Für ein $\mathbf{U}(q)$-Bündel ξ über X gilt*

$$\check{p}(\varrho(\xi)) = 1 - p_1(\varrho(\xi)) + p_2(\varrho(\xi)) - p_3(\varrho(\xi)) + \cdots$$
$$= (1 + c_1(\xi) + c_2(\xi) + \cdots)\,(1 - c_1(\xi) + c_2(\xi) - \cdots).$$

Faßt man formal die $c_i(\xi)$ als elementar-symmetrische Funktionen der γ_i auf, dann sind die $p_i(\varrho(\xi))$ die elementar-symmetrischen Funktionen der γ_i^2 (vgl. 1.3).

Beweis: Das Element $A \in \mathbf{U}(q)$ geht bei $\mathbf{U}(q) \to \mathbf{O}(2q) \to \mathbf{U}(2q)$ in ein Element von $\mathbf{U}(2q)$ über, das bei einem wohlbekannten, von A unabhängigen inneren Automorphismus von $\mathbf{U}(2q)$ in $\begin{pmatrix} A & 0 \\ 0 & \bar{A} \end{pmatrix}$ übergeht ($\bar{A}$ ist komplex-konjugiert zu A und gleich der Transponierten der Inversen von A). Damit ist gezeigt (vgl. 3.1 (2*)), daß $\psi(\varrho(\xi))$ gleich der WHITNEYschen Summe von ξ und ξ^* ist, und daraus folgt mit Hilfe der WHITNEYschen Multiplikationsformel (Satz 4.4.3) die Behauptung.

4.6. Es sei X eine m-dimensionale differenzierbare (vgl. Fußnote 1, S. 27) Mannigfaltigkeit (nicht notwendigerweise orientierbar). Es sei $\mathfrak{U} = \{U_i\}_{i \in I}$ eine Überdeckung von X mit offenen Mengen U_i, in denen zulässige differenzierbare Koordinaten $x_k^{(i)}$ ($k = 1, 2, \ldots, m$) eingeführt sind. Das kontravariante tangentielle (differenzierbare) $\mathbf{GL}(m, \mathbf{R})$-Bündel $_{\mathbf{R}}\theta$ von X wird repräsentiert durch den $\mathfrak{U}$-Cozyklus f_{ij}, wo

$$f_{ij} = \left(\frac{\partial x_r^{(i)}}{\partial x_s^{(j)}} \right): \quad U_i \cap U_j \to \mathbf{GL}(m, \mathbf{R}). \tag{10}$$

f_{ij} ist die Funktionalmatrix der Koordinatentransformation von U_j nach U_i. Das Bündel $_{\mathbf{R}}\theta$ ist ein Element der Cohomologiemenge $H^1(X, \mathbf{GL}(m, \mathbf{R})_b)$ und wird kurz Tangentialbündel von X genannt.

Eine zulässige Karte $\varkappa$ der differenzierbaren Struktur von X ist bekanntlich ein differenzierbarer Homöomorphismus einer offenen Menge $U_\varkappa$ von X auf eine offene Menge $V_\varkappa$ des R^m. Durch $\varkappa$ sind in $U_\varkappa$ differenzierbare Koordinaten eingeführt. Man kann nun insbesondere die Überdeckung $\overline{\mathfrak{U}} = \{U_\varkappa\}_{\varkappa \in K}$ von X betrachten, wo K die Menge aller zulässigen Karten von X ist. Für diese „maximale Überdeckung" bilden wir nach (10) den $\overline{\mathfrak{U}}$-Cozyklus $f = \{f_{ij}\}$ ($i, j \in K$).

Nach 3.2.a) kann man mit Hilfe von f ein Vektorraum-Bündel $_{\mathbf{R}}\mathfrak{T}$ (Faserbündel über X mit $\mathbf{R}^m$ als Faser und $\mathbf{GL}(m, \mathbf{R})$ als Strukturgruppe) konstruieren. $_{\mathbf{R}}\mathfrak{T}$ ist das Vektorraum-Bündel der kontravarianten

Tangentialvektoren von X. Faßt man die f_{ij} als Abbildungen von $U_i \cap U_j$ in $\mathbf{GL}(m, \mathbf{C})$ auf (vgl. 4.5 (9)), dann erhält man einen Cozyklus, zu dem ein Vektorraum-Bündel $_R\mathfrak{T}_C$ (Faser $\mathbf{C}_m$) gehört und das man komplexe Erweiterung von $_R\mathfrak{T}$ nennt.

Definition: *Die* Pontrjagin*schen Klassen p_i des Tangential-bündels $_R\theta$ der differenzierbaren Mannigfaltigkeit X heißen* Pontrjagin*sche Klassen von X $(p_i \in H^{4i}(X, \mathbf{Z}))$.*

Eine orientierte m-dimensionale differenzierbare Mannigfaltigkeit X kann man mit offenen Mengen U_i überdecken, in denen zulässige mit der Orientierung verträgliche differenzierbare Koordinaten $x_1^{(i)}, \dots, x_m^{(i)}$ eingeführt sind. (Die Orientierung gehört zur Reihenfolge $x_1^{(i)}, \dots, x_m^{(i)}$.) Betrachtet man für eine solche Überdeckung die f_{ij} (vgl. (10)), dann erhält man einen Cozyklus

$$f_{ij}: \; U_i \cap U_j \to \mathbf{GL}^+(m, \mathbf{R}) \,,$$

der das kontravariante tangentielle (differenzierbare) $\mathbf{GL}^+(m, \mathbf{R})$-Bündel der orientierten Mannigfaltigkeit X repräsentiert, das aufgefaßt als $\mathbf{GL}(m, \mathbf{R})$-Bündel natürlich mit $_R\theta$ übereinstimmt.

Nun sei m gerade $(m = 2n)$ und X weiterhin orientiert.

Definition: *Ein differenzierbares $\mathbf{GL}(n, \mathbf{C})$-Bündel θ über X, das bei der Einbettung $\mathbf{GL}(n, \mathbf{C}) \to \mathbf{GL}^+(2n, \mathbf{R})$ in das tangentielle $\mathbf{GL}^+(2n, \mathbf{R})$-Bündel von X übergeht, heißt fast-komplexe Struktur der orientierten differenzierbaren Mannigfaltigkeit X. Wenn für X (orientiert) eine fast-komplexe Struktur θ existiert und vorgegeben ist, dann heißt X fast-komplexe Mannigfaltigkeit und θ tangentielles $\mathbf{GL}(n, \mathbf{C})$-Bündel von X. Die* Chern*schen Klassen c_i von θ heißen* Chern*sche Klassen von X $(c_i \in H^{2i}(X, \mathbf{Z}))$.*

Bemerkung: Per definitionem ist eine fast-komplexe Mannigfaltigkeit in bestimmter Weise orientiert. — In der Literatur wird der Begriff der fast-komplexen Struktur meistens feiner gefaßt (vgl. z.B. [35]). Die angegebene Definition reicht für die vorliegende Arbeit aus.

Satz 4.6.1 (vgl. Satz 4.5.1). *Die* Chern*schen Klassen der fast-komplexen Mannigfaltigkeit X und die* Pontrjagin*schen Klassen von X (aufgefaßt als differenzierbare Mannigfaltigkeit) stehen in folgender Beziehung*

$$\check{p} = \sum_{i=0}^{\infty} (-1)^i p_i = \sum_{i=0}^{\infty} c_i \sum_{j=0}^{\infty} (-1)^j c_j \,.$$

4.7. Wir betrachten nun eine komplexe Mannigfaltigkeit X der komplexen Dimension n. Eine zulässige Karte $\varkappa$ von X ist ein holomorpher Homöomorphismus einer offenen Menge $U_\varkappa$ von X auf eine offene Menge $V_\varkappa$ des $\mathbf{C}_n$.

Wir bilden die maximale Überdeckung $\overline{\mathfrak{U}} = \{U_\varkappa\}_{\varkappa \in K}$, wo K die Menge aller zulässigen Karten ist. In $U_\varkappa (\varkappa \in K)$ sind komplexe Koordinaten $z_1^{(\varkappa)}, \ldots, z_n^{(\varkappa)}$ eingeführt. Man hat den $\overline{\mathfrak{U}}$-Cozyklus $f = \{f_{ij}\}$,

$$f_{ij}:\ U_i \cap U_j \to \mathbf{GL}(n, \mathbf{C})\ ,\quad i, j \in K\ ,$$

wo f_{ij} die Funktionalmatrix der holomorphen Koordinatentransformation von der Karte j nach der Karte i ist (vgl. 4.6 (10)). Der Cozyklus f repräsentiert das kontravariante tangentielle (komplex-analytische) $\mathbf{GL}(n, \mathbf{C})$-Bündel θ von X. Nach 3.2.a) kann man mit Hilfe von f ein zu θ assoziiertes Vektorraum-Bündel $\mathfrak{T}$ (Faser $\mathbf{C}_n$) konstruieren, das (komplex-analytische) Vektorraum-Bündel der kontravarianten Tangentialvektoren von X. Ebenso kann man mit Hilfe von $\bar{f} = \overline{f_{ij}}$ (Bildung der konjugierten Matrix) das (differenzierbare) Vektorraum-Bündel $\overline{\mathfrak{T}}$ (Faser $\mathbf{C}_n$) konstruieren. Das zu $\mathfrak{T}$ bzw. $\overline{\mathfrak{T}}$ duale Vektorraum-Bündel (vgl. 3.6.b)) soll mit T bzw. $\overline{T}$ bezeichnet werden. T ist das (komplex-analytische) Vektorraum-Bündel der kovarianten Tangentialvektoren von X. Man beachte, daß $\overline{\mathfrak{T}}$ und $\overline{T}$ nicht komplex-analytisch sind.

Die komplexe Mannigfaltigkeit X kann in natürlicher Weise als orientierte differenzierbare Mannigfaltigkeit aufgefaßt werden (vgl. Fußnote 1 auf S. 3), für die θ aufgefaßt als differenzierbares Bündel eine fast-komplexe Struktur ist. Die CHERNschen Klassen von θ heißen CHERNsche Klassen von X.

Für X aufgefaßt als differenzierbare Mannigfaltigkeit ist das Vektorraum-Bündel ${}_{\mathbf{R}}\mathfrak{T}_{\mathbf{C}}$ (Faser $\mathbf{C}_{2n}$) definiert (vgl. 4.6). Bekanntlich hat man differenzierbare Isomorphien

$$ {}_{\mathbf{R}}\mathfrak{T}_{\mathbf{C}} \cong \mathfrak{T} \oplus \overline{\mathfrak{T}} \tag{11}$$

$$ {}_{\mathbf{R}}\mathfrak{T}_{\mathbf{C}}^* \cong T \oplus \overline{T} \tag{12}$$

$$ ({}_{\mathbf{R}}\mathfrak{T}_{\mathbf{C}})^{*(r)} \cong \sum_{p+q=r} T^{(p)} \otimes \overline{T}^{(q)}\ . \tag{13}$$

$T^{(p)}$ ist das (komplex-analytische) Vektorraum-Bündel der tangentiellen kovarianten p-Vektoren von X. Wir schreiben statt $\overline{T}^{(q)}$ auch $\overline{T^{(q)}}$. Das Summenzeichen in (13) ist im Sinne der WHITNEYschen Summe gemeint.

Ein differenzierbarer Schnitt des Vektorraum-Bündels $({}_{\mathbf{R}}\mathfrak{T}_{\mathbf{C}})^{*(r)}$ ist eine Form vom Grade r mit differenzierbaren komplex-wertigen Koeffizienten. Die WHITNEYsche Summe (13) entspricht der bekannten eindeutig bestimmten Darstellung einer solchen Form als Summe von Formen vom Grade r und vom Typ (p, q), wo $p, q \geqq 0$ und $p + q = r$.

Schließlich erwähnen wir noch das tangentielle (komplex-analytische) Prinzipal-Faserbündel der komplexen Mannigfaltigkeit X. Es ist zu dem tangentiellen $\mathbf{GL}(n, \mathbf{C})$-Bündel θ von X assoziiert. Die Faser dieses Prinzipal-Faserbündels über dem Punkte $x \in X$ ist die Gesamtheit aller Isomorphismen des (festen) Vektorraumes C_n auf den komplexen Vektorraum der kontravarianten Tangentialvektoren von X im Punkte x (vgl. 3.5).

4.8. Es sei X eine k-dimensionale differenzierbare Untermannigfaltigkeit der m-dimensionalen differenzierbaren Mannigfaltigkeit Y mit der Einbettungsabbildung $j: X \to Y$.

X ist eine abgeschlossene Teilmenge von Y mit folgender Eigenschaft: Jeder Punkt $x \in X$ besitzt eine Umgebung U in Y, in der lokale differenzierbare Koordinaten $u_1, u_2, \ldots, u_m$ von Y so eingeführt werden können, daß $U \cap X$ durch $u_{k+1} = \cdots = u_m = 0$ gegeben wird.

Wir betrachten das kontravariante tangentielle Vektorraum-Bündel $_R\mathfrak{T}$ von Y und das zugehörige Faserbündel mit der GRASSMANN-schen Mannigfaltigkeit $\mathfrak{G}(k, m - k; R)$ als Faser (vgl. 4.1.g)), das wir gleich L setzen. Das Faserbündel j^*L besitzt einen (differenzierbaren) Schnitt, nämlich das Feld der zu X tangentiellen k-dimensionalen Ebenenelemente.

Das $\mathbf{GL}(m, \mathbf{R})$-Bündel $j^*(_R\theta)$ (= Beschränkung des Tangential-bündels von Y auf X) hat deshalb nach Satz 4.1.6 in natürlicher Weise ein Teilbündel und ein Quotientenbündel. Das Teilbündel ist identisch mit dem Tangentialbündel von X, das Quotientenbündel wird Normal-bündel von X in Y genannt. *$j^*(_R\theta)$ ist die* WHITNEY*sche Summe des Tangentialbündels von X und des Normalbündels von X in Y.*

Entsprechendes gilt, wenn X und Y orientiert sind. Das Normal-bündel ist dann ein $\mathbf{GL}^+(m - k, \mathbf{R})$-Bündel. Insbesondere kann für $m - k = 2$ das Normalbündel als $\mathbf{U}(1)$-Bündel aufgefaßt werden (Anwendung von 4.1.b) (1*) auf die Einbettung $\mathbf{U}(1) \subset \mathbf{GL}^+(2, \mathbf{R})$, vgl. 4.5 (9)). Die CHERNsche Klasse des Normalbündels ist also definiert.

Satz 4.8.1. *Die kompakte $(m - 2)$-dimensionale orientierte differenzier-bare Mannigfaltigkeit X sei in der kompakten m-dimensionalen orientierten differenzierbaren Mannigfaltigkeit Y eingebettet (Einbettung j). Die* CHERN*sche Klasse c_1 des Normalbündels von X in Y ist gleich j^*h, wo h diejenige 2-dimensionale (ganzzahlige) Cohomologieklasse von Y ist, die der durch X repräsentierten $(m - 2)$-dimensionalen Homologieklasse entspricht.* (Alles in bezug auf die gegebenen Orientierungen.)

Beweis: Mit Hilfe des Normalbündels und einer RIEMANNschen Metrik von Y wird eine Tubenumgebung ([37], S. 21) von X in Y konstruiert und auf diese dann der Satz 4.3.2 angewandt.

4.9. Es sei $X = X_k$ eine komplexe Untermannigfaltigkeit der komplexen Mannigfaltigkeit $Y = Y_n$ mit der Einbettung $j: X \to Y$.

X ist eine abgeschlossene Teilmenge von Y. Jeder Punkt $x \in X$ besitzt eine Umgebung U in Y, in der lokale komplexe Koordinaten $z_1, z_2, \ldots, z_n$ so eingeführt werden können, daß $U \cap X$ durch $z_{k+1} = \cdots = z_n = 0$ gegeben wird.

Wir betrachten über Y das tangentielle $\mathbf{GL}(n, \mathbf{C})$-Bündel θ und seine Beschränkung $j^*\theta$ auf X. Wie in 4.8 (vgl. die Überlegungen von 4.1.d)) hat $j^*\theta$ ein Teil- und Quotientenbündel. Das Teilbündel ist das tangentielle komplex-analytische $\mathbf{GL}(k, \mathbf{C})$-Bündel von X, das Quotientenbündel ist ein komplex-analytisches $\mathbf{GL}(n - k, \mathbf{C})$-Bündel über X und wird Normalbündel von X in Y genannt.

Faßt man alle Bündel als differenzierbare Bündel auf, dann ist $j^*\theta$ die WHITNEYsche Summe von Teil- und Normalbündel.

Nun sei X insbesondere eine komplexe Untermannigfaltigkeit von $n - 1$ komplexen Dimensionen von $Y = Y_n$. Man nennt X dann einen singularitätenfreien Divisor von Y. Man kann Y mit Umgebungen U_i so überdecken, daß $X \cap U_i$ durch $f_i = 0$ gegeben werden kann, wo f_i eine in U_i holomorphe Funktion ist, deren partielle Ableitungen in keinem Punkte von X alle verschwinden. Man ordnet X ein komplex-analytisches $\mathbf{C}^*$-Bündel $[X]$ über Y mit $f_{ij} = f_i f_j^{-1}$ zu. (Die f_{ij} sind in der Tat holomorph und $\neq 0$.) $[X]$ hängt nur von dem Divisor X ab. Zum Beispiel ist η_n (4.2) das zu $\mathbf{P}_{n-1}(\mathbf{C}) \subset \mathbf{P}_n(\mathbf{C})$ gehörige Bündel. Offenbar ist $j^*[X]$ das (komplex-analytische) Normalbündel von X in Y.

Satz 4.9.1. *Es sei X ein singularitätenfreier Divisor der kompakten komplexen Mannigfaltigkeit Y. Es ist $c_1([X]) = h$, wo h die dem orientierten Zyklus X entsprechende 2-dimensionale ganzzahlige Cohomologieklasse von Y ist (alles in bezug auf die natürlichen Orientierungen).*

Der Beweis ergibt sich wieder durch Anwendung von 4.3.2 auf eine geeignete Tubenumgebung von X in Y.

Definition: Eine orientierte differenzierbare Untermannigfaltigkeit $X = X^{2k}$ der fast-komplexen Mannigfaltigkeit $Y = Y_n$ $(2k < 2n)$ heißt *fast-komplexe Untermannigfaltigkeit*, wenn gilt:

1. *X ist mit einer fast-komplexen Struktur versehen* (vgl. 4.6).

2. *Es existiert ein differenzierbares $\mathbf{GL}(n - k; \mathbf{C})$-Bündel $\widetilde{\theta}$ über X, das bei der Einbettung*

$$\mathbf{GL}(n - k, \mathbf{C}) \to \mathbf{GL}^+(2n - 2k, \mathbf{R})$$

in das Normalbündel von X in Y (vgl. 4.8) übergeht.

3. *Die Beschränkung des tangentiellen $\mathbf{GL}(n, \mathbf{C})$-Bündels von Y auf X ist gleich der WHITNEYschen Summe von $\widetilde{\theta}$ und dem tangentiellen $\mathbf{GL}(k, \mathbf{C})$-Bündel von X.*

Offenbar ist eine komplexe Untermannigfaltigkeit einer komplexen Mannigfaltigkeit auch fast-komplexe Untermannigfaltigkeit. Die vorstehende Definition der fast-komplexen Untermannigfaltigkeit ist sehr grob, reicht aber für unsere Zwecke aus. Für $k = n - 1$ ist die Bedingung 2 immer erfüllt (vgl. 4.8).

4.10. Mit Hilfe der Definition der CHERNschen Klassen als Hindernisklassen (vgl. die Bemerkung am Schluß von 4.2) ergibt sich der folgende Satz (vgl. [35], (39.7 und 41.8)):

Satz 4.10.1. *Es sei V_n eine kompakte fast-komplexe Mannigfaltigkeit und $c_n \in H^{2n}(V_n, \mathbf{Z})$ die n-te Chernsche Klasse von V_n. Dann ist $c_n[V_n]$ gleich der Euler-Poincaréschen Charakteristik von V_n. (Die ganze Zahl $c_n[V_n]$ ist in bezug auf die natürliche Orientierung von V_n zu bilden.)*

Der vorstehende Satz kann zur Berechnung der Chernschen Klassen des komplexen projektiven Raumes $\mathbf{P}_n(\mathbf{C})$ benutzt werden. (Die Euler-Poincarésche Charakteristik von $\mathbf{P}_n(\mathbf{C})$ ist gleich $n+1$.)

Satz 4.10.2. *Die Chernsche Klasse der komplexen Mannigfaltigkeit $\mathbf{P}_n(\mathbf{C})$ ist gleich $(1+g_n)^{n+1} = \sum_{i=0}^{n} \binom{n+1}{i} g_n^i$, wo g_n das in 4.2 definierte erzeugende Element von $H^2(\mathbf{P}_n(\mathbf{C}), \mathbf{Z})$ ist. Die Pontrjaginsche Klasse der differenzierbaren Mannigfaltigkeit $\mathbf{P}_n(\mathbf{C})$ ist gleich $(1+g_n^2)^{n+1}$.*

Beweis: Die Pontrjaginsche Klasse ergibt sich aus der Chernschen Klasse nach 4.6.1. Die Formel für die Chernsche Klasse soll durch Induktion über n bewiesen werden. Sie ist richtig für $n=1$ nach Satz 4.10.1. Sie sei für $n-1$ bewiesen. Man betrachtet die Einbettung $j: \mathbf{P}_{n-1}(\mathbf{C}) \to \mathbf{P}_n(\mathbf{C})$, vgl. 4.2. Nach der Whitneyschen Multiplikationsformel und nach 4.9.1 ist $j^* c(\mathbf{P}_n(\mathbf{C})) = (1+g_{n-1})^n j^*(1+g_n)$. Nun ist j^* für $i \leqq n-1$ ein Isomorphismus von $H^{2i}(\mathbf{P}_n(\mathbf{C}), \mathbf{Z})$ auf $H^{2i}(\mathbf{P}_{n-1}(\mathbf{C}), \mathbf{Z})$. Da $j^* g_n = g_{n-1}$, folgt $c(\mathbf{P}_n(\mathbf{C})) = (1+g_n)^{n+1}$ modulo $H^{2n}(\mathbf{P}_n(\mathbf{C}), \mathbf{Z})$. Nach dem vorstehenden Satz ist $c_n(\mathbf{P}_n(\mathbf{C})) = (n+1)g_n^n$. Das beendet den Induktionsbeweis.

Zweites Kapitel

Die Thomsche Algebra. Anwendungen

In diesem Kapitel werden einige Sätze angegeben, die in den Rahmen der Thomschen Theorie [37] gehören und mit deren Hilfe u. a. gezeigt werden soll, daß der Index einer kompakten orientierten differenzierbaren Mannigfaltigkeit[1] M^{4k} als Polynom in den Pontrjaginschen Klassen von M^{4k} dargestellt werden kann. Die auftretenden Polynome sind die L_k der in 1.5 besprochenen m-Folge.

§ 5. Pontrjaginsche Zahlen

5.1. Es sei V^n eine orientierte kompakte differenzierbare Mannigfaltigkeit. Der Wert einer n-dimensionalen Cohomologieklasse x auf dem Fundamentalzyklus der orientierten Mannigfaltigkeit V^n wird mit $x[V^n]$ bezeichnet[2]. Für festes x hängt dieser Wert von der Orien-

---

[1] Vgl. Abschnitt 0.7 und Fußnote 1 auf S. 27. Alle Mannigfaltigkeiten, die in diesem Kapitel auftreten, sollen kompakt, orientiert und differenzierbar sein.

[2] Die Cohomologieklasse x soll ein Element von $H^n(V^n, A)$ für irgendeine additive Gruppe A als (konstanten) Koeffizientenbereich sein. Wenn $x \in H^n(V^n, A) \otimes A'$, wo A' eine weitere additive Gruppe ist, dann ist $x[V^n]$ in natürlicher Weise definiert ($x[V^n] \in A \otimes A'$).

tierung ab. Wenn V^n zusammenhängend ist, dann kann er nur sein Vorzeichen ändern. Nun sei die Dimension n von V^n durch 4 teilbar ($n = 4k$), und es seien p_i die PONTRJAGINschen Klassen von V^{4k}, $p_i \in H^{4i}(V^{4k}, \mathbf{Z})$ (vgl. 4.6). Für jedes Produkt $p_{j_1} p_{j_2} \ldots p_{j_r}$ vom Gewicht k kann man die ganze Zahl $p_{j_1} p_{j_2} \ldots p_{j_r}[V^{4k}]$ bilden. Es gibt insgesamt $\pi(k)$ solche Zahlen, wo $\pi(k)$ die Anzahl der Partitionen von k ist. Diese Zahlen heißen PONTRJAGINsche Zahlen von V^{4k}. Man betrachte den Ring $\mathfrak{B}$ aus 1.1. Der Modul $\mathfrak{B}_k$ hat die Produkte vom Gewicht k als Basiselemente. Ordnet man diesen Basiselementen die entsprechenden PONTRJAGINschen Zahlen von V^{4k} zu, dann induziert V^{4k} damit einen Modul-Homomorphismus von $\mathfrak{B}_k$ in den Koeffizientenbereich B; das $a \in \mathfrak{B}_k$ dabei zugeordnete Element von B ist $a[V^{4k}]$. Wenn die Dimension n von V^n nicht durch 4 teilbar ist, dann sagen wir: Alle PONTRJAGINschen Zahlen von V^n verschwinden.

5.2. Das cartesische Produkt $V^n \times W^m$ zweier orientierter Mannigfaltigkeiten V^n, W^m ist wieder orientiert: Man zeichnet die Orientierung aus, die durch die Orientierungen der Faktoren in der Reihenfolge V^n, W^m gegeben wird.

Es sei f_1 (bzw. f_2) die Projektion von $V^n \times W^m$ auf den ersten (bzw. zweiten) Faktor. Das Tangentialbündel von $V^n \times W^m$ ist WHITNEYsche Summe von f_1^*(Tangentialbündel V^n) und f_2^*(Tangentialbündel W^m)[1]. Wir bezeichnen die PONTRJAGINschen Klassen von V^n mit p_i, die von W^m mit p_i' und die von $V^n \times W^m$ mit p_i''. Dann gilt im (ganzzahligen) Cohomologiering des Produktes (modulo Torsion) die Gleichung (vgl. 4.5, insbesondere die Bemerkung auf S. 68):

$$1 + p_1'' + p_2'' + \cdots = f_1^*(1 + p_1 + p_2 + \cdots)\, f_2^*(1 + p_1' + p_2' + \cdots)\,. \tag{1}$$

Man kann auch mit Hilfe einer Unbestimmten z das PONTRJAGINsche Polynom $\sum\limits_{i=0}^{\infty} p_i z^i$ einführen und dann (1) als „Polynomgleichung" schreiben.

$$\sum_{i=0}^{\infty} p_i'' z^i = \sum_{i=0}^{\infty} f_1^*(p_i) z^i \cdot \sum_{j=0}^{\infty} f_2^*(p_j') z^j\,, \ \text{mod Torsion}\,. \tag{2}$$

Wir haben die folgende Tatsache zu verwenden:

Wenn $x \in H^n(V^n, \mathbf{Z}) \otimes B$ *und* $y \in H^m(W^m, \mathbf{Z}) \otimes B$, *dann gilt*

$$(f_1^*(x) f_2^*(y))\, [V^n \times W^m] = x[V^n] \cdot y[W^m]\,. \tag{3}$$

Nun seien V^{4k} und W^{4r} orientierte Mannigfaltigkeiten mit durch 4 teilbarer Dimensionszahl. Die PONTRJAGINschen Zahlen des orientierten

---

[1]) Unter dem Tangentialbündel einer V^n wird immer das kontravariante tangentielle $\mathbf{GL}(n, \mathbf{R})$-Bündel $_R\theta$ von V^n im Sinne von 4.6 verstanden $[_R\theta \in H^1(V^n, \mathbf{GL}(n, \mathbf{R})_b)]$.

cartesischen Produktes $V^{4k} \times W^{4r}$ können mit Hilfe der Gleichungen (2) und (3) aus den Pontrjaginschen Zahlen der Faktoren berechnet werden. Mit Hilfe der m-Folgen von § 1 kann das Verhalten der Pontrjaginschen Zahlen bei Bildung eines cartesischen Produktes übersichtlich beschrieben werden.

Lemma 5.2.1. *Es sei* $\{K_j(p_1, \ldots, p_j\}$ *eine* m-Folge *(vgl. 1.2., $K_j \in \mathfrak{B}_j$). Es gilt*

$$K_{k+r}[V^{4k} \times W^{4r}] = K_k[V^{4k}] \cdot K_r[W^{4r}] \, .$$

Beweis: Aus Gleichung (2) und aus 1.2 (3), (4) folgt (mod Torsion)

$$\sum_{j=0}^{k+r} K_j(p_1'', \ldots, p_j'') z^j = \sum_{i=0}^{k} f_1^*(K_i(p_1, \ldots, p_i)) z^i \cdot \sum_{j=0}^{r} f_2^*(K_j(p_1', \ldots, p_j')) z^j \, .$$

Durch Vergleich der Koeffizienten von z^{k+r} auf der linken und rechten Seite dieser Gleichung erhält man

$$K_{k+r}(p_1'', \ldots, p_{k+r}'') = f_1^*(K_k(p_1, \ldots, p_k)) f_2^*(K_r(p_1', \ldots, p_r')) \, .$$

Anwendung von (3) ergibt die Behauptung.

Gegeben sei eine m-Folge $\{K_j(p_1, \ldots, p_j)\}$. Für eine beliebige orientierte Mannigfaltigkeit W^{4r} wird $K_r[W^{4r}]$ das K-Geschlecht von W^{4r} genannt. Für Mannigfaltigkeiten, deren Dimension nicht durch 4 teilbar ist, setzen wir das K-Geschlecht gleich 0. Das K-Geschlecht von V^n wird mit $K(V^n)$ bezeichnet. Da alle Pontrjaginschen Zahlen eines cartesischen Produktes, das wenigstens einen Faktor besitzt, dessen Dimension nicht durch 4 teilbar ist, verschwinden (Beweis mit Hilfe von (2) und (3), siehe auch den Schluß von 5.1), ergibt sich die folgende geringfügige Verallgemeinerung von Lemma 5.2.1.

Lemma 5.2.2. *Das K-Geschlecht des cartesischen Produktes zweier orientierter Mannigfaltigkeiten ist gleich dem Produkt der K-Geschlechter der Faktoren.*

Wir betrachten insbesondere die speziellen m-Folgen $\{L_j\}$ und $\{A_j\}$, die in den Abschnitten 1.5 und 1.6 besprochen wurden. Das L-Geschlecht und das A-Geschlecht von V^n sind rationale Zahlen, die wir mit $L(V^n)$ bzw. $A(V^n)$ bezeichnen.

Bemerkung: Wir werden zeigen (Hauptsatz 8.2.2), daß das L-Geschlecht von W^{4r} gleich dem „Index" von W^{4r} ist und daher eine ganze Zahl ist. Es ist bisher nicht gelungen, dem A-Geschlecht eine direkte topologische Bedeutung zuzuordnen. Es kann aber bewiesen werden, daß das A-Geschlecht jeder Mannigfaltigkeit W^{4r} eine ganze Zahl ist [5]. Diese Ganzheits-Eigenschaft des L- und des A-Geschlechtes ist keineswegs trivial. Die Polynome L_r und A_r haben „große Nenner" (vgl. 1.5 und 1.6). Die Ganzheits-Eigenschaft von L und A zeigt, daß für jede Mannigfaltigkeit W^{4r} gewisse ganzzahlige Linearkombinationen (mit teilerfremden Koeffizienten) der Pontrjaginschen Zahlen durch $\mu(L_k)$ (siehe Lemma 1.5.2) teilbar sind. Daraus ersieht man, daß ein System von $\pi(r)$ ganzen Zahlen gewisse Bedingungen erfüllen muß, um als System der Pontrjaginschen Zahlen einer W^{4r} auftreten zu können (s. Thom [37], S. 83). Über Teilbarkeitseigenschaften der Pontrjaginschen Klassen siehe z. B. [17].

§ 6. Die Algebra $\widetilde{\Omega} \otimes \mathfrak{Q}$

6.1. Nach Thom [37] definiert man die Summe $V^n + W^n$ zweier orientierter Mannigfaltigkeiten V^n, W^n gleicher Dimension als die punktfremde Vereinigung von V^n und W^n. Die Summe ist in natürlicher Weise orientiert, da ihre Zusammenhangskomponenten entweder durch die Orientierung von V^n oder durch die von W^n orientiert sind. Für eine orientierte Mannigfaltigkeit V^n wird die orientierte Mannigfaltigkeit $-V^n$ so definiert: $-V^n$ ist als Mannigfaltigkeit mit V^n identisch, hat jedoch die der Orientierung von V^n entgegengesetzte Orientierung. Das Produkt zweier orientierter Mannigfaltigkeiten V^n, W^m beliebiger Dimension ist das orientierte cartesische Produkt (vgl. 5.2). Die Pontrjaginschen Zahlen verhalten sich additiv. Für jede Partition $(j_1, j_2, \ldots, j_r)$ von k ist

$$p_{j_1} p_{j_2} \cdots p_{j_r}[V^{4k} + W^{4k}] = p_{j_1} p_{j_2} \cdots p_{j_r}[V^{4k}] + p_{j_1} p_{j_2} \cdots p_{j_r}[W^{4k}] . \tag{1}$$

Da die Pontrjaginschen Klassen nicht von der Orientierung abhängen (vgl. 4.6), hat man

$$p_{j_1} p_{j_2} \cdots p_{j_r}[-V^{4k}] = -p_{j_1} p_{j_2} \cdots p_{j_r}[V^{4k}] . \tag{2}$$

Für das zu einer m-Folge $\{K_j(p_1, \ldots, p_j)\}$ gehörige K-Geschlecht gilt

$$K[V^n + W^n] = K[V^n] + K[W^n] \tag{1*}$$

$$K[-V^n] = -K[V^n] . \tag{2*}$$

6.2. Wir führen jetzt für n-dimensionale orientierte Mannigfaltigkeiten die folgende Äquivalenzrelation ein:

$V^n \approx W^n$ soll bedeuten: Jede Pontrjaginsche Zahl von V^n stimmt mit der entsprechenden Pontrjaginschen Zahl von W^n überein. (Für $n \not\equiv 0$ (4) bilden die n-dimensionalen Mannigfaltigkeiten nur eine einzige Klasse, da alle Pontrjaginschen Zahlen per definitionem verschwinden.) Die Äquivalenzrelation $\approx$ ist mit den in 6.1 definierten Operationen $+$, $-$ und Produkt verträglich. Das ergibt sich unmittelbar aus 6.1 (1), (2) und aus 5.2. Unter den Operationen $+$, $-$ wird die Menge der Äquivalenzklassen von n dimensionalen Mannigfaltigkeiten zu einer additiven Gruppe $\widetilde{\Omega}^n$. Die Gruppe $\widetilde{\Omega}^n$ besteht nur aus dem Null-Element, wenn

$n \not\equiv 0$ (4). Nun bezeichne man die direkte Summe[1]) aller Gruppen $\widetilde{\Omega}^n$ mit $\widetilde{\Omega}$.

$$\widetilde{\Omega} = \sum_{n=0}^{\infty} \widetilde{\Omega}^n = \sum_{k=0}^{\infty} \widetilde{\Omega}^{4k} . \tag{3}$$

Da das cartesische Produkt mit der Äquivalenzrelation $\approx$ verträglich ist, kann man in $\widetilde{\Omega}$ das induzierte Produkt einführen:

Zunächst ist das Produkt nur für Elemente der Summanden definiert,

$$\widetilde{\Omega}^n \, \widetilde{\Omega}^m \subset \widetilde{\Omega}^{m+n} , \tag{4}$$

kann aber dann auf ganz $\widetilde{\Omega}$ in natürlicher Weise erweitert werden. Es gilt offenbar

Lemma 6.2.1. *Die in* 6.1 *für Mannigfaltigkeiten definierten Operationen induzieren in* $\widetilde{\Omega}$ *eine Addition und ein Produkt. In bezug auf diese Operationen ist* $\widetilde{\Omega}$ *eine graduierte kommutative torsionsfreie Algebra.*

(Als Graduierung werde die direkte Summendarstellung $\widetilde{\Omega} = \sum\limits_{k=0}^{\infty} \widetilde{\Omega}^{4k}$ gewählt. Die Elemente von $\widetilde{\Omega}^{4k}$ heißen homogen vom Gewicht k.)

6.3. Für die PONTRJAGINschen Klassen p_i werde im Sinne der Verabredung von 4.4 formal (unter Verwendung einer Unbestimmten z) geschrieben:

$$1 + p_1 z + p_2 z^2 + \cdots + p_k z^k = \prod_{i=1}^{k} (1 + \beta_i z), \tag{5}$$

Wir definieren die ganze Zahl $s(V^{4k})$ für eine orientierte V^{4k} mit den PONTRJAGINschen Klassen p_i durch

$$s(V^{4k}) = (\beta_1^k + \beta_2^k + \cdots + \beta_k^k) \, [V^{4k}] .$$

Definition: Eine Folge V^{4k} $(k = 0, 1, 2, \ldots)$ von orientierten Mannigfaltigkeiten heißt eine Basisfolge, wenn $s(V^{4k}) \neq 0$ für jedes k.

Satz 6.3.1. *Es sei* V^{4k} *eine Basisfolge von orientierten Mannigfaltigkeiten. Ferner sei B ein Erweiterungsring der rationalen Zahlen. Dann gibt es zu jeder Folge* a_k *von Elementen von B eine und nur eine m-Folge* $\{K_j(p_1, \ldots, p_j)\}$ *(mit Koeffizienten in B, vgl. 1.2), derart, daß das zugehörige K-Geschlecht auf* V^{4k} *den Wert* a_k *annimmt.*

Beweis: Die m-Folgen entsprechen eineindeutig den Potenzreihen

$$Q(z) = 1 + b_1 z + b_2 z^2 + \cdots \text{ mit Koeffizienten in } B.$$

---

[1]) Die direkte Summe $A = \sum\limits_{n=0}^{\infty} A^n$ von abelschen Gruppen A^n soll so definiert sein, daß A^n Untergruppe von A ist und daß jedes Element $a \in A$ sich auf genau eine Weise in der Form $a = \sum\limits_{n=0}^{\infty} a_n$ (mit $a_n \in A^n$) darstellen läßt, wo $a_n = 0$ für n hinreichend groß.

Wir müssen demnach zeigen, daß es genau eine Potenzreihe $Q(z)$ gibt, so daß für jede Mannigfaltigkeit V^{4k} der Folge, deren PONTRJAGINsche Klassen in der Form (5) geschrieben seien, die Gleichung gilt:

$$a_k = K_k[V^{4k}] \text{ , wo } K_k = \text{Koeffizient von } z^k \text{ in } \prod_{i=1}^{k} Q(\beta_i z) \text{ .}$$

Diese Gleichung ist von der Form

$$a_k = s(V^{4k})\, b_k + \text{Polynom in } b_1, b_2, \ldots, b_{k-1} \text{ vom Gewicht } k \text{ .} \qquad (6_k)$$

Das Polynom in (6_k) hängt nur von V^{4k} ab und hat ganzzahlige Koeffizienten. Die Bestimmung der Koeffizienten b_k ist induktiv in eindeutiger Weise möglich.

Bemerkung: Der vorstehende Beweis zeigt umgekehrt: *Wenn für eine Folge V^{4k} von orientierten Mannigfaltigkeiten die Behauptung des Satzes 6.3.1 richtig ist, dann ist V^{4k} eine Basisfolge.*

Satz 6.3.2. *Die komplex-projektiven Räume $\mathbf{P}_{2k}(\mathbf{C})$ von $2k$ komplexen Dimensionen bilden eine Basisfolge, es ist nämlich $s(\mathbf{P}_{2k}(\mathbf{C})) = 2k + 1$.*

Beweis: Es sei g ein erzeugendes Element von $H^2(\mathbf{P}_{2k}(\mathbf{C}), \mathbf{Z})$. Dann ist die PONTRJAGINsche Klasse von $\mathbf{P}_{2k}(\mathbf{C})$ gleich $(1 + g^2)^{2k+1}$ (vgl. Satz 4.10.2). Die zur Potenzreihe $1 + z^k$ gehörige m-Folge bestimmt ein „Geschlecht" (5.2), das auf jeder N^{4k} den Wert $s(N^{4k})$ und auf $\mathbf{P}_{2k}(\mathbf{C})$ offenbar den Wert $2k + 1$ annimmt.

6.4. Wir bestimmen in diesem Abschnitt die Struktur der Algebra $\widetilde{\Omega} \otimes \mathbf{Q}$. Jede orientierte Mannigfaltigkeit V^{4k} bestimmt ein Element in $\widetilde{\Omega}^{4k} \otimes \mathbf{Q}$, das wir mit (V^{4k}) bezeichnen. Nach Definition des Tensorproduktes läßt sich jedes Element von $\widetilde{\Omega}^{4k} \otimes \mathbf{Q}$ in der Form $\dfrac{1}{m}\,(V^{4k})$ (m ganze Zahl) schreiben. Die PONTRJAGINschen Zahlen, die K-Geschlechter und die Zahl s (vgl. 6.3) sind dann in natürlicher Weise für Elemente von $\widetilde{\Omega} \otimes \mathbf{Q}$ definiert. (Für die K-Geschlechter muß man voraussetzen, daß der Koeffizientenbereich B der m-Folgen ein Erweiterungsring von $\mathbf{Q}$ ist.) Die PONTRJAGINschen Zahlen eines Elementes von $\widetilde{\Omega}^{4k} \otimes \mathbf{Q}$ sind im allgemeinen rationale, nicht-ganze Zahlen. Zwei Elemente von $\widetilde{\Omega}^{4k} \otimes \mathbf{Q}$ sind dann und nur dann gleich, wenn ihre PONTRJAGINschen Zahlen übereinstimmen.

Satz 6.4.1. *Es sei N^{4k} eine Basisfolge von orientierten Mannigfaltigkeiten. Für jede Partition $(j) = (j_1, \ldots, j_r)$ von k werde das orientierte cartesische Produkt*

$$N^{4j_1} \times N^{4j_2} \times \cdots \times N^{4j_r} \text{ mit } N_{(j)} \text{ bezeichnet.}$$

Dann läßt sich jedes Element $\alpha \in \widetilde{\Omega}^{4k} \otimes \mathbf{Q}$ in eindeutiger Weise in der Form

$$\alpha = \Sigma\, r_{(j)}\, (N_{(j)}) \text{ , } \quad r_{(j)} \in \mathbf{Q} \text{ ,} \qquad (7)$$

darstellen. Zu summieren ist über alle Partitionen (j) von k. Ferner gibt es zu jedem System $a_{(j)}$ von rationalen Zahlen ein Element $\alpha \in \widetilde{\Omega}^{4k} \otimes \mathbf{Q}$, *dessen* PONTRJAGIN*sche Zahlen* $p_{(j)}[\alpha]$ *mit dem gegebenen System* $a_{(j)}$ *übereinstimmen.*

Beweis: Nach elementaren Sätzen über lineare Gleichungssysteme braucht man nur zu beweisen, daß eine Relation

$$\Sigma r_{(j)}\,(N_{(j)}) = 0 \ \text{(zu summieren über alle Partitionen } (j) \text{ von } k)$$

impliziert, daß alle $r_{(j)}$ verschwinden: Es sei $\Sigma r_{(j)}\,(N_{(j)}) = 0$. Es sei $q_1, q_2, q_3, \ldots$ eine Folge von Unbestimmten. Wir betrachten für jede nicht-negative ganze Zahl t diejenige m-Folge, die auf N^{4k} den Wert q_k^t annimmt (Satz 6.3.1). Es folgt

$$\sum_{(j)} r_{(j)}\, q_{(j)}^t = 0 \,. \tag{8}$$

Dabei wird für die Partition $(j) = (j_1, \ldots, j_r)$ von k mit $q_{(j)}$ das Produkt $q_{j_1} q_{j_2} \ldots q_{j_r}$ bezeichnet. Da die $q_{(j)}$ paarweise verschieden sind, folgt aus (8), daß alle $r_{(j)}$ verschwinden (VANDERMONDE*sche* Determinante). Q. E. D.

Wir führen noch die folgenden Ergänzungen zu Satz 6.4.1 an.

Satz 6.4.2. *Für eine beliebige Folge* $\{N^{4j}\}$ *von Mannigfaltigkeiten gilt:*

I) *Aus einer Relation* (7) *folgt*

$$s(\alpha) = r_k\, s(N^{4k}) \,. \tag{7*}$$

II) *Wenn für alle k sich jedes Element α von $\widetilde{\Omega}^{4k} \otimes \mathbf{Q}$ in der Form* (7) *darstellen läßt, dann ist* $\{N^{4j}\}$ *eine Basisfolge.*

Beweis von I: Es sei $\{K_j\}$ die zur Potenzreihe $1 + z^k$ gehörige m-Folge. Diese m-Folge nimmt auf allen Elementen $\alpha \in \widetilde{\Omega}^{4k} \otimes \mathbf{Q}$ den Wert $s(\alpha)$ und auf allen Elementen von $\widetilde{\Omega}^{4j} \otimes \mathbf{Q}$ mit $1 \le j < k$ den Wert 0 an. Daraus folgt (7*).

Beweis von II: Wäre $s(N^{4k}) = 0$, dann würde $s(\alpha)$ für alle Elemente von $\widetilde{\Omega}^{4k} \otimes \mathbf{Q}$ verschwinden, was falsch ist, da $s(\mathbf{P}_{2k}(\mathbf{C})) = 2k + 1$ ist (Satz 6.3.2).

Aus den Sätzen 6.3.2 und 6.4.1 ergibt sich unmittelbar der

Satz 6.4.3. *Die graduierte Algebra $\widetilde{\Omega} \otimes \mathbf{Q}$ ist isomorph zur graduierten Algebra $\mathbf{Q}[z_1, z_2, \ldots]$ der Polynome in den Unbestimmten z_i mit rationalen Koeffizienten. Der Isomorphismus erhält die Graduierung. (Die Gruppe $\widetilde{\Omega}^{4k} \otimes \mathbf{Q}$ wird auf die von den Produkten vom Gewicht k in den z_i erzeugte Gruppe abgebildet.) Für irgendeine Folge von Elementen $\alpha_i \in \widetilde{\Omega}^{4i} \otimes \mathbf{Q}$ mit $s(\alpha_i) \ne 0$ $(i = 1, 2, \ldots)$ erhält man durch $\alpha_i \to z_i$ einen Isomorphismus von $\widetilde{\Omega} \otimes \mathbf{Q}$ auf $\mathbf{Q}[z_1, z_2, \ldots]$, und jeder Isomorphismus von $\widetilde{\Omega} \otimes \mathbf{Q}$ auf $\mathbf{Q}[z_1, z_2, \ldots]$ kann so erhalten werden.*

Bemerkung: Aus Satz 6.4.1 ersieht man insbesondere, daß es zu jedem System von ganzen Zahlen $a_{(j)}$, wo (j) alle Partitionen $(j_1, \ldots, j_r)$ von k durchläuft, eine (nur von k abhängige) positive ganze Zahl N_k

gibt, derart, daß das System $N_k \cdot a_{(j)}$ ganzer Zahlen als System der Pontrjaginschen Zahlen einer orientierten Mannigfaltigkeit V^{4k} auftritt. Wir haben in Abschnitt 5.2 bereits darauf hingewiesen, daß nicht jedes System $a_{(j)}$ als System der Pontrjaginschen Zahlen einer V^{4k} auftritt. Natürlich kann man jetzt die Frage stellen: Was ist die kleinste positive ganze Zahl $\overline{N}_k$ derart, daß jedes System $\overline{N}_k \cdot a_{(j)}$, wo $a_{(j)}$ ganz ist, als System der Pontrjaginschen Zahlen einer V^{4k} auftritt?

6.5. Wir betrachten in diesem Abschnitt die Ringhomomorphismen der Algebra $\widetilde{\Omega} \otimes \mathbf{Q}$ in den Körper der rationalen Zahlen $\mathbf{Q}$. Es sei $\{K_j(p_1, \ldots, p_j)\}$ eine m-Folge mit rationalen Koeffizienten. Für eine Mannigfaltigkeit V^n ist dann das K-Geschlecht $K(V^n)$ definiert (vgl. 5.2). Auch für ein beliebiges Element $\alpha \in \widetilde{\Omega} \otimes \mathbf{Q}$ ist das K-Geschlecht $K(\alpha)$ in natürlicher Weise definiert. Die Zuordnung

$$\alpha \to K(\alpha)$$

definiert nach Lemma 5.2.2 und nach 6.1 (1*), (2*) einen Homomorphismus von $\widetilde{\Omega} \otimes \mathbf{Q}$ in $\mathbf{Q}$. Umgekehrt kann auch jeder Homomorphismus von $\widetilde{\Omega} \otimes \mathbf{Q}$ in $\mathbf{Q}$ so erhalten werden. In der Tat, es sei h ein solcher Homomorphismus. Dann nimmt h auf den Elementen einer Basisfolge $\{N^{4k}\}$ gewisse Werte $h(N^{4k})$ an. Es gibt (vgl. 6.3.1) eine und nur eine m-Folge $\{K_j\}$ mit $K(N^{4k}) = h(N^{4k})$. Da die Elemente (N^{4k}) die Algebra $\widetilde{\Omega} \otimes \mathbf{Q}$ erzeugen, ist $K(\alpha) = h(\alpha)$ für jedes $\alpha \in \widetilde{\Omega} \otimes \mathbf{Q}$. Wir haben damit bewiesen:

Satz 6.5.1. *Die Ringhomomorphismen von $\widetilde{\Omega} \otimes \mathbf{Q}$ in die rationalen Zahlen stehen in eineindeutiger Beziehung zu den m-Folgen $\{K_j(p_1, \ldots, p_j)\}$ mit rationalen Koeffizienten und damit auch in eineindeutiger Beziehung zu den formalen Potenzreihen mit rationalen Koeffizienten und dem absoluten Glied gleich 1.*

§ 7. Die Thomsche Algebra Ω ·

Wir haben in § 6 die Klasse aller orientierten Mannigfaltigkeiten zu einer Algebra $\widetilde{\Omega}$ gemacht, indem wir für orientierte Mannigfaltigkeiten eine Äquivalenzrelation $\approx$ einführten, die mit den in 6.1 definierten Operationen $+$, $-$ und Produkt verträglich war. Die Äquivalenzrelation $\approx$ ist jedoch sehr formal, und die in § 6 bewiesenen Sätze sind formal-algebraischer Natur. Die einzige nicht formal-algebraische Tatsache, die benutzt wurde, ist die Existenz einer Basisfolge von orientierten Mannigfaltigkeiten (Satz 6.3.2). Eine tief liegende Tatsache der Thomschen Theorie, die wir benutzen müssen, besagt, daß die Äquivalenzrelation $\approx$ mit einer anderen Äquivalenzrelation („cobordantes" mod Torsion), die eine direkte geometrische Bedeutung hat, übereinstimmt.

7.1. Eine kompakte orientierte differenzierbare Mannigfaltigkeit V^n berandet (= ist berandend), wenn es eine kompakte orientierte differenzierbare Mannigfaltigkeit X^{n+1} mit Rand[1]) gibt, deren orientierter Rand (versehen mit der durch X^{n+1} induzierten Orientierung und differenzierbaren Struktur) mit der gegebenen orientierten differenzierbaren Mannigfaltigkeit V^n identisch ist. Zwei Mannigfaltigkeiten V^n, W^n heißen „cobordantes", wenn $V^n + (-W^n)$ berandet (vgl. 6.1). Dies ist eine Äquivalenzrelation, die mit den in 6.1 für orientierte Mannigfaltigkeiten definierten Operationen $+$, $-$ und Produkt verträglich ist. Die Äquivalenzklassen von n-dimensionalen orientierten Mannigfaltigkeiten bilden unter $+$ und $-$ eine additive Gruppe Ω^n, deren Nullelement die Klasse der berandenden Mannigfaltigkeiten ist. Die direkte Summe[2])

$$\Omega = \sum_{n=0}^{\infty} \Omega^n$$

wird unter den Operationen $+$, $-$ und Produkt zu einer graduierten antikommutativen Algebra. Es gilt

$$\Omega^n \, \Omega^m \subset \Omega^{n+m} \quad \text{und} \quad \alpha \cdot \beta = (-1)^{nm} \beta \cdot \alpha \,, \quad \text{für } \alpha \in \Omega^n \,, \ \beta \in \Omega^m \,. \quad (1)$$

Die Struktur der Algebra Ω ist nicht genau bekannt. Jedoch sind die Thomschen Resultate für die beabsichtigten Anwendungen vollkommen ausreichend. Wir skizzieren im folgenden Abschnitte die Ergebnisse von Thom.

7.2. Es gilt der folgende Satz von Pontrjagin (vgl. [36], S. 178):

Satz 7.2.1. *Die Pontrjaginschen Zahlen einer berandenden Mannigfaltigkeit verschwinden.*

Beweis: Die Aussage des Satzes ist per definitionem trivial, wenn die Dimension der berandenden Mannigfaltigkeit nicht durch 4 teilbar ist. Es sei V^{4k} der orientierte Rand von X^{4k+1}, es sei j die Einbettungsabbildung von V^{4k} in X^{4k+1}. Die Pontrjaginschen Klassen des Tangentialbündels von X^{4k+1} sollen mit p_i bezeichnet werden, $p_i \in H^{4i}(X^{4k+1}, \mathbf{Z})$. Man beachte, daß dieses Bündel auch über den Punkten des Randes V^{4k} in natürlicher Weise definiert ist und daß seine Beschränkung auf V^{4k} Whitneysche Summe von zwei Bündeln,

---

[1]) Der Rand von X^{n+1} ist eine abgeschlossene Teilmenge E von X^{n+1}. Das Komplement $X^{n+1} - E$ ist im üblichen Sinne eine orientierte differenzierbare Mannigfaltigkeit. Jeder Punkt $P \in E$ besitzt eine Umgebung U in X^{n+1}, in der man lokale Koordinaten $x_1, x_2, \ldots, x_{n+1}$ einführen kann, wobei x_{n+1} der Einschränkung $x_{n+1} \geqq 0$ unterworfen wird und $E \cap U$ in U durch $x_{n+1} = 0$ gegeben wird. Der Übergang von einem solchen Rand-Koordinatensystem zu den Koordinatensystemen der *orientierten* Mannigfaltigkeit $X^{n+1} - E$ ist in beiden Richtungen differenzierbar und orientierungstreu. Ebenso ist der Übergang von einem Rand-Koordinatensystem zu einem anderen differenzierbar und orientierungstreu.

[2]) Vgl. Fußnote 1 auf S. 77.

nämlich dem Tangentialbündel von V^{4k} und dem Normalbündel von V^{4k} in X^{4k+1}, ist. Das letzte Bündel ist offenbar trivial. Daher sind nach 4.5 III) die Pontrjaginschen Klassen von V^{4k} gleich j^*p_i. Jede Pontrjaginsche Zahl von V^{4k} ist also gleich dem Wert eines $4k$-dimensionalen Cozyklus von X^{4k+1} auf dem in X^{4k+1} nullhomologen Zyklus V^{4k} und verschwindet daher. Q. E. D.

Der Satz von Pontrjagin besagt, daß die Äquivalenzrelation „cobordantes" die in 6.2 definierte Äquivalenzrelation $\approx$ nach sich zieht. Daher erhält man einen natürlichen Ring-Homomorphismus φ von Ω auf $\tilde{\Omega}$, der einen Ring-Homomorphismus

$$\varphi' : \Omega \otimes \mathbf{Q} \to \tilde{\Omega} \otimes \mathbf{Q} \tag{2}$$

induziert. Das zentrale Resultat von Thom, das wir ohne Beweis verwenden müssen, ist in dem folgenden Satz enthalten.

Satz 7.2.2 (Thom). *Die Gruppen Ω^i sind endlich für $i \not\equiv 0$ (mod 4). Die Gruppe Ω^{4k} ist direkte Summe von $\pi(k)$ (Anzahl der Partitionen von k) Gruppen $\mathbf{Z}$ und einer endlichen Gruppe*[1]).

Diesen Satz können wir hier natürlich nicht beweisen. Wir machen nur die folgende Bemerkung. Thom zerlegt den Beweis in zwei Teile:

I) Es wird gezeigt, daß die Gruppe Ω^i für $i < k$ der Homotopiegruppe $\pi_{k+i}\big(M(\mathbf{SO}(k))\big)$ in bestimmter Weise isomorph ist.. Dabei ist $M(\mathbf{SO}(k))$ ein gewisser Komplex, der für die ganze Thomsche Theorie von fundamentaler Bedeutung ist und mit Hilfe des klassifizierenden Raumes von $\mathbf{SO}(k)$ und des universellen $\mathbf{SO}(k)$-Bündels konstruiert wird.

II) Es werden die Homotopiegruppen $\pi_{k+i}\big(M(\mathbf{SO}(k))\big)$ mit Hilfe der Serreschen C-Theorie modulo endlichen Gruppen berechnet.

Der Teil I) benutzt Deformations- und Isotopiesätze.

Der Teil II) benutzt die algebraische Homotopietheorie von H. Cartan und J. P. Serre (Eilenberg-MacLanesche Komplexe).

Thom hat die Gruppe Ω^i für $i \leq 7$ explizit berechnet:

$$\Omega^0 = \mathbf{Z}, \ \Omega^1 = \Omega^2 = \Omega^3 = 0, \ \Omega^4 = \mathbf{Z}, \ \Omega^5 = \mathbf{Z}_2, \ \Omega^6 = \Omega^7 = 0.$$

Die Gruppe Ω^8 ist isomorph mit $\mathbf{Z} + \mathbf{Z} +$ endliche Gruppe. Es ist nicht bekannt, ob diese endliche Gruppe verschwindet oder nicht.

Aus dem Satz 7.2.2 und den formalen Resultaten des § 6 folgt nun unmittelbar

Satz 7.2.3 (Thom). *Der Homomorphismus $\Omega \otimes \mathbf{Q} \to \tilde{\Omega} \otimes \mathbf{Q}$ (siehe (2)) ist ein Isomorphismus-auf. Die Struktur der Algebra $\Omega \otimes \mathbf{Q}$ ist also*

---

[1]) Wir haben bei unseren Ausführungen der Bequemlichkeit wegen immer vorausgesetzt, daß alle Mannigfaltigkeiten C^∞—differenzierbar sind. Auch die Äquivalenzrelation „cobordantes" wurde in bezug auf C^∞-differenzierbares Beranden definiert. Thom macht in seiner Arbeit [37] etwas andere Differenzierbarkeitsvoraussetzungen. Seine Theorie (insbesondere der obige Satz 7.2.2) bleibt jedoch richtig, wenn man durchweg unter differenzierbar C^∞-differenzierbar versteht.

wegen Satz 6.4.3 bekannt. Zwei orientierte Mannigfaltigkeiten V^{4k} und W^{4k} haben dann und nur dann übereinstimmende PONTRJAGIN*sche Zahlen, wenn ein (ganzzahliges) Vielfaches von $V^{4k} + (-W^{4k})$ berandet.*

Der Satz 6.5.1 läßt sich jetzt also für die THOMsche Algebra $\Omega \otimes Q$ aussprechen. Das ist die für unsere Anwendungen wichtige Tatsache, die wir daher nochmals formulieren:

7.3. *Gegeben sei eine Funktion ψ, die jeder orientierten kompakten differenzierbaren Mannigfaltigkeit eine rationale Zahl zuordnet, die nicht identisch verschwindet und die folgende Eigenschaften hat:*

    I) $\psi(V^n + W^n) = \psi(V^n) + \psi(W^n)$, $\psi(-V^n) = -\psi(V^n)$

    II) $\psi(V^n \times W^m) = \psi(V^n) \cdot \psi(W^m)$

    III)   *ψ verschwindet für alle berandenden Mannigfaltigkeiten.*

Aus diesen Voraussetzungen folgt:

ψ verschwindet auf allen orientierten Mannigfaltigkeiten, deren Dimension nicht durch 4 teilbar ist.

Es gibt eine und nur eine m-Folge $\{K_j(p_1, \ldots, p_j)\}$ mit rationalen Koeffizienten, derart, daß für alle orientierten Mannigfaltigkeiten V^{4r} gilt:

$$\psi(V^{4r}) = K_r(p_1, \ldots, p_r)\, [V^{4r}]\,,$$

d. h. ψ stimmt mit dem zur m-Folge $\{K_j\}$ gehörigen K-Geschlecht überein.

Die m-Folge $\{K_j\}$ gehört nach § 1 zu einer wohlbestimmten Potenzreihe $Q(z) = 1 + b_1 z + b_2 z^2 + \cdots$. Die Koeffizienten b_i dieser Potenzreihe kann man induktiv mit Hilfe einer Basisfolge von orientierten Mannigfaltigkeiten berechnen. Als Basisfolge kann man die Folge $\mathbf{P}_{2k}(\mathbf{C})$ der komplexen projektiven Räume von $2k$ komplexen Dimensionen wählen (Satz 6.3.2).

Bemerkung: Aus I), III) und dem folgenden Spezialfall II*) von II) ergibt sich II).

II*) Für wenigstens eine Basisfolge $\{N^{4k}\}$ gilt für jedes Produkt von Mannigfaltigkeiten N^{4j}

$$\psi(N^{4j_1} \times N^{4j_2} \times \cdots \times N^{4j_r}) = \psi(N^{4j_1})\, \psi(N^{4j_2}) \ldots \psi(N^{4j_r})\,.$$

§ 8. Der Index einer $4k$-dimensionalen Mannigfaltigkeit

8.1. Es sei $Q(x, y)$ eine reellwertige symmetrische Bilinearform über einem endlich-dimensionalen reellen Vektorraum. Es sei p^+ die Anzahl der positiven und p^- die Anzahl der negativen Eigenwerte von $Q(x, y)$. Die Differenz $p^+ - p^-$ wird Index von $Q(x, y)$ genannt.

8.2. Bekanntlich kann jeder kompakten orientierten $4k$-dimensionalen Mannigfaltigkeit M^{4k} eine reelle symmetrische Bilinearform zugeordnet werden: Für beliebige Elemente $x, y \in H^{2k}(M^{4k}, \mathbf{R})$ wird das Cup-Produkt xy und die reelle Zahl $xy[M^{4k}]$ betrachtet (vgl. 5.1).

6*

Die Bilinearform $x\,y\,[M^{4k}]$ ist über dem reellen Vektorraum $H^{2k}(M^{4k},\mathbf{R})$ definiert und ist eine topologische Invariante der orientierten Mannigfaltigkeit M^{4k}. Der Index dieser Bilinearform wird Index von M^{4k} genannt und mit $\tau(M^{4k})$ bezeichnet. Für eine Mannigfaltigkeit, deren Dimension nicht durch 4 teilbar ist, wird τ gleich 0 gesetzt. Die Funktion τ hat die in 7.3 verlangten Eigenschaften. Es gilt nämlich

Satz 8.2.1.
I) $\tau(V^n + W^n) = \tau(V^n) + \tau(W^n)$, $\tau(-V^n) = -\tau(V^n)$
II) $\tau(V^n \times W^m) = \tau(V^n) \cdot \tau(W^m)$
III) *τ verschwindet für alle berandenden Mannigfaltigkeiten.*

Beweis: I) ist trivialerweise richtig. III) wurde von Thom [36] bewiesen. Auch II) ist bekannt (Thom [37]), ein Beweis scheint jedoch in der Literatur nicht vorzukommen. Daher soll der Vollständigkeit wegen ein Beweis für II) angegeben werden: Wir haben nur den Fall $n + m = 4k$ zu untersuchen und setzen $M^{4k} = V^n \times W^m$. In der Bezeichnung der Cohomologiegruppen werde im Beweis das Symbol $\mathbf{R}$ weggelassen. Es ist (Tensorprodukte über $\mathbf{R}$)

$$H^{2k}(M^{4k}) \cong \sum_{s=0}^{2k} H^s(V^n) \otimes H^{2k-s}(W^m) . \tag{1}$$

Die Elemente $x, y \in H^{2k}(M^{4k})$ sollen orthogonal heißen, wenn $x\,y\,[M^{4k}]=0$. Wir führen in den Gruppen $H^s(V^n)$ bzw. $H^t(W^m)$ die Basen $\{v_i^s\}$ bzw. $\{w_i^t\}$ so ein, daß

$$v_i^s\, v_j^{n-s}\,[V^n] = \delta_{ij} \text{ für } s \neq \frac{n}{2}, \text{ und } w_i^t\, w_j^{m-t}\,[W^m] = \delta_{ij} \text{ für } t \neq \frac{m}{2}.$$

Falls n und m nicht durch 2 teilbar sind, setzen wir

$$H^{\frac{n}{2}}(V^n) = H^{\frac{m}{2}}(W^m) = 0 .$$

Die Gruppe $A = H^{\frac{n}{2}}(V^n) \otimes H^{\frac{m}{2}}(W^m)$ ist orthogonal zur Gruppe B, wobei man B erhält, indem man in der Summe (1) die Gruppe A wegläßt.

Für die Gruppe B nehmen wir $\{v_i^s \otimes w_j^{2k-s}\}$, $\left(0 \leq s \leq n, s \neq \frac{n}{2}\right)$, als Basis. Es gilt

$$(v_i^s \otimes w_j^{2k-s})\,(v_{i'}^{s'} \otimes w_{j'}^{2k-s'})\,[M^{4k}] = \pm 1, \text{ wenn } s+s'=n, i=i' \text{ und } j=j' \text{ ist.}$$

$$= 0 \text{ in jedem anderen Fall.}$$

Daraus ersieht man, daß die auf B beschränkte Bilinearform $x\,y\,[M^{4k}]$ in bezug auf die angegebene Basis bei geeigneter Anordnung der Basiselemente durch eine Matrix gegeben wird, die längs der Diagonale die „Kästchen" $\pm \begin{pmatrix} 0 & 1 \\ 1 & 0 \end{pmatrix}$ und sonst überall Nullen hat. Der Index der auf B beschränkten Bilinearform ist also gleich 0. Da A und B „orthogonal" sind und ihre Summe gleich $H^{2k}(M^{4k})$ ist, ergibt sich, daß $\tau(M^{4k}) = \tau(A)$

ist, wo $\tau(A)$ den Index der auf A beschränkten Bilinearform $xy[M^{4k}]$ bezeichnet. Nun ist $\tau(A)$ offensichtlich gleich 0, wenn n und m nicht durch 4 teilbar sind. Wenn n und m durch 4 teilbar sind, ergibt sich $\tau(A) = \tau(V^n) \cdot \tau(W^m)$, und damit ist II) bewiesen.

Aus Satz 7.2.3 und aus Abschnitt 7.3 folgt jetzt, daß der Index τ mit Hilfe einer m-Folge von Polynomen dargestellt werden kann. Der Index des komplexen projektiven Raumes $\mathbf{P}_{2k}(\mathbf{C})$ ist gleich 1 für jedes k. Die einzige m-Folge, die auf allen $\mathbf{P}_{2k}(\mathbf{C})$ den Wert 1 annimmt, ist die Folge $\{L_j(p_1, \ldots, p_j)\}$ (Lemma 1.5.1 und Satz 4.10.2).

Hauptsatz 8.2.2. *Der Index $\tau(M^{4k})$ einer orientierten kompakten differenzierbaren Mannigfaltigkeit M^{4k} kann als Linearkombination der* PONTRJAGIN*schen Zahlen dargestellt werden. Es gilt*

$$\tau(M^{4k}) = L_k(p_1, \ldots, p_k) \, [M^{4k}] \, ,$$

wo $\{L_j\}$ die zur Potenzreihe $\dfrac{\sqrt{z}}{\operatorname{tgh} \sqrt{z}}$ gehörige m-Folge von Polynomen ist.

Eine Liste der ersten Polynome L_j befindet sich in Abschnitt 1.5.

Bemerkung: Nach der Bemerkung am Schluß von 7.3 hätte man zum Beweis von II) in Satz 8.2.1 bei Verwendung von III) nur zu zeigen brauchen, daß der Index jedes Produktes $\mathbf{P}_{2j_1}(\mathbf{C}) \times \mathbf{P}_{2j_2}(\mathbf{C}) \times \cdots \times \mathbf{P}_{2j_r}(\mathbf{C})$ gleich 1 ist.

§ 9. Virtuelle Indizes

In diesem Paragraphen werden die Indizes von Untermannigfaltigkeiten einer gegebenen Mannigfaltigkeit untersucht.

9.1. Es sei M^n eine orientierte kompakte differenzierbare Mannigfaltigkeit und V^{n-k} $(0 < k \leq n)$ eine orientierte kompakte differenzierbare Untermannigfaltigkeit, die durch $j : V^{n-k} \to M^n$ in M^n eingebettet sei. Das Normalbündel von V^{n-k} in M^n werde mit $\mathfrak{N}(V^{n-k})$ bezeichnet. Nach 4.5 III), 4.6 und 4.8 gilt

$$j^*(1 + p_1(M^n) + p_2(M^n) + \cdots) = (1 + p_1(V^{n-k}) + p_2(V^{n-k}) + \cdots) \times$$
$$\times (1 + p_1(\mathfrak{N}(V^{n-k})) + p_2(\mathfrak{N}(V^{n-k})) + \cdots) \pmod{\text{Torsion}} . \qquad (1)$$

Wir bemerken, daß im kommutativen Ring derjenigen Cohomologieklassen, deren ungerade-dimensionale Komponenten verschwinden, jedes Element, dessen 0-dimensionale Komponente gleich 1 ist, ein eindeutig bestimmtes Inverses (in bezug auf Multiplikation) besitzt. Sind also z. B. die PONTRJAGINschen Klassen von M^n und die des Normalbündels von V^{n-k} bekannt, dann können mit Hilfe von Formel (1) die PONTRJAGINschen Klassen von V^{n-k} berechnet werden. Für $k=1$ ist das Normalbündel trivial, und die PONTRJAGINschen Klassen von V^{n-1} sind gleich $j^*p_i(M^n)$. (Vgl. die entsprechende Überlegung beim Beweis von Satz 7.2.1.)

9.2. Für die Anwendungen ist der Fall $k = 2$ am wichtigsten. Es sei also wie im vorigen Abschnitt V^{n-2} orientiert und durch $j: V^{n-2} \to M^n$ in der orientierten M^n eingebettet. Es sei v die der durch V^{n-2} repräsentierten Homologieklasse entsprechende Cohomologieklasse ($v \in H^2(M^n, \mathbf{Z})$). Da die (totale) Pontrjaginsche Klasse des Normalbündels von V^{n-2} gleich $j^*(1 + v^2)$ ist (Satz 4.8.1), erhält man aus (1) die Formel

$$1 + p_1(V^{n-2}) + p_2(V^{n-2}) + \cdots = j^*[(1 + p_1(M^n) + p_2(M^n) + \cdots)(1 + v^2)^{-1}].$$

Da $\{L_j(p_1, \ldots, p_j)\}$ die zur Potenzreihe $\dfrac{\sqrt{z}}{\operatorname{tgh}\sqrt{z}}$ gehörige m-Folge ist, ergibt sich nach Definition der m-Folgen (1.2) die Formel

$$\sum_{i=0}^{\infty} L_i(p_1(V^{n-2}), \ldots, p_i(V^{n-2})) = j^*\left[\frac{\operatorname{tgh} v}{v} \sum_{i=0}^{\infty} L_i(p_1(M^n), \ldots, p_i(M^n))\right]. \quad (2)$$

Es kann nun leicht eine Formel für den Index $\tau(V^{n-2})$ angegeben werden. Wir verwenden die folgende Tatsache[1]:

$$\text{Für } x \in H^{n-2}(M^n) \text{ ist } j^*(x)[V^{n-2}] = v\,x[M^n]. \quad (3)$$

Aus Satz 8.2.2 und den Formeln (2) und (3) folgt

$$\tau(V^{n-2}) = \varkappa^n\left[\operatorname{tgh} v \sum_{i=0}^{\infty} L_i(p_1(M^n), \ldots, p_i(M^n))\right]. \quad (4)$$

Das $\varkappa^n$ hat dabei folgende Bedeutung[2]:

Es sei $u \in H^*(M^n)$. Ferner sei $u^{(n)}$ die n-dimensionale Kom-   (5)
ponente von u. Wir setzen $\varkappa^n[u] = u^{(n)}[M^n]$.

Diese Verabredung werden wir häufig benutzen.

Die Formel (4) ist trivial, wenn $n \not\equiv 2 \pmod 4$. Die linke Seite ist dann nämlich per definitionem gleich 0, während der Ausdruck in [ ] der rechten Seite keinen Term der Dimension n enthält und sein $\varkappa^n$ damit ebenfalls verschwindet. Wir geben die Formel (4) für $n = 2, 6, 10$ explizit an:

$$n = 2, \qquad \tau(V^0) = v[M^2],$$

$$n = 6, \qquad \tau(V^4) = \tfrac{1}{3}(-v^3 + p_1 v)\,[M^6],$$

$$n = 10, \qquad \tau(V^8) = \tfrac{1}{45}(6\,v^5 - 5\,p_1 v^3 + (7\,p_2 - p_1^2)\,v)\,[M^{10}].$$

9.3. Es sei M^n weiterhin eine kompakte orientierte differenzierbare Mannigfaltigkeit. Es seien $v_1, v_2, \ldots, v_r$ Elemente der Gruppe $H^2(M^n, \mathbf{Z})$.

---

[1]) Die Formel (3) trifft zu für $x \in H^{n-2}(M^n, A) \otimes B$ (A, B additive Gruppen).

[2]) Die Definition (5) ist sinnvoll für $u \in \sum_{k=0}^{n} H^k(M^n, A) \otimes B$ (A, B additive Gruppen).

Es werde vorausgesetzt, daß v_1 in M^n einer (kompakten orientierten differenzierbaren) Untermannigfaltigkeit V^{n-2} entspricht, daß die Beschränkung von v_2 auf V^{n-2} in V^{n-2} einer Untermannigfaltigkeit V^{n-4} von V^{n-2} entspricht, ..., daß die Beschränkung von v_i auf $V^{n-2(i-1)}$ in $V^{n-2(i-1)}$ einer Untermannigfaltigkeit V^{n-2i} von $V^{n-2(i-1)}$ entspricht, ... und daß schließlich die Beschränkung von v_r auf $V^{n-2(r-1)}$ in $V^{n-2(r-1)}$ einer Untermannigfaltigkeit V^{n-2r} von $V^{n-2(r-1)}$ entspricht. Die Formel (3) des vorigen Abschnitts läßt sich verallgemeinern:

Es sei $x \in H^{n-2r}(M^n)$ und es werde mit j die Einbettung von V^{n-2r} in M^n bezeichnet. Dann gilt

$$j^*(x)\,[V^{n-2r}] = v_1 v_2 \ldots v_r x[M^n]\,. \tag{3'}$$

Durch wiederholte Anwendung von (2) ergibt sich mit Hilfe von (3') die folgende Verallgemeinerung der Formel (4):

$$\tau(V^{n-2r}) = \varkappa^n \left[\, \mathrm{tgh}\, v_1 \, \mathrm{tgh}\, v_2 \ldots \mathrm{tgh}\, v_r \sum_{i=0}^{\infty} L_i(p_1(M^n), \ldots, p_i(M^n)) \right]. \tag{4'}$$

Nach THOM [37] gehört jede 2-dimensionale ganzzahlige Cohomologie-Klasse einer kompakten orientierten differenzierbaren Mannigfaltigkeit M^n zu einer Untermannigfaltigkeit V^{n-2} von M^n. Durch wiederholte Anwendung dieses THOMschen Satzes erkennt man, daß zu jeder vorgegebenen Folge $v_1, \ldots, v_r$ von Elementen der Gruppe $H^2(M^n, \mathbf{Z})$ eine Folge von Untermannigfaltigkeiten mit den am Anfang dieses Abschnitts beschriebenen Eigenschaften existiert. Aus Formel (4') ersieht man, daß $\tau(V^{n-2r})$ nur von der Menge $v_1, v_2, \ldots, v_r$ (ohne Anordnung) abhängt. Wir bezeichnen die rechte Seite der Gleichung (4') mit $\tau(v_1, \ldots, v_r)$ und nennen $\tau(v_1, \ldots, v_r)$ den virtuellen Index von $(v_1, \ldots, v_r)$. Nach dem angegebenen Satz von THOM tritt jeder virtuelle Index als Index einer Untermannigfaltigkeit von M^n auf, ist also eine ganze Zahl.

Wir notieren die bekannte Funktionalgleichung des tgh in der Form

$$\mathrm{tgh}\,(u + v) = \mathrm{tgh}\,(u) + \mathrm{tgh}\,(v) - \mathrm{tgh}\,(u)\,\mathrm{tgh}\,(v)\,\mathrm{tgh}\,(u + v)$$

und erhalten aus (4') den

Satz 9.3.1. *Der virtuelle Index ist eine Funktion, die jedem r-Tupel $v_1, \ldots, v_r$ von 2-dimensionalen (ganzzahligen) Cohomologie-Klassen einer kompakten orientierten differenzierbaren Mannigfaltigkeit M^n eine ganze Zahl $\tau(v_1, \ldots, v_r)$ zuordnet. Die Funktion τ hängt nicht von der Reihenfolge der v_i ab. Sie verschwindet, wenn $n - 2r \not\equiv 0 \pmod 4$. Sie verschwindet auch für $2r > n$ und, wenn eines der v_i gleich 0 ist. Die Funktion τ erfüllt die folgende „Funktionalgleichung", die derjenigen von tgh genau entspricht.*

$$\tau(v_1, \ldots, v_r, u + v)$$
$$= \tau(v_1, \ldots, v_r, u) + \tau(v_1, \ldots, v_r, v) - \tau(v_1, \ldots, v_r, u, v, u + v)\,. \tag{6}$$

Insbesondere gilt die Gleichung $(n = 4k + 2)$

$$\tau(u + v) = \tau(u) + \tau(v) - \tau(u, v, u + v) . \tag{6'}$$

9.4. Wir besprechen hier ein Beispiel zum vorigen Abschnitt. Es sei M^{4k+2} das cartesische Produkt von $2k + 1$ orientierten kompakten Flächen $F_1, F_2, \ldots, F_{2k+1}$ beliebiger Henkelzahl.

$$M^{4k+2} = F_1 \times F_2 \times \cdots \times F_{2k+1} .$$

Es sei x_i diejenige zweidimensionale Cohomologie-Klasse von M^{4k+2}, die der orientierten Untermannigfaltigkeit

$$F_1 \times F_2 \times \cdots \times \hat{F}_i \times \cdots \times F_{2k+1}$$

von M^{4k+2} entspricht ($\hat{F}_i$ bedeutet,. daß F_i weggelassen wird). Wir berechnen $\tau(a_1 x_1 + a_2 x_2 + \cdots + a_{2k+1} x_{2k+1})$, ($a_i$ ganze Zahl), nach Formel (4). Da alle Pontrjaginschen Klassen von M^{4k+2} mit Ausnahme von $p_0 = 1$ verschwinden, ergibt sich

$$\tau(a_1 x_1 + \cdots + a_{2k+1} x_{2k+1}) = \varkappa^{4k+2} [\operatorname{tgh}(a_1 x_1 + \cdots + a_{2k+1} x_{2k+1})]$$

$$= \frac{\operatorname{tgh}^{(2k+1)}(0)}{(2k+1)!} \varkappa^{4k+2} [(a_1 x_1 + \cdots + a_{2k+1} x_{2k+1})^{2k+1}]$$

$$= a_1 a_2 \ldots a_{2k+1} \operatorname{tgh}^{(2k+1)}(0) .$$

Damit haben wir u. a. bewiesen: *Der Index einer orientierten kompakten differenzierbaren Mannigfaltigkeit V^{4k}, die so in das cartesische Produkt von $2k + 1$ zweidimensionalen orientierten Sphären eingebettet werden kann, daß sie mit jedem Faktor die Schnittzahl 1 hat, ist gleich der $(2k + 1)$-ten Ableitung von tgh an der Stelle* 0. Nach dem in 9.3 angegebenen Satz von Thom gibt es eine solche Mannigfaltigkeit V^{4k} für jedes k.

Drittes Kapitel

Eigenschaften des Toddschen Geschlechtes und seiner Verallgemeinerungen

In diesem Kapitel werden die Eigenschaften der speziellen m-Folgen $\{T_j(c_1, \ldots, c_j)\}$, $\{T_j(y; c_1, \ldots, c_j)\}$ (vgl. 1.7, 1.8) und der zugehörigen „Geschlechter" untersucht. Alle auftretenden Mannigfaltigkeiten sind differenzierbar und, falls nichts Gegenteiliges erwähnt wird, kompakt. Das tangentielle $\mathbf{GL}(n, \mathbf{C})$-Bündel einer fast-komplexen M_n wird mit $\theta(M_n)$ bezeichnet (vgl. 4.6).

§ 10. Das Toddsche Geschlecht

10.1. Eine fast-komplexe Mannigfaltigkeit M_n ist in bestimmter Weise orientiert. Es seien c_i die Chernschen Klassen von M_n ($c_i \in H^{2i}(M_n, \mathbf{Z})$). Jedes Produkt $c_{j_1} c_{j_2} \ldots c_{j_r}$ vom Gewicht n (d. h. $j_1 + \cdots + j_r = n$) definiert die ganze Zahl $c_{j_1} c_{j_2} \ldots c_{j_r}[M_n]$ (5.1).

Diese Zahlen heißen CHERNsche Zahlen von M_n. Es gibt insgesamt $\pi(n)$ CHERNsche Zahlen, wo $\pi(n)$ die Anzahl der Partitionen von n ist. Die Zahl $c_n[M_n]$ ist gleich der EULER-POINCARÉschen Charakteristik von M_n (Satz 4.10.1). Nun betrachte man den Ring $\mathfrak{B} = B[c_1, c_2, \ldots]$ aus 1.1 (vgl. 1.3). Wie in 5.1 wird jedem Element $b \in \mathfrak{B}_n$ ein Element $b[M_n]$ des Koeffizientenbereiches B zugeordnet.

10.2. Das cartesische Produkt $V_n \times W_m$ zweier fast-komplexer Mannigfaltigkeiten ist in natürlicher Weise wieder fast-komplex. Es sei f_1 die Projektion von $V_n \times W_m$ auf V_n und f_2 die auf W_m. Das tangentielle $\mathbf{GL}(n + m, \mathbf{C})$-Bündel des Produktes ist gleich der WHITNEYschen Summe $f_1^*(\theta(V_n)) \oplus f_2^*(\theta(W_m))$. Wie in 5.2 ergibt sich

Lemma 10.2.1. *Es sei $\{K_j(c_1, \ldots, c_j)\}$ eine m-Folge* (vgl. 1.2, 1.3; $K_j \in \mathfrak{B}_j$). *Es gilt*

$$K_{n+m}[V_n \times W_m] = K_n[V_n] \cdot K_m[W_m] \,.$$

$K_n[M_n]$ wird K-Geschlecht von M_n genannt. Wir betrachten die m-Folgen (1.7, 1.8)

$$\{T_j(c_1, \ldots, c_j)\} \text{ und } \{T_j(y; c_1, \ldots, c_j)\} \,,$$

die zu den Potenzreihen

$$Q(x) = \frac{x}{1 - \exp(-x)} \quad \text{bzw.} \quad Q(y; x) = \frac{x(y + 1)}{1 - \exp(-x(y + 1))} - xy \quad (1)$$

gehören. Die rationale Zahl $T_n[M_n]$ wird mit $T(M_n)$ bezeichnet und TODDsches Geschlecht von M_n (kurz T-Geschlecht) genannt. Nach 1.8 ist $T_n(y; c_1, \ldots, c_n) [M_n]$ ein Polynom vom Grade n in y mit rationalen Koeffizienten. Dieses Polynom wird mit

$$T_y(M_n) = \sum_{p=0}^{n} T^p(M_n) \, y^p$$

bezeichnet und verallgemeinertes TODDsches Geschlecht (kurz T_y-Geschlecht) genannt. Es ist $T_0(M_n) = T^0(M_n) = T(M_n)$.

Nach Lemma 10.2.1 gilt

$$T_y(V_n \times W_m) = T_y(V_n) \, T_y(W_m) \,, \text{ insbesondere } T(V_n \times W_m) = T(V_n) \, T(W_m).$$

Die rationalen Zahlen $T^p(M_n)$ erfüllen die folgende „Dualitäts"-Gleichung (vgl. 1.8 (13)):

$$T^p(M_n) = (-1)^n T^{n-p} (M_n) \,.$$

Ferner gelten die Gleichungen (vgl. 1.8 (16), Satz 4.10.1 und Satz 8.2.2)

$$T_{-1}(M_n) = \sum_{p=0}^{n} (-1)^p \, T^p(M_n) = c_n[M_n] \quad (2)$$

$$= \text{EULER-POINCARÉsche Charakteristik}$$

$$T_1(M_n) = \sum_{p=0}^{n} T^p(M_n) = \tau(M_n) = \text{Index} \quad (3)$$

($\tau(M_n)$ verschwindet für ungerades n).

10.3. Die (totale) Chernsche Klasse des komplex-projektiven Raumes $\mathbf{P}_n(\mathbf{C})$ ist gleich $(1 + g_n)^{n+1}$ (vgl. Satz 4.10.2). Aus den Lemmas 1.7.1 und 1.8.1 folgt der

Satz 10.3.1. *Das T-Geschlecht ist das einzige zu einer m-Folge mit rationalen Koeffizienten gehörige Geschlecht, das auf allen komplexen projektiven Räumen den Wert 1 annimmt. Das T_y-Geschlecht ist das einzige zu einer m-Folge mit Koeffizienten in $\mathbf{Q}[y]$ gehörige Geschlecht, das auf $\mathbf{P}_n(\mathbf{C})$ für jedes n den Wert*

$$1 - y + y^2 - \cdots + (-1)^n y^n$$

annimmt.

§ 11. Das virtuelle verallgemeinerte Toddsche Geschlecht

11.1. Es sei V_{n-k} eine (kompakte) fast-komplexe Untermannigfaltigkeit der fast-komplexen M_n und $j: V_{n-k} \to M_n$ die Einbettungsabbildung. Das Bündel $j^*\theta(M_n)$ ist die Whitneysche Summe von $\theta(V_{n-k})$ und dem fast-komplexen Normalbündel $\mathfrak{N}(V_{n-k})$ von V_{n-k} in M_n (vgl. 4.9). Es folgt (4.4.3, II))

$$j^*(1 + c_1(M_n) + c_2(M_n) + \cdots)$$
$$= (1 + c_1(V_{n-k}) + c_2(V_{n-k}) + \cdots)(1 + c_1(\mathfrak{N}(V_{n-k})) + c_2(\mathfrak{N}(V_{n-k})) + \cdots).$$

Wir betrachten jetzt den speziellen Fall $k = 1$. Nach Satz 4.8.1 ist $c_1(\mathfrak{N}(V_{n-1})) = j^*v$, wo v die der orientierten Mannigfaltigkeit V_{n-1} in der orientierten Mannigfaltigkeit M_n entsprechende 2-dimensionale Cohomologieklasse ist $(v \in H^2(M_n, \mathbf{Z}))$. Man erhält die Formel

$$1 + c_1(V_{n-1}) + c_2(V_{n-1}) + \cdots$$
$$= j^*[(1 + c_1(M_n) + c_2(M_n) + \cdots)(1 + v)^{-1}]. \tag{1}$$

Wir wollen nun eine Formel für das T_y-Geschlecht von V_{n-1} angeben. Das T_y-Geschlecht gehört zur Potenzreihe $Q(y; x)$, siehe 10.2 (1). Wir setzen $Q(y; x) = \dfrac{x}{R(y; x)}$ und erhalten

$$R(y; x) = \frac{e^{x(y+1)} - 1}{e^{x(y+1)} + y} \tag{2}$$

$$R(1; x) = \operatorname{tgh}(x), \quad R(-1; x) = x(1+x)^{-1}, \quad R(0; x) = 1 - e^{-x}.$$

Es folgt aus (1)

$$\sum_{i=0}^{\infty} T_i(y; c_1(V_{n-1}), \ldots, c_i(V_{n-1})) = j^*\left(\frac{R(y; v)}{v} \sum_{i=0}^{\infty} T_i(y; c_1(M_n), \ldots)\right). \tag{3}$$

Wie in 9.2 folgt weiter

$$T_y(V_{n-1}) = \varkappa_n\left[R(y; v) \sum_{j=0}^{\infty} T_j(y; c_1(M_n), \ldots c_j M_n)\right]. \tag{4}$$

Das $\varkappa_n$ gehört im Sinne von 9.2 (5) zur Mannigfaltigkeit M_n; für eine fast-komplexe M_n schreiben wir $\varkappa_n$ an Stelle von $\varkappa^{2n}$.

Die Formel (4) geht für $y = 1$ in 9.2 (4) über (vgl. auch 1.8 (16)). Für $y = -1$ ergibt sich eine Formel für die Euler-Poincarésche Charakteristik $E(V_{n-1}) = c_{n-1}(V_{n-1})[V_{n-1}]$:

$$(-1)^{n-1} E(V_{n-1}) = \sum_{i=0}^{n-1} (-1)^i v^{n-i} c_i(M_n)\, [M_n]. \tag{5}$$

Die Formel (5) kann natürlich auch direkt aus (1) erhalten werden. Für $y = 0$ folgt

$$T(V_{n-1}) = \varkappa_n \left[(1 - e^{-v}) \sum_{j=0}^{\infty} T_j(c_1(M_n), \ldots, c_j(M_n)) \right]. \tag{6}$$

11.2. Wir kommen nun zur Definition des virtuellen T_y-Geschlechtes. Für $v_1, \ldots, v_r \;\varepsilon\; H^2(M_n, \mathbf{Z})$ setzen wir[1])

$$T_y(v_1, v_2, \ldots, v_r)_M = \varkappa_n \left[R(y; v_1) \ldots R(y; v_r) \sum_{j=0}^{\infty} T_j(y; c_1(M_n), \ldots) \right]. \tag{7}$$

Es folgt aus 1.8, daß $T_y(v_1, \ldots, v_r)_M$ ein Polynom in y vom Grade $n - r$ mit rationalen Koeffizienten ist. Da $R(y; x)$ durch x teilbar ist, verschwindet $T_y(v_1, \ldots, v_r)_M$ für $r > n$. Für $r = n$ ist $T_y(v_1, \ldots, v_n)_M = v_1 v_2 \ldots v_n[M_n]$. Wir nennen $T_y(v_1, \ldots, v_r)_M$ das (virtuelle) T_y-Geschlecht des r-Tupels $(v_1, \ldots, v_r)$. Das virtuelle T_y-Geschlecht hängt nicht von der Reihenfolge der v_i ab. Ein r-Tupel von Elementen aus $H^2(M_n, \mathbf{Z})$ nennen wir auch eine **virtuelle fast-komplexe Unter-mannigfaltigkeit** von M_n von $n - r$ komplexen Dimensionen. Wir schreiben

$$T_y(v_1, \ldots, v_r)_M = \sum_{p=0}^{n-r} T^p(v_1, \ldots, v_r)_M\, y^p. \tag{8a}$$

Die rationale Zahl

$$T(v_1, \ldots, v_r)_M = T_0(v_1, \ldots, v_r)_M = T^0(v_1, \ldots, v_r)_M \tag{8b}$$

soll **virtuelles Toddsches Geschlecht** der virtuellen Untermannigfaltigkeit $(v_1, v_2, \ldots, v_r)$ genannt werden.
Es gilt die Dualitätsgleichung

$$T^p(v_1, \ldots, v_r)_M = (-1)^{n-r}\, T^{n-r-p}(v_1, \ldots, v_r)_M. \tag{9}$$

Durch Anwendung der Formel 11.1 (3) und aus der Definition des virtuellen T_y-Geschlechtes folgt sofort

Satz 11.2.1. *Es sei V_{n-1} eine fast-komplexe Untermannigfaltigkeit von M_n mit der Einbettung $j\colon V_{n-1} \to M_n$ und $v \in H^2(M_n, \mathbf{Z})$ sei die zu V_{n-1} gehörige Cohomologieklasse. Es seien ferner $v_2, \ldots, v_r \in H^2(M_n, \mathbf{Z})$.*

---

[1]) Der Index M soll andeuten, in welcher Mannigfaltigkeit das virtuelle Geschlecht gebildet wird. Wir lassen ihn gelegentlich fort, wenn aus dem Zusammenhang klar ist, welche Mannigfaltigkeit gemeint ist.

Dann ist

$$T_y(j^*v_2, j^*v_3, \ldots, j^*v_r)_V = T_y(v, v_2, v_3, \ldots, v_r)_M \, .$$

Insbesondere ist $\qquad T_y(V_{n-1}) = T_y(v)_M \, .$

11.3. Das virtuelle T_y-Geschlecht erfüllt eine Funktionalgleichung, die diejenige des Index (9.3 (6)) als Spezialfall enthält. Für

$$R(x) = \frac{e^{ax} - 1}{e^{ax} + y} \quad (a \text{ und } y \text{ Unbestimmte) gilt:}$$

$$R(u + v) = R(u) + R(v) + (y - 1)R(u)R(v) - yR(u)R(v)R(u + v) \, . \quad (10)$$

Setzt man $a = (1 + y)$, dann erhält man eine Funktionalgleichung für $R(y; x)$. Für $y = 1$ ist das die Funktionalgleichung von tgh x, für $y = 0$ diejenige von $1 - e^{-x}$ und für $y = -1$ diejenige von $x(1 + x)^{-1}$. Es folgt

Satz 11.3.1. *Das virtuelle T_y-Geschlecht erfüllt für*

$$v_1, \ldots, v_r, u, v \in H^2(M_n, \mathbf{Z})$$

die Funktionalgleichung

$$T_y(v_1, \ldots, v_r, u + v) = T_y(v_1, \ldots, v_r, u) + T_y(v_1, \ldots, v_r, v) +$$

$$+ (y - 1)T_y(v_1, \ldots, v_r, u, v) - yT_y(v_1, \ldots, v_r, u, v, u + v) \, .$$

In dem speziellen Fall, in dem keine $v_1, \ldots, v_r$ *auftreten, hat man*

$$T_y(u + v) = T_y(u) + T_y(v) + (y - 1)T_y(u, v) - yT_y(u, v, u + v) \, .$$

Für $y = 1$ *erhält man für den virtuellen Index*

$$\tau(u + v) = \tau(u) + \tau(v) - \tau(u, v, u + v) \, ,$$

für $y = 0$ *für das virtuelle* Toddsche *Geschlecht*

$$T(u + v) = T(u) + T(v) - T(u, v)$$

und für $y = -1$ *für die virtuelle* Euler-Poincarésche *Charakteristik*

$$T_{-1}(u + v) = T_{-1}(u) + T_{-1}(v) - 2\,T_{-1}(u, v) + T_{-1}(u, v, u + v) \, .$$

§ 12. Die T-Charakteristik eines GL(q,C)-Bündels

12.1. Es sei ξ ein (stetiges)[1] GL(q, C)-Bündel über M_n. Die Chernschen Klassen von ξ sollen mit $d_0 = 1$, $d_1, \ldots, d_q$, die von M_n mit $c_0 = 1$, $c_1, c_2, \ldots, c_n$ bezeichnet werden ($c_i, d_i \in H^{2i}(M_n, \mathbf{Z})$). Wir betrachten die formalen Aufspaltungen

$$\sum_{i=0}^{n} c_i x^i = \prod_{i=1}^{n} (1 + \gamma_i x) \text{ und } \sum_{i=1}^{q} d_i x^i = \prod_{i=1}^{q} (1 + \delta_i x) \quad (1)$$

---

[1]) Da jedes differenzierbare und jedes komplex-analytische GL(q, C)-Bündel als stetiges GL(q, C)-Bündel aufgefaßt werden kann, sind die Definitionen und Sätze dieses Paragraphen auch im differenzierbaren und komplex-analytischen Fall sinnvoll.

und definieren die rationale Zahl $T(M_n, \xi)$ durch die Gleichung

$$T(M_n, \xi) = \varkappa_n \left[(e^{\delta_1} + e^{\delta_2} + \cdots + e^{\delta_q}) \prod_{i=1}^{n} \frac{\gamma_i}{1 - \exp(-\gamma_i)} \right] . \tag{2}$$

$T(M_n, \xi)$ heißt die T-Charakteristik des $\mathbf{GL}(q, \mathbf{C})$-Bündels ξ über M_n. In dem speziellen Fall eines $\mathbf{C}^*$-Bündels ξ mit der Cohomologieklasse[1] $d_1 = d = H^2(M_n, \mathbf{Z})$ ($d_i = 0$ für $i > 1$) geht (2) über in

$$T(M_n, \xi) = \varkappa_n \left[e^d \prod_{=1}^{n} \frac{\gamma_i}{1 - \exp(-\gamma_i)} \right] . \tag{3}$$

Da die $\mathbf{C}^*$-Bündel über M_n den Elementen von $H^2(M_n, \mathbf{Z})$ eineindeutig entsprechen (vgl. 3.8 und Satz 4.3.1), schreiben wir in (3) statt $T(M_n, \xi)$ auch $T(M_n, d)$. Nach Definition ist

$$T(M, d) = T(M) - T(-d)_M . \tag{4}$$

Für ein $\mathbf{GL}(q, \mathbf{C})$-Bündel ξ über M_n mit den formalen Wurzeln δ_i (vgl. (1)) setzen wir

$$t(\xi) = e^{\delta_1} + e^{\delta_2} + \cdots + e^{\delta_q} , \quad t(\xi) \; \varepsilon \; H^*(M_n, \mathbf{Z}) \otimes \mathbf{Q} .$$

Nach Satz 4.4.3 gilt für die WHITNEYsche Summe und für das Tensorprodukt eines $\mathbf{GL}(q, \mathbf{C})$-Bündels ξ und eines $\mathbf{GL}(q', \mathbf{C})$-Bündels ξ'

$$t(\xi \oplus \xi') = t(\xi) + t(\xi') \quad \text{und} \quad t(\xi \otimes \xi') = t(\xi)\, t(\xi') . \tag{5}$$

Die erste Gleichung von (5) impliziert

$$T(M_n, \xi \oplus \xi') = T(M_n, \xi) + T(M_n, \xi') . \tag{6}$$

Aus der zweiten Gleichung von (5) erhält man

Satz 12.1.1. *Es seien* V_n, W_m *fast-komplexe Mannigfaltigkeiten,* ξ *ein* $\mathbf{GL}(q, \mathbf{C})$-*Bündel über* V_n *und* ξ' *ein* $\mathbf{GL}(q', \mathbf{C})$-*Bündel über* W_m. *Es sei* f_1 *die Projektion von* $V_n \times W_m$ *auf* V_n *und* f_2 *die auf* W_m. *Dann gilt*

$$T(V_n \times W_m, f_1^*(\xi) \otimes f_2^*(\xi')) = T(V_n, \xi)\, T(W_m, \xi') . \tag{6*}$$

12.2. Wir bezeichnen das tangentielle $\mathbf{GL}(n, \mathbf{C})$-Bündel von M_n wie bisher mit $\theta(M_n)$ oder auch einfach mit θ. Wir betrachten die zu θ (formale Wurzeln γ_i, vgl. (1)) gehörigen Bündel $\theta^{*(p)}$ (vgl. 3.6.c)). Die formalen Wurzeln von $\theta^{*(p)}$ sind gleich $-(\gamma_{i_1} + \gamma_{i_2} + \cdots + \gamma_{i_p})$, vgl. Satz 4.4.3. Daher ergibt sich aus 1.8 (15), daß

$$T(M_n, \theta^{*(p)}) = T^p(M_n) . \tag{7}$$

Wir betrachten ferner das Tensorprodukt von $\theta^{*(p)}$ mit einem $\mathbf{GL}(q, \mathbf{C})$-Bündel ξ über M_n. Wir bezeichnen die rationale Zahl $T(M_n, \theta^{*(p)} \otimes \xi)$ auch mit $T^p(M_n, \xi)$ und setzen

$$T_y(M_n, \xi) = \sum_{p=0}^{n} T^p(M_n, \xi)\, y^p . \tag{8}$$

---

[1]) Unter der Cohomologieklasse eines $\mathbf{C}^*$-Bündels ξ über dem Raum X wird die CHERNsche Klasse $c_1(\xi) \in H^2(X, \mathbf{Z})$ verstanden.

$T_y(M_n, \xi)$ heißt die T_y-Charakteristik des $\mathbf{GL}(q, \mathbf{C})$-Bündels ξ über M_n. Wir bezeichnen die formalen Wurzeln von ξ weiterhin mit δ_i und erhalten

$$T^p(M_n, \xi)$$
$$= \varkappa_n \left[t(\xi) \sum_{i_1 < i_2 < \cdots < i_p} \exp(-(\gamma_{i_1} + \cdots + \gamma_{i_p})) \prod_{i=1}^{n} \frac{\gamma_i}{1 - \exp(-\gamma_i)} \right]. \quad (9)$$

Durch eine triviale Verallgemeinerung der in 1.8 zum Beweis der Formel (15) durchgeführten Rechnung ergibt sich

$$T_y(M_n, \xi) = \varkappa_n \left[\left(\sum_{i=1}^{q} e^{(1+y)\delta_i} \right) \left(\sum_{j=0}^{n} T_j(y; c_1, \ldots, c_j) \right) \right]. \quad (10)$$

Wir bemerken, daß $T_y(M_n, \xi)$ für $y = -1$ nicht von ξ abhängt und gleich dem q-fachen der Euler-Poincaréschen Charakteristik von M_n ist.

Ersetzt man in (10) y durch $\dfrac{1}{y}$ und multipliziert dann beide Seiten mit $(-y)^n$, dann geht die rechte Seite von (10) offenbar in

$$\varkappa_n \left[\left(\sum_{i=1}^{q} e^{-(1+y)\delta_i} \right) \left(\sum_{j=0}^{n} T_j(y; c_1, \ldots, c_j) \right) \right]$$

über (vgl. 1.8), und man erhält (unter Verwendung von Satz 4.4.3 i)) die Dualitätsgleichung

$$y^n T_{\frac{1}{y}}(M_n, \xi) = (-1)^n T_y(M_n, \xi^*), \quad \text{d. h.}$$

$$T^p(M_n, \xi) = (-1)^n T^{n-p}(M_n, \xi^*). \quad (11)$$

Insbesondere gilt für $p = 0$

$$T(M_n, \xi) = (-1)^n T(M_n, \theta^{*(n)} \otimes \xi^*). \quad (12)$$

Die Gleichung (12) ist nicht spezieller als (11). Man kann nämlich (11) aus (12) erhalten, wenn man in (12) ξ durch $\xi \otimes \theta^{*(p)}$ ersetzt und beachtet, daß $\theta^{*(n)} \otimes (\xi \otimes \theta^{*(p)})^* = \xi^* \otimes \theta^{*(n)} \otimes \theta^{(p)} = \xi^* \otimes \theta^{*(n-p)}$ ist (vgl. Satz 3.6.1).

Das Bündel $\theta^{*(n)}$ ist ein $\mathbf{C}^*$-Bündel und wird **kanonisches $\mathbf{C}^*$-Bündel** von M_n genannt. Seine Cohomologieklasse[1] ist nach Satz 4.4.3 gleich $-c_1(M_n)$.

Für ein $\mathbf{GL}(q, \mathbf{C})$-Bündel ξ über M_n mit den formalen Wurzeln δ_i setzen wir

$$t_y(\xi) = e^{(1+y)\delta_1} + e^{(1+y)\delta_2} + \cdots + e^{(1+y)\delta_q}, \quad t_y(\xi) \in H^*(M_n, \mathbf{Z}) \otimes \mathbf{Q}[y].$$

In Verallgemeinerung von 12.1 (5) gilt

$$t_y(\xi \oplus \xi') = t_y(\xi) + t_y(\xi') \quad \text{und} \quad t_y(\xi \otimes \xi') = t_y(\xi) t_y(\xi'). \quad (13)$$

---

[1] Vgl. Fußnote 1 auf S. 93.

Aus der ersten Gleichung von (13) folgt

$$T_y(M_n, \xi \oplus \xi') = T_y(M_n, \xi) + T_y(M_n, \xi') . \tag{14}$$

Die zweite Gleichung von (13) impliziert, daß unter den Voraussetzungen des Satzes 12.1.1 allgemeiner gilt

$$T_y(V_n \times W_m, f_1^*(\xi) \otimes f_2^*(\xi')) = T_y(V_n, \xi) \, T_y(W_m, \xi') . \tag{14*}$$

12.3. Es sei ξ ein $\mathbf{GL}(q, \mathbf{C})$-Bündel über M_n. Dann kann für $v_1, \ldots, v_r \in H^2(M_n, \mathbf{Z})$ die virtuelle T_y-Charakteristik von ξ in bezug auf die „virtuelle Mannigfaltigkeit" $(v_1, \ldots, v_r)$ eingeführt werden (vgl. 11.2). In Verallgemeinerung von 11.2 (7) definieren wir[1]:

$$T_y(v_1, v_2, \ldots, v_r|, \xi)_M = \varkappa_n \left[t_y(\xi) \prod_{i=1}^{r} R(y; v_i) \sum_{j=0}^{\infty} T_j(y; c_1(M_n), \ldots) \right] . \tag{15}$$

Wenn ξ das triviale $\mathbf{GL}(q, \mathbf{C})$-Bündel ist, dann ist $T_y(v_1, \ldots, v_r|, \xi)$ $= q T_y(v_1, \ldots, v_r)$. Natürlich setzen wir wieder für $y = 0$

$$T_0(v_1, v_2, \ldots, v_r|, \xi) = T(v_1, v_2, \ldots, v_r|, \xi)$$

und nennen $T(v_1, \ldots, v_r|, \xi)$ die virtuelle T-Charakteristik.

Wir haben in Verallgemeinerung von Satz 11.2.1 den

Satz 12.3.1. *Es sei V_{n-1} eine fast-komplexe Untermannigfaltigkeit von M_n mit der Einbettung $j\colon V_{n-1} \to M_n$ und $v \in H^2(M_n, \mathbf{Z})$ sei die zu V_{n-1} gehörige Cohomologieklasse. Gegeben seien ferner Elemente $v_2, \ldots, v_r \in$ $\in H^2(M_n, \mathbf{Z})$. Schließlich sei ξ ein $\mathbf{GL}(q, \mathbf{C})$-Bündel über M_n. Dann ist*

$$T_y(j^* v_2, \ldots, j^* v_r|, j^* \xi)_V = T_y(v, v_2, \ldots, v_r|, \xi)_M .$$

Insbesondere ist

$$T_y(V_{n-1}, j^* \xi) = T_y(v|, \xi)_M .$$

Auch die Funktionalgleichung des Satzes 11.3.1 kann auf die virtuelle T-Charakteristik übertragen werden.

Satz 12.3.2. *Bezeichnungen wie in 11.3.1. Es sei ξ ein $\mathbf{GL}(q, \mathbf{C})$-Bündel über M_n. Es gilt*

$$T_y(v_1, \ldots, v_r, u + v|, \xi) = T_y(v_1, \ldots, v_r, u|, \xi) + T_y(v_1, \ldots, v_r, v|, \xi) +$$
$$+ (y - 1) T_y(v_1, \ldots, v_r, u, v|, \xi) - y T_y(v_1, \ldots, v_r, u, v, u + v|, \xi) .$$

Beweis mit Hilfe der Funktionalgleichung 11.3 (10). Man beachte, daß der Ausdruck innerhalb der eckigen Klammern von (15), aus dem man durch Anwendung von $\varkappa_n$ die virtuelle T_y-Charakteristik bekommt, immer den Faktor $t_y(\xi)$ enthält.
$T_y(v_1, \ldots, v_r|, \xi)$ ist ein Polynom in y vom Grade $n - r$ mit rationalen Koeffizienten. Es verschwindet identisch, wenn $r > n$. Es ist

$$T_y(v_1, \ldots, v_n|, \xi) = q \cdot (v_1 v_2 \ldots v_n[M_n]) .$$

---

[1] Der Index M wird gelegentlich weggelassen, wenn klar ist, in welcher Mannigfaltigkeit die virtuelle T_y-Charakteristik gebildet wird.

Auch für „virtuelle Mannigfaltigkeiten" gilt die Dualitätsgleichung:

$$y^{n-r} T_{\frac{1}{y}}(v_1, \ldots, v_r|, \xi) = (-1)^{n-r} T_y(v_1, \ldots, v_r|, \xi^*) \, . \tag{16}$$

Satz 12.3.3. *Es sei η ein $\mathbf{C}^*$-Bündel über M_n. Die Cohomologieklasse von η werde gleich v gesetzt, $v \, \varepsilon \, H^2(M_n, \mathbf{Z})$. Ferner sei ξ ein $\mathbf{GL}(q, \mathbf{C})$-Bündel über M_n, und $v_1, \ldots, v_r$ seien Elemente von $H^2(M_n, \mathbf{Z})$. Dann gilt die Formel*

$$T_y(v_1, \ldots, v_r|, \xi) = T_y(v_1, \ldots, v_r, v|, \xi) + T_y(v_1, \ldots, v_r|, \xi \otimes \eta^{-1}) +$$
$$+ y \, T_y(v_1, \ldots, v_r, v|, \xi \otimes \eta^{-1}) \, .$$

Beweis: In der Formel (15) für die virtuelle T_y-Charakteristik enthält der Ausdruck in [ ] den Faktor $\sum\limits_{j=0}^{\infty} T_j(y; c_1(M_n), \ldots)$. Dieser Faktor ist für alle vier Terme in der zu beweisenden Gleichung derselbe. Alle vier Terme enthalten gemeinsam $\prod\limits_{i=1}^{r} R(y; v_i)$ und, da $t_y(\xi \otimes \eta^{-1})$ $= t_y(\xi) \, t_y(\eta^{-1})$ ist, auch $t_y(\xi)$. Es genügt daher zu beweisen, daß

$$1 = R(y; v) + t_y(\eta^{-1}) + y R(y; v) t_y(\eta^{-1}) \, , \quad \text{wo} \quad t_y(\eta^{-1}) = e^{-(1+y)v} \, .$$

Diese Gleichung ist richtig nach 11.1 (2).

Wir besprechen einen Spezialfall des vorstehenden Satzes. Die Cohomologieklasse v gehöre zu einer fast-komplexen Untermannigfaltigkeit V_{n-1} von M_n mit der Einbettungsabbildung j, und es sei η ein $\mathbf{C}^*$-Bündel über M_n mit der Cohomologieklasse v. Wir lassen alle $v_1, \ldots, v_r$ wegfallen und erhalten unter Verwendung von Satz 12.3.1

$$T_y(M_n, \xi) = T_y(V_{n-1}, j^*\xi) + T_y(M_n, \xi \otimes \eta^{-1}) + y \, T_y(V_{n-1}, j^*(\xi \otimes \eta^{-1})) \tag{17}$$

und durch Koeffizientenvergleich

$$T^p(M_n, \xi)$$
$$= T^p(V_{n-1}, j^*\xi) + T^p(M_n, \xi \otimes \eta^{-1}) + T^{p-1}(V_{n-1}, j^*(\xi \otimes \eta^{-1})) \, . \tag{18}$$

Dabei ist $T^p(M_n, \xi)$ für $p < 0$ und $p > n$ und $T^p(V_{n-1}, \xi)$ für $p < 0$ und $p > n - 1$ gleich 0 zu setzen. (18) enthält die Formel (4) von 12.1 als Spezialfall.

§ 13. Spalt-Mannigfaltigkeiten und Aufspaltungsmethode

13.1. Die Überlegungen dieses Abschnittes gelten für stetige, differenzierbare und komplex-analytische Bündel (vgl. 3.1, 3.2). Es sei entsprechend X ein topologischer Raum, eine differenzierbare Mannigfaltigkeit oder eine komplexe Mannigfaltigkeit.

Gegeben sei ein $\mathbf{GL}(q, \mathbf{C})$-Bündel ξ über X. Wir betrachten ein zu ξ assoziiertes Prinzipal-Faserbündel L über X mit $\mathbf{GL}(q, \mathbf{C})$ als Faser und konstruieren das Faserbündel

$$E = L/\Delta(q, \mathbf{C}) \quad \text{(vgl. 3.4.b) und 4.1.a))}$$

mit der Fahnenmannigfaltigkeit $\mathbf{F}(q) = \mathbf{GL}(q, \mathbf{C})/\Delta(q, \mathbf{C})$ als Faser:

$$\varphi : E \to X, \quad \text{Faser } \mathbf{F}(q) . \tag{1}$$

Das tangentielle Prinzipal-Faserbündel der komplexen Mannigfaltig-keit $\mathbf{F}(q)$ werde mit $\mathbf{T}(q)$ bezeichnet (vgl. 4.7).

$$\mathbf{T}(q) \to \mathbf{F}(q), \quad \text{Faser } \mathbf{GL}(m, \mathbf{C}) . \tag{2}$$

Hierbei ist $m = q(q - 1)/2$ die komplexe Dimension von $\mathbf{F}(q)$.

Die Gruppe $\mathbf{GL}(q, \mathbf{C})$ operiert (durch Linkstranslationen) auf $\mathbf{F}(q)$ und damit in natürlicher Weise auch auf $\mathbf{T}(q)$. Aus dem cartesischen Produkt $L \times \mathbf{T}(q)$ konstruiert man in bekannter Weise (vgl. 3.2.d)) ein zu ξ assoziiertes Faserbündel $\mathfrak{E}(q)$.

$$\mathfrak{E}(q) \to X, \quad \text{Faser } \mathbf{T}(q) . \tag{3}$$

$\mathfrak{E}(q)$ ist ein Prinzipal-Faserbündel über E mit $\mathbf{GL}(m, \mathbf{C})$ als Faser. Man hat das folgende kommutative Diagramm, in dem jeder Pfeil die Projektion eines Faserbündels auf seine Basis darstellt.

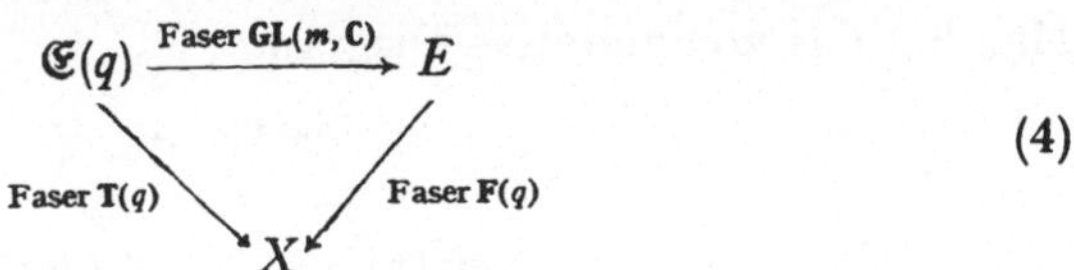

$$\tag{4}$$

Über jedem Punkt von X hat man die Situation (2).

Das zu dem Prinzipal-Faserbündel $\mathfrak{E}(q)$ über E gehörige $\mathbf{GL}(m, \mathbf{C})$-Bündel werde mit ξ^Δ bezeichnet und „Bündel entlang den Fasern $\mathbf{F}(q)$ von E" genannt.

Das Bündel $\varphi^* \xi$ über E läßt $\Delta(q, \mathbf{C})$ in natürlicher Weise als Struktur-gruppe zu (Satz 3.4.4). Es sind damit die q diagonalen $\mathbf{C}^*$-Bündel $\xi_1, \xi_2, \ldots, \xi_q$ mit Reihenfolge definiert, vgl. 4.1.c).

Satz 13.1.1. Unter Verwendung der angegebenen Bezeichnungen gilt: *Das $\mathbf{GL}(m, \mathbf{C})$-Bündel ξ^Δ über E läßt $\Delta(m, \mathbf{C})$ so als Strukturgruppe zu, daß die zugehörigen m diagonalen $\mathbf{C}^*$-Bündel gleich $\xi_i \otimes \xi_j^{-1}$ $(i > j)$ sind mit folgender Reihenfolge: $\xi_i \otimes \xi_j^{-1}$ kommt früher als $\xi_{i'} \otimes \xi_{j'}^{-1}$, wenn $j > j'$ oder $(j = j'$ und $i < i')$.*

Beweis: Wir führen den Beweis durch Induktion über q. Der Satz ist trivial für $q = 1$.

a) Wir konstruieren das Faserbündel $\overline{X} = L/\mathbf{GL}(1, q - 1; \mathbf{C})$. Die Faser von $\overline{X}$ ist der komplexe projektive Raum $\mathbf{P}_{q-1}(\mathbf{C})$. Nach 4.1.a) ist nämlich

$$\mathfrak{G}(1, q - 1; \mathbf{C}) = \mathbf{P}_{q-1}(\mathbf{C}) = \mathbf{GL}(q, \mathbf{C})/\mathbf{GL}(1, q - 1; \mathbf{C}) . \tag{5}$$

Eine Matrix $A \in \mathbf{GL}(1, q-1; \mathbf{C})$ ist von der Form

$$\begin{pmatrix} a & a_{12} \cdots a_{1q} \\ \hline 0 & A'' \end{pmatrix} \quad \text{(vgl. 4.1.a))}.$$

Ordnet man $A \in \mathbf{GL}(1, q-1; \mathbf{C})$ die Matrix $A'' \in \mathbf{GL}(q-1, \mathbf{C})$ zu, dann erhält man einen Homomorphismus h von $\mathbf{GL}(1, q-1; \mathbf{C})$ auf $\mathbf{GL}(q-1, \mathbf{C})$ bei dem $\varDelta(q, \mathbf{C})$ auf $\varDelta(q-1, \mathbf{C})$ abgebildet wird. Es ist

$$\mathbf{GL}(1, q-1; \mathbf{C})/\varDelta(q, \mathbf{C}) = \mathbf{GL}(q-1, \mathbf{C})/\varDelta(q-1, \mathbf{C}) = \mathbf{F}(q-1). \quad (6)$$

b) Offenbar ist E ein Faserbündel über $\overline{X}$ mit

$$\mathbf{F}(q-1) = \mathbf{GL}(1, q-1; \mathbf{C})/\varDelta(q, \mathbf{C})$$

als Faser und $\mathbf{GL}(1, q-1; \mathbf{C})$ als Strukturgruppe (vgl. 3.2.c)). Da der Kern des Homomorphismus h (vgl. a)) trivial auf $\mathbf{F}(q-1)$ operiert, läßt sich E in natürlicher Weise als Faserbündel mit $\mathbf{GL}(q-1, \mathbf{C})$ als Strukturgruppe auffassen (vgl. (6)).

Wenn X ein Punkt ist, dann ist $E = \mathbf{F}(q)$, $\overline{X} = \mathbf{P}_{q-1}(\mathbf{C})$. Man erhält also insbesondere, daß $\mathbf{F}(q)$ ein Faserbündel über $\mathbf{P}_{q-1}(\mathbf{C})$ mit $\mathbf{F}(q-1)$ als Faser und $\mathbf{GL}(q-1, \mathbf{C})$ als Strukturgruppe ist.

$$\pi : \mathbf{F}(q) \to \mathbf{P}_{q-1}(\mathbf{C}), \quad \text{Faser } \mathbf{F}(q-1). \quad (7)$$

Man hat das kommutative Diagramm

$$\begin{array}{ccc} E & \xrightarrow[\overline{\varphi}]{\text{Faser } \mathbf{F}(q-1)} & \overline{X} \\[2mm] & \searrow^{\varphi} \qquad \swarrow^{\psi} & \\[2mm] \text{Faser } \mathbf{F}(q) & X & \text{Faser } \mathbf{P}_{q-1}(\mathbf{C}) \end{array} \qquad (8)$$

Über jedem Punkt von X hat man die Situation (7).

c) Die Strukturgruppe von $\psi^*\xi$ kann in natürlicher Weise auf $\mathbf{GL}(1, q-1; \mathbf{C})$ reduziert werden. Es ist also über $\overline{X}$ ein $\mathbf{C}^*$-Teilbündel η und ein $\mathbf{GL}(q-1, \mathbf{C})$-Quotientenbündel $\overline{\xi}$ definiert. Die Faserbündel E und $\overline{X}$ über X sind zu ξ assoziiert, das Faserbündel E über $\overline{X}$ ist zu $\overline{\xi}$ assoziiert (vgl. b)). Das Bündel $\overline{\varphi}^*\overline{\xi}$ über E läßt $\varDelta(q-1; \mathbf{C})$ in natürlicher Weise als Strukturguppe zu. Die zugehörigen diagonalen $\mathbf{C}^*$-Bündel sind der Reihe nach gleich $\xi_2, \xi_3, \ldots, \xi_q$. Ferner ist $\overline{\varphi}^*\eta = \xi_1$.

d) Wir betrachten jetzt das tangentielle Prinzipal-Faserbündel $\mathbf{T}$ der komplexen Mannigfaltigkeit $\mathbf{P}_{q-1}(\mathbf{C})$

$$\mathbf{T} \to \mathbf{P}_{q-1}(\mathbf{C}), \quad \text{Faser } \mathbf{GL}(q-1, \mathbf{C}). \quad (9)$$

$\mathbf{GL}(q, \mathbf{C})$ operiert auf $\mathbf{P}_{q-1}(\mathbf{C})$ und deshalb in natürlicher Weise auch auf $\mathbf{T}$. Man kann zeigen, daß $\mathbf{GL}(q, \mathbf{C})$ transitiv auf $\mathbf{T}$ operiert, d. h. jeder Punkt von $\mathbf{T}$ kann in jeden anderen übergeführt werden. Deshalb kann $\mathbf{T}$ als Quotientenraum von $\mathbf{GL}(q, \mathbf{C})$ dargestellt werden. Wir haben $\mathbf{GL}(q, \mathbf{C})$ durch die Untergruppe H derjenigen Elemente zu dividieren, die einen gegebenen festen Punkt y_0 von T festlassen. Wenn ein Element von $GL(q, C)$ den Punkt y_0 festläßt, dann läßt es offenbar die ganze durch y_0 gehende Faser von (9) fest. Wir stellen $P_{q-1}(C)$ nach (5) als Quotientenraum dar und wählen als y_0 einen Punkt derjenigen Faser von (9), die über dem durch die Restklasse $GL(1, q-1; C)$ (vgl. (5)) repräsentierten Punkt von $P_{q-1}(C)$ liegt. Die gesuchte Gruppe H ist dann eine Untergruppe von $GL(1, q-1; C)$ und man kann leicht aus-rechnen, daß H die Untergruppe der Matrizen folgender Form ist:

$$\begin{pmatrix} a & a_{12} \cdots a_{1q} \\ \hline 0 & aE \end{pmatrix}, \quad E = \text{Einheitsmatrix}.$$

H ist Normalteiler von $GL(1, q-1; C)$ und gleich dem Kern desjenigen Homomorphismus von $GL(1, q-1; C)$ auf $GL(q-1; C)$, der die Matrix A (vgl. a)) auf $a^{-1}A''$ abbildet. Wir dividieren nun in (5) „Zähler und Nenner" durch H und erhalten

$$(GL(q, C)/H)/(GL(1, q-1; C)/H) = P_{q-1}(C), \quad \text{wo } T = GL(q, C)/H. \quad (9^*)$$

Die Faserungen (9) und (9*) sind „identisch".

e) Mit Hilfe des Prinzipal-Faserbündels L über X konstruieren wir den Raum L/H. Man hat das kommutative Diagramm

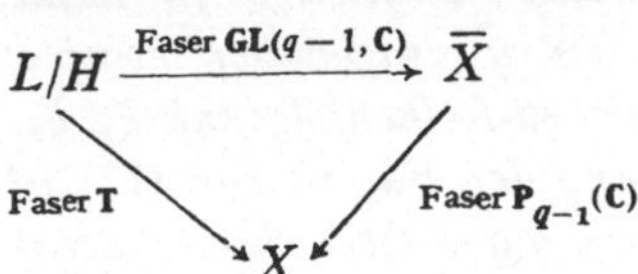

Über jedem Punkt von X hat man die Situation (9).

L/H ist ein Prinzipal-Faserbündel über $\overline{X}$. Aus c) und d) folgt, daß es zu $\eta^{-1} \otimes \overline{\xi}$ assoziiert ist. $\eta^{-1} \otimes \overline{\xi}$ soll „Bündel entlang den Fasern $P_{q-1}(C)$ von $\overline{X}$" genannt werden (vgl. (8)).

f) Wir führen die Konstruktionsschritte (1)—(4) für das $GL(q-1, C)$-Bündel $\overline{\xi}$ über $\overline{X}$ durch (vgl. c)) und deuten alles, was sich auf $\overline{\xi}$ bezieht, durch Überstreichen an. Wir setzen also $\overline{m} = (q-1)(q-2)/2$. Es ist $m = q(q-1)/2 = \overline{m} + (q-1)$. Es ist leicht zu zeigen, daß man die Strukturgruppe des $GL(m, C)$-Bündels ξ^Δ (Bündel entlang den Fasern $F(q)$ von E) so auf $GL(\overline{m}, q-1; C)$ reduzieren kann, daß $\overline{\xi}^\Delta$ (Bündel entlang den Fasern $F(q-1)$ von E) als Teilbündel und $\overline{\varphi}^*(\eta^{-1} \otimes \overline{\xi})$ als Quotientenbündel auftritt ($\eta^{-1} \otimes \overline{\xi}$ ist das Bündel entlang den Fasern $P_{q-1}(C)$ von $\overline{X}$).

Wir nehmen an, daß unser Satz für $q-1$ bereits bewiesen ist. Da $\overline{\varphi}^*\overline{\xi}$ die diagonalen C^*-Bündel $\xi_2, \ldots, \xi_q$ in dieser Reihenfolge hat, läßt dann $\overline{\xi}^\Delta$ die Gruppe $\Delta(\overline{m}, C)$ als Strukturgruppe zu mit den diagonalen C^*-Bündeln $\xi_i \otimes \xi_j^{-1} (i > j \geq 2)$ in der in der Behauptung des Satzes angegebenen Reihenfolge. Nun ist

$$\overline{\varphi}^*(\eta^{-1} \otimes \overline{\xi}) = \xi_1^{-1} \otimes \overline{\varphi}^* \overline{\xi} \, .$$

Deshalb läßt $\overline{\varphi}^*(\eta^{-1} \otimes \overline{\xi})$ die Gruppe $\Delta(q-1, \mathbf{C})$ als Strukturgruppe zu mit den diagonalen $\mathbf{C}^*$-Bündeln

$$\xi_2 \otimes \xi_1^{-1}, \ldots, \xi_q \otimes \xi_1^{-1} \, .$$

Damit ist der Satz für q bewiesen. Q. E. D.

13.2. Der Satz 13.1.1 gilt im komplex-analytischen Fall. Da diese Tatsache für uns besonders wichtig ist, formulieren wir sie in einem besonderen Satz:

Satz 13.2.1. *Es sei X eine komplexe Mannigfaltigkeit, ξ ein komplex-analytisches $\mathbf{GL}(q, \mathbf{C})$-Bündel über X und L ein zu ξ assoziiertes komplex-analytisches Prinzipal-Faserbündel über X. Man betrachte das Faserbündel $E = L/\Delta(q, \mathbf{C})$ mit der Fahnenmannigfaltigkeit $\mathbf{F}(q) = \mathbf{GL}(q, \mathbf{C})/\Delta(q, \mathbf{C})$ als Faser.*

$$\varphi : E \to X \, , \quad \text{Faser } \mathbf{F}(q) \, . \tag{1*}$$

E ist eine komplexe Mannigfaltigkeit und φ eine holomorphe Abbildung von E auf X. Die Strukturgruppe des komplex-analytischen Bündels $\varphi^*\xi$ über E kann (komplex-analytisch) in natürlicher Weise auf $\Delta(q, \mathbf{C})$ reduziert werden. Die q diagonalen komplex-analytischen $\mathbf{C}^*$-Bündel sollen in ihrer natürlichen Reihenfolge mit $\xi_1, \xi_2, \ldots, \xi_q$ bezeichnet werden. Das Bündel ξ^Δ entlang den Fasern von (1) ist ein komplex-analytisches $\mathbf{GL}(m, \mathbf{C})$-Bündel $(m = q(q-1)/2)$, dessen Strukturgruppe komplex-analytisch auf $\Delta(m, \mathbf{C})$ reduziert werden kann; dabei sind die m diagonalen komplex-analytischen $\mathbf{C}^*$-Bündel gleich $\xi_i \otimes \xi_j^{-1}$ $(i > j)$ mit der in Satz 13.1.1 angegebenen Reihenfolge.*

Bemerkung: Wir haben im vorigen Abschnitt einen direkten Beweis für den Satz 13.1.1 angegeben und haben dabei verschiedene Einzelheiten dem Leser zur Kontrolle überlassen. A. Borel hat bemerkt, daß man mit Hilfe eines Satzes von Lie unmittelbar einsehen kann, daß die Strukturgruppe des Bündels ξ^Δ auf $\Delta(m, \mathbf{C})$ reduziert werden kann. Der Satz von Lie lautet[1]):

Es sei H eine auflösbare, zusammenhängende, komplexe Liesche Gruppe und ϱ ein holomorpher Homomorphismus von H in $\mathbf{GL}(m, \mathbf{C})$. Dann gibt es ein Element $a \in \mathbf{GL}(m, \mathbf{C})$, derart, daß $a\varrho(H)a^{-1} \subset \Delta(m, \mathbf{C})$.

Die zu beweisende Aussage über ξ^Δ erhalten wir folgendermaßen: Wir zeichnen in $\mathbf{F}(q) = \mathbf{GL}(q, \mathbf{C})/\Delta(q, \mathbf{C})$ den durch die Restklasse $\Delta(q, \mathbf{C})$ definierten Punkt aus und nennen ihn e_0. Die Gruppe $\mathbf{GL}(q, \mathbf{C})$ operiert auf $\mathbf{F}(q)$ und $\Delta(q, \mathbf{C})$ ist die Untergruppe derjenigen Elemente von

---

[1]) Vgl. etwa C. Chevalley: Théorie des groupes de Lie, Tome III. Actualités scientifiques et industrielles 1226. Paris: Hermann 1955. Siehe insbesondere S. 100 u. S. 104.

$\mathbf{GL}(q, \mathbf{C})$, die e_0 festlassen (Isotropiegruppe). $\Delta(q, \mathbf{C})$ operiert auf den kontravarianten Tangentialraum $\mathbf{C}_m(e_0)$ von $e_0 \in \mathbf{F}(q)$ und wird damit holomorph und homomorph in $\mathbf{GL}(m, \mathbf{C})$ abgebildet, $m = q(q-1)/2$. Da $\Delta(m, \mathbf{C})$ auflösbar ist, erhalten wir aus dem Satz von LIE, daß man in $\mathbf{C}_m(e_0)$ eine Fahne von linearen Teilräumen $L_0 \subset L_1 \subset \ldots L_m = \mathbf{C}_m(e_0)$ finden kann, für die alle L_i bei allen Operationen von $\Delta(q, \mathbf{C})$ als Ganzes invariant bleiben, d. h. die Fahne bleibt invariant. $\mathbf{GL}(q, \mathbf{C})$ operiert transitiv auf $\mathbf{F}(q)$, und die Fahne kann daher in alle Punkte von $\mathbf{F}(q)$ verpflanzt werden. Dieses Verpflanzen ist eindeutig, da die Fahne unter den Operationen der Isotropiegruppe invariant bleibt. Damit ist gezeigt, daß $\mathbf{F}(q)$ ein komplex-analytisches Feld von Fahnen besitzt, *das bei den Operationen von $\mathbf{GL}(q, \mathbf{C})$ in sich übergeht*, und daraus folgt leicht die zu beweisende Aussage über ξ^Δ. — Verallgemeinerungen des Satzes 13.1.1 und Zusammenhänge mit der Theorie der „Wurzeln" einer LIE-schen Gruppe sollen in einer gemeinsamen Arbeit mit A. BOREL [5] besprochen werden.

13.3. Es sei X eine (differenzierbare) fast-komplexe Mannigfaltigkeit von n komplexen Dimensionen und ξ ein differenzierbares $\mathbf{GL}(q, \mathbf{C})$-Bündel über X. Wir führen die Konstruktion von 13.1 durch und erhalten eine differenzierbare Mannigfaltigkeit E, die ein Faserbündel über X ist mit der Fahnenmannigfaltigkeit $\mathbf{F}(q)$ als Faser und einer differenzierbaren Abbildung φ als Projektion von E auf X. Es ist klar, daß E eine fast-komplexe Struktur zuläßt, deren tangentielles $\mathbf{GL}(n + m, \mathbf{C})$-Bündel $\theta(E)$, $(m = q(q-1)/2)$, das Bündel ξ^Δ „entlang den Fasern" als Teilbündel und das Bündel $\varphi^*\theta(X)$ als entsprechendes Quotientenbündel hat. $\theta(E)$ ist damit WHITNEYsche Summe von ξ^Δ und $\varphi^*\theta(X)$. Über E sind die diagonalen $\mathbf{C}^*$-Bündel ξ_i $(i = 1, 2, \ldots, q)$ von $\varphi^*\xi$ gegeben. Die Cohomologieklasse von ξ_i bezeichnen wir mit γ_i, wo $\gamma_i = c_1(\xi_i) \in H^2(E, \mathbf{Z})$. Aus Satz 13.1.1 folgt für die totale CHERNsche Klasse von E

$$c(E) = \varphi^*c(X) \prod_{q \geq i > j \geq 1} (1 + \gamma_i - \gamma_j) . \tag{10}$$

Wenn für ξ speziell das tangentielle Bündel $\theta(X)$ gewählt wird, dann bezeichnen wir die fast-komplexe Mannigfaltigkeit E mit X^Δ. In diesem Falle läßt $\varphi^*\theta(X) = \varphi^*\xi$ die Gruppe $\Delta(n, \mathbf{C})$ als Strukturgruppe zu, die entsprechenden n diagonalen $\mathbf{C}^*$-Bündel sind $\gamma_1, \ldots, \gamma_n$, und es folgt, daß $\theta(E)$ die Gruppe $\Delta(n(n+1)/2, \mathbf{C})$ als Strukturgruppe zuläßt mit den $n(n+1)/2$ diagonalen Bündeln $\xi_i \otimes \xi_j^{-1}$, $\xi_1, \xi_2, \ldots, \xi_n$ $(n \geq i > j \geq 1)$. Aus (10) ergibt sich für die totale CHERNsche Klasse von X^Δ

$$c(X^\Delta) = \prod_{i=1}^{n} (1 + \gamma_i) \prod_{n \geq i > j \geq 1} (1 + \gamma_i - \gamma_j) . \tag{11}$$

13.4. Wir führen jetzt die Überlegungen des vorigen Abschnitts für den komplex-analytischen Fall durch. Es sei X eine komplexe Mannigfaltigkeit von n komplexen Dimensionen mit dem tangentiellen komplex-analytischen Bündel $\theta(X)$, und es sei ξ ein komplex-analytisches $\mathbf{GL}(q, \mathbf{C})$-Bündel über X. Dann ist E in natürlicher Weise eine komplexe Mannigfaltigkeit von $n + m$ komplexen Dimensionen ($m = q(q-1)/2$), die durch φ holomorph auf X abgebildet wird. E ist ein komplex-analytisches Faserbündel über X mit der Projektion φ und der Faser $\mathbf{F}(q)$. Das tangentielle komplex-analytische $\mathbf{GL}(n + m, \mathbf{C})$-Bündel $\theta(E)$ läßt $\mathbf{GL}(m, n; \mathbf{C})$ in natürlicher Weise als Strukturgruppe zu, da E ein komplex-analytisches Feld von komplexen m-dimensionalen Ebenenelementen besitzt (Feld tangentiell zu den Fasern von E). Das komplex-analytische · Teilbündel ist das $\mathbf{GL}(m, \mathbf{C})$-Bündel $\xi^{\mathit{\Delta}}$, das komplex-analytische Quotientenbündel ist das $\mathbf{GL}(n, \mathbf{C})$-Bündel $\varphi^*\theta(X)$. Die CHERNsche Klasse der komplexen Mannigfaltigkeit E wird nach (10) im vorigen Abschnitt bestimmt. Ist insbesondere ξ das tangentielle Bündel $\theta(X)$, dann setzen wir wieder $E = X^{\mathit{\Delta}}$. In diesem Falle läßt sowohl das Teilbündel $\xi^{\mathit{\Delta}}$ als auch das Quotientenbündel $\varphi^*\theta(X) = \varphi^*\xi$ die entsprechende Dreiecksgruppe komplex-analytisch als Struktur-gruppe zu. Damit ist erwiesen, daß die Strukturgruppe des komplex-analytischen Bündels $\theta(X^{\mathit{\Delta}})$ komplex-analytisch auf $\mathit{\Delta}(n(n+1)/2, \mathbf{C})$ reduziert werden kann, die entsprechenden Diagonalbündel sind die komplex-analytischen $\mathbf{C}^*$-Bündel $\xi_i \otimes \xi_j^{-1}$, $\xi_1, \ldots, \xi_n$ ($n \geq i > j \geq 1$). Die CHERNsche Klasse von X wird durch (11) im vorigen Abschnitt gegeben ($c_1(\xi_i) = \gamma_i$).

13.5. a) Eine fast-komplexe Mannigfaltigkeit X von n komplexen Dimensionen heißt Spalt-Mannigfaltigkeit, wenn das tangentielle (diffe-renzierbare) Bündel $\theta(X)$ die Dreiecksgruppe $\mathit{\Delta}(n, \mathbf{C})$ als Struktur-gruppe zuläßt. Damit sind n diagonale Bündel $\xi_1, \ldots, \xi_n \in H^1(X, \mathbf{C}_b^*)$ definiert. $\theta(X)$ ist die WHITNEYsche Summe der Bündel ξ_i. Wir setzen $c_1(\xi_i) = a_i \in H^2(X, \mathbf{Z})$ und erhalten

$$c(X) = \prod_{i=1}^{n} (1 + a_i) . \tag{12}$$

b) Eine komplexe Mannigfaltigkeit X von n komplexen Dimen-sionen heißt eine *komplex-analytische* Spalt-Mannigfaltigkeit, wenn das tangentielle komplex-analytische $\mathbf{GL}(n, \mathbf{C})$-Bündel $\theta(X)$ die Dreiecks-gruppe $\mathit{\Delta}(n, \mathbf{C})$ komplex-analytisch als Strukturgruppe zuläßt, d. h. $\theta(X)$ tritt im Bild der Abbildung

$$H^1(X, \mathit{\Delta}(n, \mathbf{C})_\omega) \to H^1(X, \mathbf{GL}(n, \mathbf{C})_\omega)$$

auf. Es sind dann n diagonale Bündel $\xi_1, \ldots, \xi_n \in H^1(X, \mathbf{C}_\omega^*)$ definiert. $\theta(X)$ ist im allgemeinen nicht die komplex-analytische WHITNEYsche Summe von $\xi_1, \ldots, \xi_n$. Faßt man jedoch alle Bündel als stetige (oder als differenzierbare) Bündel auf, dann ist $\theta(X)$ gleich der WHITNEYschen Summe $\xi_1 \oplus \ldots \oplus \xi_n$. Die CHERNsche Klasse von X wird durch (12) gegeben.

Die Abschnitte 13.3 und 13.4 haben gezeigt, daß man in bestimmter Weise zu jeder fast-komplexen Mannigfaltigkeit X eine (fast-komplexe) Spalt-Mannigfaltigkeit X^Δ und zu jeder komplexen Mannigfaltigkeit X eine komplex-analytische Spalt-Mannigfaltigkeit X^Δ konstruieren kann. Im weiteren Verlauf der Arbeit wird von dieser Tatsache entscheidender Gebrauch gemacht. Es wird sich zeigen, daß es genügt, gewisse Sätze nur für Spalt-Mannigfaltigkeiten zu beweisen.

13.6. Es sei X eine kompakte fast-komplexe Spalt-Mannigfaltigkeit von n komplexen Dimensionen. Wir verwenden die Bezeichnungen von 13.5 a) und geben eine Formel an, mit deren Hilfe es möglich ist, das TODDsche Geschlecht $T(X)$ durch virtuelle Indizes auszudrücken:

$$(1 + y)^n \, T(X) = \sum_{l=0}^{n} y^l \sum_{1 \leq i_1 < \cdots < i_l \leq n} T_y(a_{i_1}, \ldots, a_{i_l})_X \, . \tag{13}$$

Zum Beweis gehen wir von der Definition 11.2 (7) des virtuellen T_y-Geschlechtes aus (s. a. 10.2 (1)), verwenden (12) und erhalten für die rechte Seite von (13)

$$\varkappa_n \left[\prod_{i=1}^{n} (1 + y \, R(y; a_i)) \cdot \prod_{i=1}^{n} Q(y; a_i) \right] = \varkappa_n \left[\prod_{i=1}^{n} (Q(y; a_i) + a_i \, y) \right]$$

$$= \varkappa_n \left[\prod_{i=1}^{n} \frac{(1+y) \, a_i}{1 - \exp(-(1+y) \, a_i)} \right] = (1 + y)^n \, \varkappa_n \left[\prod_{i=1}^{n} \frac{a_i}{1 - \exp(-a_i)} \right]$$

$$= (1 + y)^n \, T(X) \, .$$

Für $y = 1$ geht das virtuelle T_y-Geschlecht in den virtuellen Index über:

$$2^n \, T(X) = \sum_{l=0}^{n} \sum_{1 \leq i_1 < \cdots < i_l \leq n} \tau(a_{i_1}, \ldots, a_{i_l})_X \, . \tag{13*}$$

Da die virtuellen Indizes ganze Zahlen sind (Satz 9.3.1), folgt der

Satz 13.6.1. *Das* TODD*sche Geschlecht einer kompakten fast-komplexen Spalt-Mannigfaltigkeit multipliziert mit* 2^n *ist eine ganze Zahl.*

Man kann (13) zu einer Formel für das virtuelle T-Geschlecht verallgemeinern. Für $b_1, \ldots, b_r \in H^2(X, \mathbf{Z})$, $(r \leq n)$, erhält man

$$(1 + y)^{n-r} \, T(b_1, b_2, \ldots, b_r)_X$$
$$= \varkappa_n \left[\prod_{i=1}^{r} R(y; b_i) \, (1 + y \, R(y; b_i))^{-1} \prod_{j=1}^{n} (1 + y \, R(y; a_j)) \prod_{k=1}^{n} Q(y; a_k) \right] . \tag{14}$$

Aus (14) folgt nach Definition des virtuellen T_y-Geschlechtes, daß $(1 + y)^{n-r} \, T(b_1, \ldots, b_r)$ als Linearkombination von virtuellen T_y-Geschlechtern dargestellt werden kann, wobei die Koeffizienten dieser Linearkombinationen Polynome in y mit ganzzahligen Koeffizienten sind. Setzt man in (14) $y = 1$, dann ergibt sich eine Darstellung von $2^{n-r} T(b_1, \ldots, b_r)$ als Linearkombination von virtuellen Indizes mit ganzzahligen Koeffizienten. Damit ist bewiesen:

Satz 13.6.2. *Es sei X eine kompakte fast-komplexe Spalt-Mannigfaltigkeit. $b_1, \ldots, b_r$ seien Elemente von $H^2(X, \mathbf{Z})$. Multipliziert man das virtuelle TODDsche Geschlecht $T(b_1, \ldots, b_r)_X$ mit 2^{n-r}, dann erhält man eine ganze Zahl.*

§ 14. Multiplikative Eigenschaften und Ganzzahligkeits-Eigenschaften des TODDschen Geschlechtes.

14.1. Einige algebraische Bemerkungen: Es seien $c_1, \ldots, c_n$ Unbestimmte über einem Körper K der Charakteristik 0. Wir betrachten den Körper $K(c_1, \ldots, c_n)$, spalten auf unter Verwendung einer Unbestimmten x,

$$1 + c_1 x + \cdots + c_n x^n = (1 + \gamma_1 x) \ldots (1 + \gamma_n x),$$

und adjungieren die Elemente $\gamma_1, \ldots, \gamma_n$ zu $K(c_1, \ldots, c_n)$. Man erhält den Körper $K(c_1, \ldots, c_n)(\gamma_1, \ldots, \gamma_n)$, der eine algebraische Erweiterung vom Grade $n!$ über $K(c_1, \ldots, c_n)$ ist. Die $n!$ Elemente $\gamma_1^{a_1} \gamma_2^{a_2} \cdots \gamma_{n-1}^{a_{n-1}}$ $(0 \leq a_i \leq n - i)$ bilden eine additive Basis für den Erweiterungskörper. Man kann leicht das folgende Lemma beweisen:

Lemma 14.1.1. *Jede formale Potenzreihe P in $\gamma_1, \ldots, \gamma_n$ mit Koeffizienten in K kann in eindeutiger Weise in folgender Form geschrieben werden:*

$$P = \sum_{0 \leq a_i \leq n-i} \varrho_{a_1 a_2 \ldots a_{n-1}} \gamma_1^{a_1} \gamma_2^{a_2} \cdots \gamma_{n-1}^{a_{n-1}}, \tag{1}$$

wo die $\varrho_{a_1 a_2 \ldots a_{n-1}}$ formale Potenzreihen in den $c_1, \ldots, c_n$ mit Koeffizienten in K sind. Wenn P ganzzahlige Koeffizienten hat, dann haben auch die Potenzreihen $\varrho_{a_1 a_2 \ldots a_{n-1}}$ ganzzahlige Koeffizienten.

Wir definieren den „Zeiger" $\varrho(P)$ durch

$$\varrho(P) = (-1)^{n(n-1)/2} \varrho_{n-1, n-2, \ldots, 1}.$$

Für eine Permutation $s : (\gamma_1, \gamma_2, \ldots, \gamma_n) \to (\gamma_{j_1}, \gamma_{j_2}, \ldots, \gamma_{j_n})$ hat man die (1) entsprechende Darstellung

$$P = \sum_{0 \leq a_i \leq n-i} \varrho^s_{a_1 a_2 \ldots a_{n-1}} \gamma_{j_1}^{a_1} \gamma_{j_2}^{a_2} \cdots \gamma_{j_{n-1}}^{a_{n-1}} \tag{1, s}$$

und den s-Zeiger von P: $\varrho^s(P) = (-1)^{n(n-1)/2} \varrho^s_{n-1, n-2, \ldots, 1}.$

Die $n!$ Elemente $\gamma_{j_1}^{a_1} \gamma_{j_2}^{a_2} \cdots \gamma_{j_{n-1}}^{a_{n-1}}$ $(0 \leq a_i \leq n - i)$ bilden ebenfalls eine Basis für den Erweiterungskörper, und es ist klar, daß alle diese Elemente abgesehen von $\gamma_{j_1}^{n-1} \gamma_{j_2}^{n-2} \cdots \gamma_{j_{n-1}}$ den Zeiger 0 haben. Der Zeiger von $\gamma_{j_1}^{n-1} \gamma_{j_2}^{n-2} \cdots \gamma_{j_{n-1}}$ ist gleich ± 1.

Daraus folgt

$$\varrho^s(P) = \varrho(s(P)) = \pm\, \varrho(P)\,. \tag{2}$$

Hierbei wird mit $s(P)$ die Potenzreihe bezeichnet, die bei der Permutation s aus P hervorgeht.

Lemma 14.1.2. *Der Zeiger von P verschwindet, wenn es distinkte i, j gibt, so daß P bei Vertauschen von γ_i und γ_j invariant bleibt.*

Beweis: Das Lemma braucht offenbar nur für Polynome P bewiesen zu werden. Wenn P bei Vertauschung von γ_i und γ_j $(i \neq j)$ invariant bleibt, dann kann man wegen (2) ohne Einschränkung der Allgemeinheit annehmen, daß $i = n - 1$ und $j = n$. Nach Galois gehört P dann zu dem von $\gamma_1, \ldots, \gamma_{n-2}$ über $K\,(c_1, c_2, \ldots, c_n)$ erzeugten Körper. Der Zeiger ist also 0.

Es sei s wieder die oben angegebene Permutation. Dann ist

$$\varrho(\gamma_1^{n-1}\, \gamma_2^{n-2} \cdots \gamma_{n-1}) = \operatorname{sign}(s) \cdot \varrho(s(\gamma_1^{n-1}\, \gamma_2^{n-2} \cdots \gamma_{n-1}))\,. \tag{3}$$

Beweis: (3) braucht nur für den Fall bewiesen zu werden, daß s eine Vertauschung (i, j) ist. In diesem Falle ist

$$\gamma_1^{n-1}\, \gamma_2^{n-2} \cdots \gamma_{n-1} + \gamma_{j_1}^{n-1}\, \gamma_{j_2}^{n-2} \cdots \gamma_{j_{n-1}}$$

bei s invariant, und (3) folgt aus dem vorstehenden Lemma.

Aus (2) und (3) folgt

$$\varrho(P) = \operatorname{sign}(s) \cdot \varrho^s(P) = \operatorname{sign}(s)\, \varrho(s(P))\,. \tag{2*}$$

Wir können nun leicht eine Formel für $\varrho(P)$ angeben. Aus (2*) folgt

$$n!\,\varrho(P) = \varrho\Big(\sum_s \operatorname{sign}(s) \cdot s(P)\Big), \tag{4}$$

zu summieren über alle $n!$ Permutationen s.

Der Ausdruck $\sum_s \operatorname{sign}(s) \cdot s(P)$ ist offenbar alternierend. Der Quotient

$$q(P) = \Big(\sum_s \operatorname{sign}(s) \cdot s(P)\Big)\Big/ \prod_{i>j} (\gamma_i - \gamma_j)$$

ist also symmetrisch und damit eine formale Potenzreihe in den $c_1, \ldots, c_n$. Es ergibt sich so

$$n!\,\varrho(P) = \varrho\Big(\prod_{i>j}(\gamma_i - \gamma_j)\Big) \cdot q(P)\,. \tag{4*}$$

Setzt man für $P = \gamma_1^{n-1}\, \gamma_2^{n-2} \cdots \gamma_{n-1}$, dann ist $\varrho(P) = (-1)^{n(n-1)/2}$ und

$$\sum_s \operatorname{sign}(s) \cdot s(P) = (-1)^{n(n-1)/2} \prod_{i>j} (\gamma_i - \gamma_j)\,.$$

Aus (4) folgt dann $\varrho\Big(\prod_{i>j}(\gamma_i - \gamma_j)\Big) = n!$ und aus (4*) für beliebiges P

die gesuchte Formel:

$$\varrho(P) = \Big(\sum_{s} \operatorname{sign}(s) \cdot s(P) \Big) \Big/ \prod_{i>j} (\gamma_i - \gamma_j) \,. \tag{5}$$

Lemma 14.1.3. *Man setze* $P = \prod\limits_{i>j} \dfrac{\gamma_j - \gamma_i}{\exp(\gamma_j - \gamma_i) - 1}$. *Es ist* $\varrho(P) = 1$.

Beweis: Wir setzen $2a = \sum\limits_{i>j} \gamma_i - \gamma_j$, es gilt dann (vgl. 1.7)

$$P = e^a \prod_{i>j} \frac{\gamma_i - \gamma_j}{2\sinh((\gamma_i - \gamma_j)/2)} \quad \text{und nach (5)}$$

$$\varrho(P) = \Big(\sum_{s} \operatorname{sign}(s)\, e^{s(a)} \Big) \Big/ \prod_{i>j} 2 \sinh((\gamma_i - \gamma_j)/2) \,.$$

Man setze $\exp(-\gamma_i/2) = x_i$. Dann ist

$$e^a (x_1 \ldots x_n)^{n-1} = (x_1^2)^{n-1} (x_2^2)^{n-2} \ldots x_{n-1}^2 \quad \text{und}$$

$$2\, x_i\, x_j \sinh(\gamma_i - \gamma_j)/2) = x_j^2 - x_i^2 .$$

Daraus folgt die Behauptung (Vandermondesche Determinante).

14.2. Wir kommen nochmals auf die Fahnenmannigfaltigkeit $\mathbf{F}(n) = \mathbf{GL}(n, \mathbf{C})/\Delta(n, \mathbf{C})$ zurück. Anwendung von Satz 13.2.1 auf den Fall, wo X ein Punkt ist, zeigt, daß $\mathbf{F}(n)$ eine komplex-analytische Spalt-Mannigfaltigkeit ist. Man erhält für die (totale) Chernsche Klasse von $\mathbf{F}(n)$

$$c(\mathbf{F}(n)) = \prod_{i>j} (1 + \gamma_i - \gamma_j) \,, \tag{6}$$

wo die γ_i Elemente von $H^2(\mathbf{F}(n), \mathbf{Z})$ sind ($\gamma_i = c_1(\xi_i)$, vgl. 13.2). Es gilt ferner

$$\prod_{i=1}^{n} (1 + \gamma_i) = 1 \,. \tag{7}$$

Nach A. Borel [2] wird der Cohomologie-Ring $H^*(\mathbf{F}(n), \mathbf{Z})$ von den γ_i erzeugt mit (7) als einziger Relation, d. h.

$$H^*(\mathbf{F}(n), \mathbf{Z}) = \mathbf{Z}[\gamma_1, \ldots, \gamma_n]/I^+(c_1, \ldots, c_n) \,,$$

hierbei werden die γ_i als Unbestimmte aufgefaßt; und I^+ deutet das von den elementar-symmetrischen Funktionen $c_1, \ldots, c_n$ der γ_i erzeugte Ideal an. Verwendet man die Überlegungen von 14.1, dann sieht man, daß die $n!$ Elemente $\gamma_1^{a_1} \gamma_2^{a_2} \ldots \gamma_{n-1}^{a_{n-1}}$, $0 \leq a_i \leq n - i$, eine additive Basis für den Cohomologie-Ring $H^*(\mathbf{F}(n), \mathbf{Z})$ bilden. Ein Polynom P in den γ_i mit ganzzahligen Koeffizienten definiert ein Element des Cohomologie-Ringes. Um die Darstellung dieses Elementes durch die erwähnte Basis zu erhalten, verwendet man die Darstellung (1) des vorigen Abschnitts: Modulo dem Ideal I^+ sind die Koeffizienten ϱ in (1) ihrem konstanten Gliede gleich.

Die Euler-Poincarésche Charakteristik von $\mathbf{F}(n)$ ist gleich $n!$. Daher ist nach (6) und Satz 4.10.1

$$n! = \prod_{i>j} (\gamma_i - \gamma_j) \, [\mathbf{F}(n)] \,. \tag{8}$$

In 14.1 hatte sich gezeigt: $\varrho \left(\prod_{i>j} \gamma_i - \gamma_j\right) = n!$. Daraus folgt, daß $(-1)^{n(n-1)/2}\gamma_1^{n-1}\, \gamma_2^{n-2} \ldots \gamma_{n-1}$ das zur natürlichen Orientierung von $\mathbf{F}(n)$ gehörige erzeugende Element von $H^m(\mathbf{F}(n), \mathbf{Z})$ ist $(m = n(n-1)/2)$.

Aus dem Lemma 14.1.3 und aus (6) folgt, daß das Toddsche Geschlecht von $\mathbf{F}(n)$ gleich 1 ist.

14.3. Wir betrachten jetzt wieder die in 13.3 beschriebene Situation:

Satz 14.3.1. *Es sei ξ ein differenzierbares $\mathbf{GL}(q, \mathbf{C})$-Bündel über der kompakten n-dimensionalen fast-komplexen Mannigfaltigkeit X. Wir betrachten ein zu ξ assoziiertes Prinzipal-Faserbündel L. Das Faserbündel $E = L/\varDelta(q, \mathbf{C})$ hat die Fahnenmannigfaltigkeit $\mathbf{F}(q)$ als Faser und ist in natürlicher Weise als fast-komplexe Mannigfaltigkeit der Dimension $n + \frac{1}{2}q(q-1)$ aufzufassen. Die Projektion von E auf X werde mit φ bezeichnet. Gegeben sei ferner ein $\mathbf{GL}(l, \mathbf{C})$-Bündel ζ über X. Es gilt für die T-Charakteristik von ζ*

$$T(E, \varphi^*\zeta) = T(X, \zeta)\, T(\mathbf{F}(q)) = T(X, \zeta) \,. \tag{9}$$

Es seien $b_1, \ldots, b_r \in H^2(X, \mathbf{Z})$. Dann gilt für die virtuelle T-Charakteristik in Verallgemeinerung von (9) die Formel

$$T(\varphi^* b_1, \ldots, \varphi^* b_r|, \varphi^*\zeta)_E = T(b_1, \ldots, b_r|, \zeta)_X \,. \tag{10}$$

Beweis von (10): Es seien $d_1, d_2, \ldots$ die Chernschen Klassen von X und $c_1, c_2, \ldots$ die Chernschen Klassen von ξ. Es sei $m = q(q-1)/2$. Es folgt aus der Definition 12.3 (15) und aus der Formel 13.3 (10), daß

$$T(\varphi^* b_1, \ldots, \varphi^* b_r,| \varphi^*\zeta)_E$$

$$= \varkappa_{n+m}\left[\varphi^*\left(t(\zeta)\prod_{i=1}^{r}(1 - e^{-b_i})\sum_{j=0}^{\infty} T_j(d_1, \ldots, d_j)\right) \prod_{i>j} \frac{\gamma_j - \gamma_i}{\exp(\gamma_j - \gamma_i) - 1}\right].$$

Hierbei ist

$$1 + \varphi^* c_1 + \cdots + \varphi^* c_q = \prod_{i=1}^{q} (1 + \gamma_i) \,.$$

Der erste Faktor $\varphi^*(\ )$ des Ausdruckes in $[\ ]$ werde für den Augenblick $\varphi^* A$, der zweite Faktor $\prod\limits_{i>j}$ werde P genannt. Wir verwenden jetzt die algebraischen Überlegungen von 14.1. Die Zahl n von 14.1 ist durch q zu ersetzen. Die Unbestimmten $c_1, \ldots, c_n$ von 14.1 sind durch $\varphi^* c_1, \ldots, \varphi^* c_q$ zu ersetzen. P ist von der Form 14.1 (1). Die Koeffizienten $\varrho_{a_1 a_2 \ldots a_{q-1}}$ sind Polynome in $\varphi^* c_1, \ldots, \varphi^* c_q$, den elementarsymmetrischen Funktionen der γ_i. Nun haben wir von $\varphi^* A \cdot P$ den Term von der komplexen Dimension $n + m$ zu nehmen. Da alle Produkte, die nur Faktoren $\varphi^* x$ mit $x \in H^*(X, \mathbf{Z}) \otimes \mathbf{Q}$ enthalten, verschwinden, sobald ihre komplexe Dimension größer als n ist, gilt offenbar

$$\varkappa_{n+m}[\varphi^*(A) \cdot P]_E = \varkappa_{n+m}[(-1)^m\, \varphi^*(A) \cdot \varrho(P)\, \gamma_1^{q-1}\, \gamma_2^{q-2} \ldots \gamma_{q-1}] \,.$$

Nun gilt nach Lemma 14.1.3, daß $\varrho(P) = 1$ ist. Also ergibt sich

$$\varkappa_{n+m}[\varphi^*(A) \cdot P]_E = \varkappa_{n+m}[\varphi^*(A) \cdot (-1)^m \gamma_1^{q-1} \gamma_2^{q-2} \cdots \gamma_{q-1}]_E \cdot$$

Da $(-1)^m \gamma_1^{q-1} \gamma_2^{q-2} \cdots \gamma_{q-1}$ beschränkt auf die Faser $\mathbf{F}(q)$ das natürliche erzeugende Element von $H^m(\mathbf{F}(q), \mathbf{Z})$ definiert (vgl. 14.2), ist der letzte Ausdruck $\varkappa_{n+m}[\ ]_E$ gleich $\varkappa_n[A]_X$. Damit ist Formel (10) bewiesen.

Die Formeln (9) und (10) besagen u. a., daß das Toddsche Geschlecht von X gleich dem von E ist und daß das virtuelle Toddsche Geschlecht von $(b_1, \ldots, b_r)$ berechnet in X gleich dem von $(\varphi^*b_1, \ldots, \varphi^*b_r)$ berechnet in E ist. Ausgehend von einer kompakten fast-komplexen Mannigfaltigkeit X, können wir für E speziell die Spalt-Mannigfaltigkeit $X^{\varDelta}$ wählen (vgl. 13.3). Also folgt aus den Sätzen 13.6.1 und 13.6.2 und aus Lemma 1.7.3 der

Satz 14.3.2. *Das Toddsche Geschlecht einer kompakten fast-komplexen Mannigfaltigkeit X multipliziert mit 2^n ist eine ganze Zahl. Allgemeiner: Das virtuelle Toddsche Geschlecht von $(b_1, \ldots, b_r)$, $b_i \in H^2(X, \mathbf{Z})$, multipliziert mit 2^{n-r} ist eine ganze Zahl[1].*

14.4. Bemerkungen und Zusätze.

1) Der vorstehende Satz ist nicht trivial, da die Toddschen Polynome große Nenner haben (vgl. Lemma 1.7.3). Wenn z. B. die fast-komplexe Mannigfaltigkeit X von der komplexen Dimension 4 ist, dann besagt der Satz

$$-c_4 + c_3 c_1 + 3 c_2^2 + 4 c_2 c_1^2 - c_1^4 \equiv 0 \ (\text{mod } 45), \ (\text{vgl. das Polynom } T_4 \text{ in } 1.7).$$

2) Der vorstehende Satz kann verallgemeinert werden: *Die virtuelle T_y-Charakteristik $T_y(b_1, \ldots, b_r|, \zeta)$ $(b_i \in H^2(X; \mathbf{Z})$; ζ ist ein differenzierbares $\mathbf{GL}(q, \mathbf{C})$-Bündel über X) ist ein Polynom in y, das nach Multiplikation mit einer geeigneten Potenz von 2 ganzzahlige Koeffizienten hat.* Wir gehen hier nicht auf diese Ganzheitsfragen ein, sie werden an anderer Stelle eine systematische Behandlung finden [5].

3) Die Formel (10) von Satz 14.3.1 kann verallgemeinert werden:

$$T_y(\varphi^*b_1, \ldots, \varphi^*b_r|, \varphi^*\zeta)_E = T_y(b_1, \ldots, b_r|, \zeta) \cdot T_y(\mathbf{F}(q)) . \quad (10^*)$$

Zum Beweis von (10^*) hat man nur das Lemma 14.1.3 folgendermaßen zu verallgemeinern:

Es sei y eine Unbestimmte über den rationalen Zahlen, und der Grundkörper K von 14.1 sei der Polynomring in y über den rationalen Zahlen. Wenn man

$$P = \prod_{i > j} Q(y; \gamma_i - \gamma_j)$$

---

[1] Der Satz bleibt richtig, wenn man 2^n durch 2^{n-1} bzw. 2^{n-r} durch 2^{n-r-1} ersetzt. Zum Beweis kann man die Steenrodschen reduzierten Quadrate verwenden (vgl. [14, 16]). Ein Fall, in dem das Toddsche Geschlecht oder das virtuelle Toddsche Geschlecht keine ganze Zahl ist, ist dem Verf. nicht bekannt.

setzt, wo $Q(y; x)$ die in 10.1 (1) angegebene Bedeutung hat, dann ist

$$\varrho\,(P) = \frac{1 - (-1)^n\, y^n}{1 + y} \cdot \frac{1 - (-1)^{n-1}\, y^{n-1}}{1 + y} \cdots \frac{1 - y^2}{1 + y} \qquad (11)$$

Aus (11) folgt, daß $T_y(\mathbf{F}(n))$ gleich dem in (11) angegebenen Polynom in y ist, daß also

$$T_y(\mathbf{F}(n)) = T_y(\mathbf{P}_{n-1}(\mathbf{C})) \cdot T_y(\mathbf{P}_{n-2}(\mathbf{C})) \ldots T_y(\mathbf{P}_1(\mathbf{C})) \,.$$

Allgemein bemerke man, daß man für das zu einer m-Folge $\{K_j(c_1, \ldots, c_j)\}$ mit der charakteristischen Potenzreihe $B(x) = K(1 + x)$ gehörige K-Geschlecht die Gleichung

$$K(E) = K(X) \cdot K(\mathbf{F}(q)) \qquad (q \text{ fest})$$

immer dann mit der beim Beweis von Satz 14.3.1 benutzten Methode beweisen kann, wenn $\varrho(\prod_{q \geq i > j \geq 1} B(\gamma_i - \gamma_j))$ ein Element des Grundkörpers und also unabhängig von $c_1, \ldots, c_q$ ist. Es ist dann klar, daß dieses Element gleich $K(\mathbf{F}(q))$ ist. (Wir verwenden hier die Bezeichnungen von 14.1; n werde durch q ersetzt.)

4) Das T_y-Geschlecht hat als Geschlecht im Sinne von 10.2 die Eigenschaft, daß das Geschlecht des cartesischen Produktes gleich dem Produkt der Geschlechter der Faktoren ist (Lemma 10.2.1). Wir haben gesehen (vgl. 3)), daß für den Fall eines Faserbündels E über X mit der Fahnenmannigfaltigkeit $\mathbf{F}(q)$ als Faser das T_y-Geschlecht sich multiplikativ verhält:

$$T_y(E) = T_y(X)\, T_y(\mathbf{F}(q)) \,.$$

Es ergibt sich die Frage, für welche Faserbündel E über X mit einer beliebigen Faser F weiterhin gilt: $T_y(E) = T_y(X)\, T_y(F)$. Es wird dabei natürlich vorausgesetzt, daß E, X, F kompakte fast-komplexe Mannigfaltigkeiten sind und „daß die Faserung mit den fast-komplexen Strukturen verträglich ist". Wir geben einen speziellen Fall an, in dem sich das T_y-Geschlecht multiplikativ verhält:

Es sei ξ ein differenzierbares $\mathbf{GL}(q, \mathbf{C})$-Bündel über der kompakten fast-komplexen Mannigfaltigkeit X und L ein zu ξ assoziiertes Prinzipal-Faserbündel. $E' = L/\mathbf{GL}(1, q-1; \mathbf{C})$ ist ein Faserbündel über X mit dem komplexen projektiven Raum $\mathbf{P}_{q-1}(\mathbf{C})$ als Faser. E' kann in natürlicher Weise zu einer fast-komplexen Mannigfaltigkeit gemacht werden. Es ist $T_y(E') = T_y(X)\, T_y(\mathbf{P}_{q-1}(\mathbf{C}))$.

Beweis: $E = L/\varDelta(q, \mathbf{C})$ ist ein Faserbündel über E' mit $\mathbf{F}(q-1)$ als Faser (vgl. 13.1 (8)). Da T_y sich multiplikativ verhält, wenn die Fahnenmannigfaltigkeit als Faser auftritt, ist

$$T_y(E) = T_y(X)\, T_y(\mathbf{F}(q)) \quad \text{und} \quad T_y(E) = T_y(E')\, T_y(\mathbf{F}(q-1)) \,.$$

Ferner ist $\quad T_y(\mathbf{F}(q)) = T_y(\mathbf{F}(q-1))\, T_y(\mathbf{P}_{q-1}(\mathbf{C}))$. Daraus folgt, da

$$T_y(\mathbf{F}(q-1)) \neq 0,$$

$$T_y(E') = T_y(X)\, T_y(\mathbf{P}_{q-1}(\mathbf{C})) . \tag{12}$$

Für $y=1$ besagt das insbesondere, daß der Index sich multiplikativ verhält. In diesem Falle hat (12) einen Sinn, wenn X eine kompakte differenzierbare Mannigfaltigkeit ist, und (12) kann für $y=1$ auch für diesen allgemeineren Fall bewiesen werden. Auf das multiplikative Verhalten des T_y-Geschlechtes und insbesondere des Index wird in [5] eingegangen werden. Es wird dort u. a. $G/\mathbf{T}$ als Faser zugelassen (G kompakte LIEsche Gruppe, $\mathbf{T}$ maximaler Torus von G) und das multiplikative Verhalten des T_y-Geschlechtes für diesen Fall bewiesen. An Stelle von Lemma 14.1.3 tritt eine bekannte Identität von H. WEYL, die von den „Wurzeln“ einer kompakten LIEschen Gruppe erfüllt wird.

Viertes Kapitel

Der Satz von RIEMANN-ROCH für algebraische Mannigfaltigkeiten

§ 15. Cohomologiegruppen von kompakten komplexen Mannigfaltigkeiten mit Koeffizienten in gewissen komplex-analytischen Garben

15.1. Wir werden im folgenden komplex-analytische Vektorraum-Bündel über einer komplexen Mannigfaltigkeit V betrachten. Ein solches Vektorraum-Bündel ist zu einem wohlbestimmten komplex-analytischen $\mathbf{GL}(q, \mathbf{C})$-Bündel assoziiert. Die Cohomologiegruppen von V mit Koeffizienten in der Garbe $\Omega(W)$ der Keime von lokalen holomorphen Schnitten von W (vgl. 3.5) sollen der Kürze halber mit $H^i(V, W)$ bezeichnet werden. Wir werden zeigen, daß sie verschwinden, wenn i größer als die komplexe Dimension von V ist. Die $H^i(V, W)$ sind komplexe Vektorräume. Wir werden sehen, daß $H^i(V, W)$ für kompaktes V endlich-dimensional über $\mathbf{C}$ ist. Isomorphe Vektorraum-Bündel $W, \widetilde{W}$ haben offenbar isomorphe Garben $\Omega(W)$, $\Omega(\widetilde{W})$ und isomorphe Cohomologiegruppen[1]).

Das triviale Geradenbündel werde mit $\mathbf{1}$ bezeichnet. $\Omega(\mathbf{1})$ ist die Garbe der Keime von lokalen holomorphen Funktionen. Sie wird auch einfach mit Ω bezeichnet. Natürlich ist $\Omega = \mathbf{C}_\omega$ (vgl. 2.5 und 3.1).

$H^0(V, W)$ ist der komplexe Vektorraum aller globalen (d. h. über ganz V definierten) holomorphen Schnitte von W. Insbesondere ist $H^0(V, \mathbf{1})$ der komplexe Vektorraum aller auf ganz V definierten holomorphen Funktionen. Wenn V kompakt ist, dann hat $H^0(V, \mathbf{1})$ die Dimension g_0, wo g_0 die Anzahl der Zusammenhangskomponenten von V ist (vgl. Einleitung).

---

[1]) Aus diesem Grunde werden wir im folgenden gelegentlich isomorphe Vektorraum-Bündel der Einfachheit wegen identifizieren.

15.2. (vgl. Serre [32]). Wir betrachten die Garbe $\mathbf{C}^*_\omega$ der Keime von lokalen nicht-verschwindenden holomorphen Funktionen über der komplexen Mannigfaltigkeit V (vgl. 2.5). Die komplex-analytischen $\mathbf{C}^*$-Bündel über V (die Isomorphieklassen der Geradenbündel über V) bilden die abelsche Gruppe $H^1(V, \mathbf{C}^*_\omega)$, deren Gruppenoperation mit dem Tensorprodukt übereinstimmt (vgl. 3.7).

Ein Divisor D von V wird durch eine sog. Verteilung von meromorphen „Ortsfunktionen" repräsentiert:

Für eine Überdeckung $\mathfrak{U} = \{U_i\}_{i \in I}$ *von* V *sei jeder Menge* U_i *eine in* U_i *meromorphe (nicht identisch verschwindende) Funktion* f_i *so zugeordnet, daß* f_i/f_j *in* $U_i \cap U_j$ *holomorph ist und dort keine Nullstellen hat.*

Man hat zu definieren, wann zwei solche Verteilungen denselben Divisor repräsentieren. Das geschieht in üblicher und naheliegender Weise. Man kann die Divisoren auch garben-theoretisch definieren:

Es sei $\mathfrak{G}$ die Garbe der Keime von lokalen nicht identisch verschwindenden meromorphen Funktionen. (Die Garben-Operation ist die gewöhnliche Multiplikation der Keime.) $\mathbf{C}^*_\omega$ ist Untergarbe von $\mathfrak{G}$. Nach Einführung der Garbe $\mathfrak{D} = \mathfrak{G}/\mathbf{C}^*_\omega$ hat man die exakte Sequenz

$$0 \to \mathbf{C}^*_\omega \to \mathfrak{G} \xrightarrow{h} \mathfrak{D} \to 0 . \tag{1}$$

Die Divisoren sind die Elemente der abelschen Gruppe $H^0(V, \mathfrak{D})$. Wir schreiben diese Gruppe additiv. Die Addition zweier Divisoren (gegeben in bezug auf dieselbe Überdeckung $\mathfrak{U}$ durch Verteilungen von meromorphen Ortsfunktionen) erfolgt durch Multiplikation der Ortsfunktionen. Zu (1) gehört die exakte Cohomologiesequenz

$$H^0(V, \mathfrak{G}) \xrightarrow{h} H^0(V, \mathfrak{D}) \xrightarrow{\delta^0_*} H^1(V, \mathbf{C}^*_\omega) . \tag{2}$$

$H^0(V, \mathfrak{G})$ ist die multiplikative Gruppe der auf keiner Zusammenhangskomponente von V identisch verschwindenden meromorphen Funktionen von V. Eine meromorphe Funktion $f \in H^0(V, \mathfrak{G})$ definiert den Divisor $(f) = hf$, den man Divisor der meromorphen Funktion f nennt. Zwei Divisoren heißen linear-äquivalent, wenn ihre Differenz als Divisor einer meromorphen Funktion $f \in H^0(V, \mathfrak{G})$ auftritt. *Die Divisorenklassen* (in bezug auf lineare Äquivalenz) *bilden die abelsche Gruppe* $H^0(V, \mathfrak{D})/hH^0(V, \mathfrak{G})$, *die* wegen der Exaktheit von (2) *einer Untergruppe von* $H^1(V, \mathbf{C}^*_\omega)$ *isomorph ist.*

Für einen Divisor D bezeichnen wir das komplex-analytische $\mathbf{C}^*$-Bündel $(\delta^0_* D)^{-1}$ mit $[D]$. Das bis auf Isomorphie wohlbestimmte zu $[D]$ assoziierte komplex-analytische Geradenbündel werde $\{D\}$ genannt.

Wenn der Divisor D in bezug auf die Überdeckung $\mathfrak{U} = \{U_i\}$ durch meromorphe Ortsfunktionen f_i gegeben wird, dann wird $[D]$ durch den

Cozyklus

$$f_{ij} = f_i/f_j \qquad (f_{ij}\colon\ U_i \cap U_j \to \mathbf{C}^*) \qquad (3)$$

repräsentiert.

Ein Divisor D soll holomorph heißen, wenn alle Ortsfunktionen f_i holomorph sind. (Dieser Begriff hängt natürlich nur von dem Divisor ab.)

Bemerkung: In der Literatur werden holomorphe Divisoren häufig „nicht-negativ" und, wenn wenigstens eine der Ortsfunktionen Nullstellen hat, „positiv" genannt. Wir vermeiden diese Terminologie, da wir das Wort „positiv" anders verwenden wollen (18.1).

Ein (holomorpher) Divisor heißt singularitätenfrei, wenn er in bezug auf eine geeignete Überdeckung $\mathfrak{U} = \{U_i\}$ so durch Ortsfunktionen f_i repräsentiert werden kann, daß für alle i gilt:

Entweder ist $f_i \equiv 1$, oder man kann in U_i lokale komplexe Koordinaten so einführen, daß f_i gleich einer der Koordinaten ist.

Die Gesamtheit aller Punkte x von V, für die $f_i(x)$ für wenigstens ein i mit $x \in U_i$ und damit für alle i mit $x \in U_i$ verschwindet, ist eine komplexe Mannigfaltigkeit der komplexen Dimension $n - 1$ ($n = \dim V$). Wir bezeichnen den singularitätenfreien Divisor und diese komplexe Untermannigfaltigkeit von V mit demselben Symbol und haben damit den Anschluß an die Terminologie von Abschnitt 4.9 erreicht.

Problem von Riemann-Roch: Gegeben sei ein beliebiger Divisor D von V (Ortsfunktionen f_i). Man betrachte die Gesamtheit $L(D)$ aller derjenigen meromorphen Funktionen g von V, für die alle Funktionen gf_i in U_i holomorph sind[1]). Offenbar ist $L(D)$ in bezug auf die Addition von meromorphen Funktionen ein komplexer Vektorraum. *Man bestimme die Dimension von $L(D)$.*

Satz 15.2.1. *Für den Divisor D der komplexen Mannigfaltigkeit V sind die komplexen Vektorräume $L(D)$ und $H^0(V, \{D\})$ isomorph.*

Beweis: $H^0(V, \{D\})$ ist der Vektorraum der globalen holomorphen Schnitte des Geradenbündels $\{D\}$. Wir repräsentieren D in bezug auf eine geeignete Überdeckung $\mathfrak{U} = \{U_i\}$ durch Ortsfunktionen f_i und können annehmen, daß $\{D\}$ aus $\bigcup (U_i \times \mathbf{C})$ vermöge der Identifizierung von $u \times k \in U_j \times \mathbf{C}$ mit $u \times \dfrac{f_i}{f_j} k \in U_i \times \mathbf{C}$ entsteht (vgl. (3) und 3.2.a). Ein Schnitt s von $\{D\}$ wird dann durch Funktionen s_i gegeben (s_i in U_i holomorph), für die $s_i = \dfrac{f_i}{f_j} s_j$ in $U_i \cap U_j$. Dem Schnitt s werde die globale meromorphe Funktion

$$h(s) = \frac{s_i}{f_i} = \frac{s_j}{f_j}$$

---

[1]) Es wird nicht verlangt, daß $g \in H^\bullet(V, \mathfrak{S})$. Die Menge $L(D)$ hängt offenbar nur von dem Divisor D ab.

zugeordnet. $h(s)$ gehört zu $L(D)$, und h ist in der Tat ein Isomorphismus von $H^0(V, \{D\})$ auf $L(D)$. Q. E. D.[1]

Der vorstehende Satz legt folgende Verallgemeinerung des Problems von RIEMANN-ROCH nahe.

Verallgemeinertes Problem von RIEMANN-ROCH: Gegeben sei ein komplex-analytisches Vektorraum-Bündel W über V. *Man bestimme die Dimension des Vektorraumes $H^0(V, W)$.*

Wir erinnern daran, daß $H^0(V, W)$ der Vektorraum der holomorphen Schnitte von W über V ist.

15.3.a). Über der komplexen Mannigfaltigkeit V haben wir die komplex-analytischen Vektorraum-Bündel $T^{(p)}$ der tangentiellen kovarianten p-Vektoren (vgl. 4.7). $T = T^{(1)}$ ist das Vektorraum-Bündel der kovarianten Tangentialvektoren. $T^{(0)}$ ist das triviale Geradenbündel. $T^{(n)}$ ist ebenfalls ein Geradenbündel, es heißt kanonisches Geradenbündel von V und wird mit K bezeichnet.

Wenn V eine meromorphe n-Form besitzt (mit dem Divisor E), dann ist das Geradenbündel K zu dem komplex-analytischen $\mathbf{C}^*$-Bündel $[E]$ assoziiert ($K = \{E\}$).

Die Cohomologieklasse[2] von K ist $-c_1$ (c_1 ist die 2-dimensionale CHERNsche Cohomologieklasse von V; vgl. Satz 4.4.3, siehe auch 12.2).

Für ein komplex-analytisches Vektorraum-Bündel W über V wird die Cohomologiegruppe $H^q(V, W \otimes T^{(p)})$ auch mit $H^{p,q}(V, W)$ bezeichnet. Es ist $H^{0,q}(V, W) = H^q(V, W)$.

15.3.b). Zu einem Vektorraum-Bündel W über V kann man ein (bis auf Isomorphie wohlbestimmtes) konjugiertes Vektorraum-Bündel $\overline{W}$ über V folgendermaßen konstruieren. Man nehme an, daß W aus der punktfremden Vereinigung $\bigcup U_i \times \mathbf{C}_q$ vermöge

$$g_{ij}: U_i \cap U_j \to \mathbf{GL}(q, \mathbf{C})$$

durch Identifizierungen entsteht. Dann soll $\overline{W}$ dasjenige Vektorraum-Bündel sein, das aus derselben punktfremden Vereinigung vermöge

$$\overline{g_{ij}}: U_i \cap U_j \to \mathbf{GL}(q, \mathbf{C})$$

durch Identifizierungen entsteht. Das Überstreichen bedeutet Konjugieren. $\overline{g_{ij}}$ ist also diejenige Abbildung von $U_i \cap U_j$ in $\mathbf{GL}(q, \mathbf{C})$, die

---

[1]) Aus dem vorstehenden Beweis entnimmt man, daß für eine *zusammenhängende kompakte* komplexe Mannigfaltigkeit V die Punkte des zu $H^0(V, \{D\})$ gehörigen komplexen projektiven Raumes eineindeutig den in der Divisorklasse von D enthaltenen holomorphen Divisoren entsprechen. Dieser projektive Raum wird oft mit $|D|$ bezeichnet. Er entsteht aus der Menge der von 0 verschiedenen Elemente des komplexen Vektorraumes $H^0(V, \{D\})$ durch die Identifizierungen $c\,a = a$ ($a \in H^0(V, \{D\})$, $a \neq 0$, $c \in \mathbf{C}$, $c \neq 0$). Es ist also dim $|D| + 1 = $ dim $H^0(V, \{D\})$.

[2]) Unter der Cohomologieklasse eines Geradenbündels F wird die CHERNsche Klasse $c_1(F)$ verstanden, das ist nach Definition die 2-dimensionale CHERNsche Klasse des zu F gehörigen $\mathbf{C}^*$-Bündels.

jedem $x \in U_i \cap U_j$ die Matrix $\overline{g_{ij}(x)}$ zuordnet, die aus $g_{ij}(x)$ durch Konjugieren aller Koeffizienten entsteht.

Wenn W komplex-analytisch ist, dann ist $\overline{W}$ nicht mehr komplex-analytisch, sondern ist als differenzierbares Vektorraum-Bündel aufzufassen. $W, \overline{W}$ sind als differenzierbare Vektorraum-Bündel „anti-isomorph". Es gibt einen differenzierbaren Homöomorphismus von W auf $\overline{W}$, der jede Faser W_x anti-isomorph auf $\overline{W}_x$ abbildet:

Ein Anti-Isomorphismus zweier komplexer Vektorräume A, B ist eine eineindeutige Abbildung φ von A auf B mit $\varphi(a + a') = \varphi(a) + \varphi(a')$ und $\varphi(ca) = \bar{c}\, \varphi(a)$ für $a, a' \in A$ und $c \in \mathbf{C}$.

Der Anti-Isomorphismus von W auf $\overline{W}$ wird in bezug auf die lokalen Produktdarstellungen $U_i \times \mathbf{C}_q$ von W und $\overline{W}$ durch Konjugieren gegeben.

15.3.c). Ein differenzierbares Vektorraum-Bündel W über X sei in bezug auf eine geeignete Überdeckung durch differenzierbare Abbildungen

$$f_{ij}: \quad U_i \cap U_j \to \mathbf{GL}(q, \mathbf{C})$$

gegeben. Man kann die Strukturgruppe auf $\mathbf{U}(q)$ reduzieren (vgl. 4.1.b)), d. h. es gibt differenzierbare Abbildungen

$$h_i: \quad U_i \to \mathbf{GL}(q, \mathbf{C}),$$

derart, daß

$$h_i\, f_{ij}\, h_j^{-1}: \; U_i \cap U_j \to \mathbf{U}(q) \, .$$

Wir setzen

$$g_i = \overline{h}_i^{\dagger}\, h_i : \quad U_i \to \mathbf{GL}(q, \mathbf{C})$$

($\dagger$ bedeutet Bildung der transponierten Matrix).

Das duale Vektorraum-Bündel W^* können wir uns durch die Abbildungen

$$f_{ij}^* = (f_{ij}^{-1})^{\dagger}: \; U_i \cap U_j \to \mathbf{GL}(q, \mathbf{C})$$

gegeben denken. Definiert man für einen Punkt α von W, der in bezug auf die Produktdarstellung $U_i \times \mathbf{C}_q$ von W durch $u \times t$ gegeben sei, den Punkt $\psi(\alpha) \in W^*$ in bezug auf die Produktdarstellung $U_i \times \mathbf{C}_q$ von W^* durch

$$\psi(\alpha) = \psi(u \times t) = u \times \overline{g_i t} \, ,$$

dann erhält man einen Anti-Isomorphismus ψ von W auf W^*. Wir nennen ψ den zur oben angegebenen Reduktion der Strukturgruppe gehörigen „hermiteschen" Anti-Isomorphismus. Er führt auf jeder Faser W_x von W eine hermitesche Metrik ein, deren (positiv-definite) hermitesche Form gleich $\psi(\alpha) \cdot \alpha$ ist. Hierbei ist $\alpha \in W_x$. Das Element $\psi(\alpha)$ gehört dem dualen Vektorraum W_x^* an. $\psi(\alpha) \cdot \alpha$ ist der Wert der Linearform $\psi(\alpha)$ auf α. — Man hat entsprechend den hermiteschen Anti-Isomorphismus ψ^{-1} von W^* auf W.

15.4. Wir skizzieren Resultate von DOLBEAULT, CARTAN-SERRE, KODAIRA, SPENCER, SERRE [12, 9, 24, 31, 32b] über die Cohomologiegruppen $H^{p,q}(V, W)$.

Über der komplexen Mannigfaltigkeit V betrachten wir die Garbe $\mathfrak{A}^{p,q}$ der Keime von lokalen differenzierbaren Differentialformen vom Typ (p, q).

Der Operator d für Differentialformen von V wird aufgespalten:

$$d = \partial + \bar{\partial}\,,$$

wo $\partial =$ Differentiation nach den z-Variablen und
$\bar{\partial} =$ Differentiation nach den $\bar{z}$-Variablen.

Es ist

$$\partial\partial = \bar{\partial}\,\bar{\partial} = \partial\bar{\partial} + \bar{\partial}\partial = 0\,.$$

Der Operator $\bar{\partial}$ bildet jede Form vom Typ (p, q) auf eine Form vom Typ $(p, q+1)$ ab und induziert deshalb Garben-Homomorphismen

$$\bar{\partial}\colon \mathfrak{A}^{p,q} \to \mathfrak{A}^{p,q+1}\,.$$

Der Kern von $\bar{\partial}\colon \mathfrak{A}^{p,0} \to \mathfrak{A}^{p,1}$ ist gleich $\Omega(T^{(p)})$ ($=$ Garbe der Keime von lokalen holomorphen p-Formen). Für eine Form vom Typ $(p, 0)$ ist „Verschwinden von $\bar{\partial}$" in der Tat mit „holomorph" äquivalent. Vermöge der Einbettung von $\Omega(T^{(p)})$ in $\mathfrak{A}^{p,0}$ und der Homomorphismen $\bar{\partial}$ erhält man jetzt folgende Sequenz von Garben über V:

$$0 \to \Omega(T^{(p)}) \to \mathfrak{A}^{p,0} \to \mathfrak{A}^{p,1} \to \cdots \to \mathfrak{A}^{p,q} \to \cdots\,. \qquad (4)$$

Wie bereits gezeigt, ist diese Sequenz an der ersten Stelle exakt. Ein zuerst von GROTHENDIECK bewiesenes „POINCARÉsches Lemma" besagt, daß die ganze Sequenz (4) exakt ist (vgl. [7a] Exposé XVIII, [12] und [31] Chapter IV).

Wir haben über V ferner die (differenzierbaren) Vektorraum-Bündel $\overline{T^{(p)}}$ (vgl. 4.7)[1]). Die Garbe $\mathfrak{A}^{p,q}$ ist gleich der Garbe der Keime von lokalen differenzierbaren Schnitten von $T^{(p)} \otimes \overline{T^{(q)}}$.

Gegeben sei nun ein *komplex-analytisches* Vektorraum-Bündel W (Faser $\mathbf{C}_r$) über V. Wir betrachten das differenzierbare Vektorraum-Bündel $W \otimes T^{(p)} \otimes \overline{T^{(q)}}$ und bezeichnen die Garbe der Keime von lokalen differenzierbaren Schnitten dieses Vektorraum-Bündels mit $\mathfrak{A}^{p,q}(W)$. Es ist $\mathfrak{A}^{p,q}(1) = \mathfrak{A}^{p,q}$. Die Schnitte der Garbe $\mathfrak{A}^{p,q}(W)$, d. h. die differenzierbaren Schnitte des Vektorraum-Bündels $W \otimes T^{(p)} \otimes \overline{T^{(q)}}$, nennt man differenzierbare Differentialformen (kurz: Formen) vom

---

[1]) In 4.7 haben wir das Vektorraum-Bündel $\overline{T}$ definiert, das zu T im Sinne von 15.3.b) konjugiert ist. Das Vektorraum-Bündel $\overline{T}^{(p)}$ bezeichnen wir auch mit $\overline{T^{(p)}}$. Es ist in der Tat zu $T^{(p)}$ konjugiert.

Typ (p, q) mit Koeffizienten in W. Wir setzen

$$A^{p,q}(W) = \Gamma(V, \mathfrak{A}^{p,q}(W)) = \text{C-Modul der globalen Formen vom}$$
$$\text{Typ } (p, q) \text{ mit Koeffizienten in } W \qquad (5)$$
$$A^{p,q} \;\; = A^{p,q}(\mathbf{1}) \;\;\;\;\; = \text{C-Modul der gewöhnlichen globalen}$$
$$\text{Formen vom Typ } (p, q)\,.$$

Eine lokale Form vom Typ (p, q) mit Koeffizienten in W kann in bezug auf eine lokale Produktdarstellung $U \times \mathbf{C}_r$ von W (zulässige Karte) aufgefaßt werden als r-Tupel von gewöhnlichen lokalen Formen vom Typ (p, q). Auf diesem r-Tupel operiert $\bar{\partial}$. Da die Transformationen von einer Produktdarstellung $U \times \mathbf{C}_r$ zu einer anderen $U' \times \mathbf{C}_r$ durch eine holomorphe Abbildung von $U \cap U'$ in $\mathbf{GL}(r, \mathbf{C})$ erfolgt und $\bar{\partial}$ auf holomorphen Funktionen verschwindet, ist dieses Operieren von $\bar{\partial}$ unabhängig von der Wahl der Produktdarstellung. $\bar{\partial}$ induziert deshalb Garben-Homomorphismen

$$\bar{\partial}\colon \mathfrak{A}^{p,q}(W) \to \mathfrak{A}^{p,q+1}(W)\,,$$

und aus der exakten Sequenz (4) folgt sofort, daß allgemeiner die folgende Sequenz exakt ist:

$$0 \to \Omega(W \otimes T^{(p)}) \to \mathfrak{A}^{p,0}(W) \to \mathfrak{A}^{p,1}(W) \to \cdots \to \mathfrak{A}^{p,q}(W) \to \cdots \,. \qquad (6)$$

Die Garbe der Keime von lokalen differenzierbaren Schnitten eines Vektorraum-Bündels über V ist fein (vgl. 3.5). Damit ist gezeigt, daß (6) eine feine Auflösung der Garbe $\Omega(W \otimes T^{(p)})$ ist, und man erhält aus Satz 2.12.1 den folgenden

S a t z 15.4.1 (DOLBEAULT-SERRE). *Der komplexe Vektorraum $H^{p,q}(V,W)$ (vgl. 15.1 und 15.3.a)) ist mit dem zu (p, q) gehörigen $\bar{\partial}$-Cohomologie-Modul in natürlicher Weise isomorph, d. h.*

$$H^{p,q}(V, W) \cong Z^{p,q}(W)/\bar{\partial}(A^{p,q-1}(W))\,. \qquad (7)$$

Hierbei bezeichnet $Z^{p,q}(W)$ den Modul derjenigen globalen Formen vom Typ (p, q) mit Koeffizienten in W, die bei $\bar{\partial}$ verschwinden.

Aus dem vorstehenden Satz folgt bereits, daß die Cohomologie-gruppen $H^{p,q}(V, W)$ verschwinden, wenn p oder q größer als die komplexe Dimension von V ist.

Wir setzen von nun an für den Rest dieses Paragraphen voraus, daß V kompakt ist. Es sei $n = \dim V$.

Wir betrachten das zu W gehörige duale Vektorraum-Bündel W^*. Dann kann in natürlicher Weise für $\alpha \in A^{p,q}(W)$ und $\beta \in A^{r,s}(W^*)$ ein Produkt $\alpha \wedge \beta$ definiert werden, das in $A^{p+r,q+s}(\mathbf{1})$ liegt. Für $W = \mathbf{1}$ handelt es sich um das gewöhnliche (schiefe) Produkt von Formen. Es ist

$$\bar{\partial}(\alpha \wedge \beta) = \bar{\partial}\alpha \wedge \beta + (-1)^{p+q}\,\alpha \wedge \bar{\partial}\beta$$
$$\alpha \wedge \beta = (-1)^{(p+q)(r+s)}\,\beta \wedge \alpha\,. \qquad (8)$$

Für $r = n - p$ und $s = n - q$ ist $\alpha \wedge \beta \in A^{n,n}(\mathbf{1})$, und das Integral

$$\iota(\alpha, \beta) = \int_V \alpha \wedge \beta$$

ist wohldefiniert. Wenn $\alpha \in A^{p,q}(W)$, $\beta \in A^{n-p,\,n-q}(W^*)$ und wenn ferner $\alpha = \bar\partial \gamma$ ($\gamma \in A^{p,q-1}(W)$) und $\bar\partial \beta = 0$, dann erhält man aus (8) und dem STOKESschen Satz

$$\iota(\alpha, \beta) = \int_V \bar\partial(\gamma \wedge \beta) = \int_V d(\gamma \wedge \beta) = 0 \,.$$

Entsprechend für $\beta = \bar\partial \gamma$ ($\gamma \in A^{n-p,\,n-q-1}(W^*)$) und $\bar\partial \alpha = 0$. Die bilineare Form ι induziert daher nach (7) eine Paarung von $H^{p,q}(V, W)$ und $H^{n-p,\,n-q}(V, W^*)$ mit Werten in $\mathbf{C}$. Für $a \in H^{p,q}(V, W)$ und $b \in H^{n-p,\,n-q}(V, W^*)$ ist also die komplexe Zahl $\iota(a, b)$ definiert, die nur von a, b abhängt. $\iota(a, b)$ ist linear in a und b.

KODAIRA hat die Theorie der harmonischen Formen für Formen mit Koeffizienten in W durchgeführt. Man führe in V eine beliebige (feste) hermitesche Metrik ein. Zu der entsprechenden RIEMANNschen Metrik der differenzierbaren Mannigfaltigkeit V (orientiert durch die komplexe Struktur von V) gehört ein Dualitätsoperator $*$, der einen Isomorphismus

$$* : \quad T^{(p)} \otimes \overline{T^{(q)}} \to T^{(n-q)} \otimes \overline{T^{(n-p)}}$$

induziert.

Bemerkung: Die (differenzierbaren) Vektorraum-Bündel $T^{(p)} \otimes \overline{T^{(q)}}$ und $T^{(n-q)} \otimes \overline{T^{(n-p)}}$ sind in der Tat isomorph. Es ist $T^* \cong \overline{T}$ (vgl. 15.3.c)) und deshalb (vgl. Satz 3.6.1)

$$T^{(p)} \otimes \overline{T^{(q)}} \cong T^{(p)} \otimes T^{*(n)} \otimes T^{(n)} \otimes T^{*(q)}$$

$$\cong T^{*(n-p)} \otimes T^{(n-q)} \cong T^{(n-q)} \otimes \overline{T^{(n-p)}} \,.$$

Bekanntlich ist der Isomorphismus $**$ von $T^{(p)} \otimes \overline{T^{(q)}}$ auf sich gleich dem $(-1)^{p+q}$-fachen der Identität.

Wir reduzieren nun die Strukturgruppe des Vektorraum-Bündels W (Faser $\mathbf{C}_q$) auf $\mathbf{U}(q)$ und erhalten dadurch hermitesche Anti-Isomorphismen (vgl. 15.3.c))

$$\psi : W \to W^*, \quad \psi^{-1} : W^* \to W \,.$$

Es sei $\varkappa$ (Konjugieren) der Anti-Isomorphismus von $T^{(r)} \otimes \overline{T^{(s)}}$ auf $T^{(s)} \otimes \overline{T^{(r)}}$. Wir setzen $\# = \psi \otimes (\varkappa *)$ und $\widetilde{\#} = \psi^{-1} \otimes (\varkappa *)$ und erhalten Anti-Isomorphismen

$$\# : \quad W \otimes T^{(p)} \otimes \overline{T^{(q)}} \to W^* \otimes T^{(n-p)} \otimes \overline{T^{(n-q)}}$$

$$\widetilde{\#} : \quad W^* \otimes T^{(r)} \otimes \overline{T^{(s)}} \to W \otimes T^{(n-r)} \otimes \overline{T^{(n-s)}} \,.$$

Für $r = n - p$ und $s = n - q$ ist $\widetilde{\#}\# = (-1)^{p+q}\mathrm{Id}$ $\quad$ ($\mathrm{Id} = \mathrm{Identität}$).

$\#$ und $\widetilde{\#}$ induzieren Anti-Isomorphismen für die entsprechenden Garben

$$\# : \mathfrak{A}^{p,q}(W) \to \mathfrak{A}^{n-p,\,n-q}(W^*)$$

$$\widetilde{\#} : \mathfrak{A}^{r,s}(W^*) \to \mathfrak{A}^{n-r,\,n-s}(W) \,.$$

Da W und W^* komplex-analytisch sind, hat man Garben-Homomorphismen

$$\bar{\partial}\colon \mathfrak{A}^{p,q}(W) \to \mathfrak{A}^{p,q+1}(W)\,, \quad \bar{\partial}\colon \mathfrak{A}^{r,s}(W^*) \to \mathfrak{A}^{r,s+1}(W^*)\,.$$

Wir setzen $\vartheta = -\widetilde{\#}\,\bar{\partial}\#$ und erhalten den Homomorphismus

$$\vartheta\colon \mathfrak{A}^{p,q}(W) \to \mathfrak{A}^{p,q-1}(W)\,.$$

Für $\alpha, \beta \in A^{p,q}(W)$ (globale Formen vom Typ (p,q) mit Koeffizienten in W) kann das skalare Produkt

$$(\alpha, \beta) = \iota(\alpha, \#\beta) = \int\limits_V \alpha \wedge \#\beta$$

eingeführt werden. (α, α) ist ≥ 0 und verschwindet dann und nur dann, wenn α verschwindet. (Vgl. 15.3.c).)

ϑ ist zu $\bar{\partial}$ adjungiert:

$$(\alpha, \vartheta\beta) = (\bar{\partial}\alpha, \beta) \;\; \text{für } \alpha \in A^{p,q}(W)\,, \;\; \beta \in A^{p,q+1}(W)\,. \tag{9}$$

Beweis: $(\alpha, \vartheta\beta) = -\int\limits_V \alpha \wedge \#\widetilde{\#}\bar{\partial}\#\beta = (-1)^{p+q+1}\int\limits_V \alpha \wedge \bar{\partial}\#\beta),$

$$(\bar{\partial}\alpha, \beta) - (\alpha, \vartheta\beta) = \int\limits_V (\bar{\partial}\alpha \wedge \#\beta + (-1)^{p+q}\,\alpha \wedge \bar{\partial}\#\beta)$$

$$= \int\limits_V \bar{\partial}(\alpha \wedge \#\beta) = \int\limits_V d(\alpha \wedge \#\beta) = 0\,.$$

Nun wird der komplexe LAPLACE-BELTRAMI-Operator $\Box = \vartheta\bar{\partial} + \bar{\partial}\vartheta$ definiert, der $A^{p,q}(W)$ homomorph in sich abbildet. Der Teilraum der Elemente α von $A^{p,q}(W)$, für die $\Box\alpha = 0$, wird mit $B^{p,q}(V, W)$ bezeichnet („komplex-harmonischer" Teilraum). Aus (9) erhält man wie üblich:

$$\Box\alpha = 0 \;\; \text{genau dann, wenn } \bar{\partial}\alpha = \vartheta\alpha = 0\,.$$

Die Methoden der Theorie der harmonischen Integrale ergeben, daß $A^{p,q}(W)$ direkte Summe von drei in bezug auf das skalare Produkt paarweise orthogonalen Vektorräumen ist:

$$A^{p,q}(W) = \bar{\partial}A^{p,q-1}(W) \oplus \vartheta A^{p,q+1}(W) \oplus B^{p,q}(V, W)\,.$$

Daraus folgt, daß $Z^{p,q}(W) = \bar{\partial}A^{p,q-1}(W) \oplus B^{p,q}(V, W)$. und schließlich nach Satz 15.4.1

$$H^{p,q}(V, W) \cong Z^{p,q}(W)/\bar{\partial}A^{p,q-1}(W) \cong B^{p,q}(V, W)\,.$$

Aus der Tatsache, daß $\Box$ ein elliptischer partieller Differentialoperator zweiter Ordnung über der kompakten Mannigfaltigkeit V ist, entnimmt KODAIRA, daß $B^{p,q}(V, W)$ endlich-dimensional ist. Für eine ausführliche Darstellung der Theorie der komplex-harmonischen Formen mit Koeffizienten in einem Vektorraum-Bündel siehe [31], Chapter IV. Vgl. auch [34a].

Für $\mathfrak{A}^{p,q}(W^*)$ hat man ebenfalls die Operatoren ϑ, $\bar{\partial}$, $\square$. Der Operator $\#$ induziert einen Anti-Isomorphismus von $B^{p,q}(V, W)$ auf $B^{n-p,\,n-q}(V, W^*)$. Wir fassen die Resultate, deren Beweis wir hier grob angedeutet haben, in zwei Sätzen zusammen.

Satz 15.4.2 (Kodaira). *Es sei W ein komplex-analytisches Vektorraum-Bündel über der kompakten komplexen Mannigfaltigkeit V. Dann ist $H^{p,q}(V, W)$ ein endlich-dimensionaler komplexer Vektorraum, der (nach Einführung einer hermiteschen Metrik in V und einer unitären Struktur für W, vgl. 15.3.c)) dem Vektorraum der „komplex-harmonischen" Formen vom Typ (p, q) mit Koeffizienten in W isomorph ist. Insbesondere ist $H^p(V, W) = H^{0,p}(V, W)$ endlich-dimensional. $H^{p,q}(V, W)$ verschwindet, wenn p oder $q > n$ sind.*

Satz 15.4.3 (Serre). Voraussetzungen wie im vorstehenden Satz.
$H^{p,q}(V, W)$ und $H^{n-p,\,n-q}(V, W^*)$ sind isomorph. Sie können vermittels der Paarung $\iota(a, b)$ $(a \in H^{p,q}(V, W^*)$ und $b \in H^{n-p,\,n-q}(V, W^*))$ als zueinander duale Vektorräume aufgefaßt werden. Insbesondere ist $H^p(V, W) \cong H^{n-p}(V, K \otimes W^*)$, wo K das kanonische Geradenbündel von V ist $(K = T^{(n)})$.

Wir setzen $\dim H^{p,q}(V, W) = h^{p,q}(V, W)$ und $\dim H^{p,q}(V, \mathbf{1}) = h^{p,q}(V)$ $(= $ „Anzahl" der komplex-harmonischen Formen vom Typ (p, q) von V).

Bemerkung: Wie Gegenbeispiele zeigen, gilt im allgemeinen nicht, daß $h^{p,q}(V) = h^{q,p}(V)$. Vergleiche jedoch den übernächsten Abschnitt, wo die $h^{p,q}$ von kählerschen Mannigfaltigkeiten betrachtet werden.

Cartan-Serre [9] (vgl. auch [7a]) haben einen Endlichkeitssatz aufgestellt, der wesentlich allgemeiner als Satz 15.4.2 ist:

Die Cohomologiegruppen einer kompakten komplexen Mannigfaltigkeit V mit Koeffizienten in einer komplex-analytischen kohärenten Garbe $\mathfrak{S}$ sind endlich-dimensionale komplexe Vektorräume.

Cartan-Serre beweisen diesen Satz mit Hilfe der Theorie der holomorph-vollständigen Mannigfaltigkeiten (Steinsche Mannigfaltigkeiten). Wählt man eine Überdeckung $\mathfrak{U} = \{U_i\}$ von V mit endlich vielen offenen Mengen U_i, die holomorph-vollständig sind (z. B. mit Mengen U_i, die offene Vollkugeln sind bezüglich einer geeigneten U_i umfassenden Karte von V), dann sind alle Durchschnitte $U_{i_0} \cap \ldots \cap U_{i_p}$ ebenfalls holomorph-vollständig. Die Cohomologiegruppe $H^q(\mathfrak{U}, \mathfrak{S})$ ist bereits isomorph mit $H^q(V, \mathfrak{S})$. — Diese Tatsache ist eine der Grundlagen des Beweises von Cartan-Serre. Sie ergibt sich aus dem Fundamentalsatz B (vgl. [8] und [7], Exposé XIX), der besagt:

Die Cohomologiegruppen $H^i(X, \mathfrak{S})$ einer Steinschen Mannigfaltigkeit X mit Koeffizienten in einer komplex-analytischen kohärenten Garbe $\mathfrak{S}$ verschwinden für $i > 0$.

Die Garbe $\Omega(W)$ der Keime von holomorphen Schnitten eines komplex-analytischen Vektorraum-Bündels über einer beliebigen komplexen Mannigfaltigkeit ist komplex-analytisch und kohärent.

15.5. Es sei W weiterhin ein komplex-analytisches Vektorraum-Bündel über der kompakten komplexen Mannigfaltigkeit V_n. Da die

$H^i(V, W)$ endlich-dimensional sind und für $i > n$ verschwinden, ist die Garbe $\Omega(W)$ vom Typ (F) (2.10), und wir können die EULER-POINCARÉ-sche Charakteristik

$$\chi(V, W) = \sum_{i=0}^{\infty} (-1)^i \dim H^i(V, W) = \sum_{i=0}^{n} (-1)^i \dim H^i(V, W)$$

einführen. Wir definieren $\chi^p(V, W)$ durch:

$$\chi^p(V, W) = \chi(V, W \otimes T^{(p)}) = \sum_{q=0}^{n} (-1)^q h^{p, q}(V, W) \,, \tag{10}$$

$$(\chi^0(V, W) = \chi(V, W))$$

$$\chi^p(V, W) = 0 \quad \text{für } p < 0 \text{ und } p > n \,. \tag{11}$$

Für $W = \mathbf{1}$ setzen wir natürlich $\chi^p(V, \mathbf{1}) = \chi^p(V) = \sum_{q=0}^{n} (-1)^q h^{p, q}(V)$.

Mit Hilfe einer Unbestimmten y definieren wir die Polynome

$$\chi_y(V, W) = \sum_{p=0}^{n} \chi^p(V, W) y^p \,, \quad \chi_y(V) = \sum_{p=0}^{n} \chi^p(V) y^p \,. \tag{12}$$

Wir nennen $\chi_y(V, W)$ die χ_y-Charakteristik des Vektorraum-Bündels W und $\chi_y(V)$ das χ_y-Geschlecht von V. Nach Definition ist $\chi_0(V, W) = \chi^0(V, W) = \chi(V, W)$ und $\chi_0(V) = \chi^0(V) = \chi(V)$.

$$\chi(V) = \sum_{q=0}^{n} (-1)^q h^{0, q}(V) \; \textit{heißt arithmetisches Geschlecht von } V. \tag{13}$$

Der SERREsche Dualitätssatz 15.4.3 ergibt die Formeln

$$\begin{aligned}
\chi^p(V, W) &= (-1)^n \chi^{n-p}(V, W^*) \\
\chi(V, W) &= (-1)^n \chi(V, K \otimes W^*) \qquad \text{(für } p = 0).
\end{aligned} \tag{14}$$

Es werde nochmals hervorgehoben, daß das arithmetische Geschlecht $\chi(V)$ einer kompakten komplexen Mannigfaltigkeit V als die EULER-POINCARÉ-sche Charakteristik von V bezüglich der Cohomologie mit Koeffizienten in der Garbe der Keime von lokalen holomorphen Funktionen von V definiert ist.

15.6. Es sei V_n eine kompakte komplexe Mannigfaltigkeit. Eine hermitesche Metrik auf V wird in bezug auf lokale Koordinaten z^α $(\alpha = 1, \ldots, n)$ durch

$$ds^2 = 2 \sum g_{\alpha\bar{\beta}}(z, \bar{z})(dz^\alpha \cdot d\bar{z}^\beta) \,, \quad \overline{g_{\alpha\bar{\beta}}} = g_{\beta\bar{\alpha}} \tag{15}$$

gegeben. Jeder hermiteschen Metrik ds^2 wird die äußere Differentialform

$$\omega = i \sum g_{\alpha\bar{\beta}}(z, \bar{z}) dz^\alpha \wedge d\bar{z}^\beta \tag{16}$$

zugeordnet, die bei Benutzung reeller Koordinaten x^α $(\alpha = 1, \ldots, 2n)$ mit $z^\alpha = x^{2\alpha-1} + i x^{2\alpha}$ in eine reelle Differentialform übergeht. Die hermitesche Metrik ds^2 heißt kählersch, wenn $d\omega = 0$. Die Form ω

repräsentiert dann (Benutzung des natürlichen DE RHAMschen Isomorphismus) ein Element der Cohomologiegruppe $H^2(V, \mathbf{R})$, das Fundamentalklasse der kählerschen Metrik genannt wird. Wir führen für die Zwecke dieser Arbeit die folgende Terminologie ein: Unter einer **Mannigfaltigkeit mit kählerscher Metrik** wird eine kompakte komplexe Mannigfaltigkeit verstanden, auf der eine bestimmte kählersche Metrik vorgegeben ist. Eine **kählersche Mannigfaltigkeit** dagegen ist eine kompakte komplexe Mannigfaltigkeit, auf der wenigstens eine kählersche Metrik eingeführt werden kann.

15.7. Es sei V eine Mannigfaltigkeit mit kählerscher Metrik. Die $h^{p,\,q}(V)$ können mit Hilfe der gegebenen kählerschen Metrik berechnet werden; man nehme in 15.4 für W das triviale Geradenbündel. Die folgenden Ausführungen beziehen sich auf diesen Fall.

Der komplexe LAPLACE-BELTRAMI-Operator $\Box$ ist für eine kählersche Metrik gleich $\triangle/2$, wo $\triangle$ der **reelle** LAPLACE-Operator $d\delta + \delta d$ ist ($\delta = - *d*$). Der Operator $\triangle$ ist mit dem Konjugieren vertauschbar. $\alpha \to \bar{\alpha}$ ist daher ein Anti-Isomorphismus von $B^{p,\,q}$ (harmonische Formen vom Typ (p, q)) auf $B^{q,\,p}$ (harmonische Formen vom Typ (q, p)). Es gilt also für eine (kompakte) kählersche Mannigfaltigkeit V:

$$h^{p,q}(V) \cong h^{q,\,p}(V), \qquad h^{p,\,q}(V) = \dim B^{p,\,q}. \tag{17}$$

Nach DE RHAM-HODGE hat man einen natürlichen Isomorphismus

$$H^r(V, \mathbf{C}) \cong \sum_{p+q=r} B^{p,\,q}. \tag{18}$$

Es gilt also für die r-te BETTIsche Zahl $b_r(V)$

$$b_r(V) = \sum_{p+q=r} h^{p,\,q}(V). \tag{18*}$$

Bei dem Isomorphismus (18) wird $B^{p,\,q}$ auf den Teilraum derjenigen Elemente von $H^{p+q}(V, \mathbf{C})$ abgebildet, die im Sinne von DE RHAM durch eine Form α vom Typ (p, q) mit $d\alpha = 0$ repräsentiert werden können. Die Elemente dieses Teilraumes, der offenbar nicht von der Wahl der kählerschen Metrik abhängt, nennt man vom Typ (p, q).

Ein Element von $H^{p+q}(V, \mathbf{Z})$ oder $H^{p+q}(V, \mathbf{R})$, das aufgefaßt als Element von $H^{p+q}(V, \mathbf{C})$ vom Typ (p, q) ist, heißt selbst vom Typ (p, q).

Die Formeln (17), (18*) sind im allgemeinen für kompakte komplexe Mannigfaltigkeiten **falsch**. Für kählersches V ist nach (17) $h^{0,\,q} = h^{q,\,0}$. Für eine **beliebige** kompakte komplexe Mannigfaltigkeit V ist $h^{q,\,0}$ nach Definition gleich $\dim H^0(V, \mathbf{T}^{(q)})$, d. h. gleich der Dimension des komplexen Vektorraumes der holomorphen q-Formen von V (Typ $(q, 0)$), die man auch Formen erster Gattung vom Grade q nennt. Man setzt $g_q = h^{q,\,0}$. Es folgt

Satz 15.7.1. *Das arithmetische Geschlecht* $\chi(V_n)$ *einer kompakten komplexen kählerschen Mannigfaltigkeit* V_n *ist gleich* $\sum\limits_{i=0}^{n} (-1)^i g_i,$

wo g_i die „Anzahl" der komplex-linear-unabhängigen Formen erster Gattung vom Grade i auf V_n ist.

15.8. Wir haben einer kompakten komplexen Mannigfaltigkeit V das Polynom $\chi_y(V)$ zugeordnet. Für $y = 0$ ist dieses Polynom gleich dem arithmetischen Geschlecht von V. Über die Werte dieses Polynoms für $y = -1$ und für $y = 1$ geben die folgenden Sätze Auskunft.

Satz 15.8.1. *Für eine kompakte komplexe Mannigfaltigkeit V_n gilt*

$$\chi_{-1}(V_n) = \sum_{p=0}^{n} (-1)^p \, \chi^p(V_n) = \sum_{p,q} (-1)^{p+q} h^{p,q}(V_n) =$$

$$E(V_n) = \text{(gewöhnliche) Euler-Poincarésche Charakteristik.}$$

Beweis (nach einer Mitteilung von J. P. Serre, vgl. [32b]): Es sei $\Omega^p = \Omega(T^{(p)})$ die Garbe der Keime von lokalen holomorphen p-Formen. Dann hat man vermöge des Operators d die folgende exakte Sequenz

$$0 \to \mathbf{C} \to \Omega^0 \to \Omega^1 \to \Omega^2 \to \cdots \to \Omega^n \to 0 \, .$$

$E(V_n)$ ist die Euler-Poincarésche Charakteristik der Cohomologie mit Koeffizienten in der konstanten Garbe $\mathbf{C}$. Die Behauptung folgt aus Satz 2.10.3.

Bemerkung: Wenn V_n kählersch ist, dann erhält man Satz 15.8.1 sofort aus (18*).

Satz 15.8.2 (vgl. Hodge [19]). *Für eine (kompakte) kählersche Mannigfaltigkeit V_n gilt*

$$\chi_1(V_n) = \sum_{p=0}^{n} \chi^p(V_n) = \sum_{p,q} (-1)^q \, h^{p,q}(V_n) = \tau(V_n) = Index \text{ (vgl. 8.2).}$$

Beweis: Wenn n ungerade ist, dann ist nach dem Serreschen Dualitätssatz 15.4.3

$$\chi^p(V_n) = (-1)^n \, \chi^{n-p}(V_n) = - \chi^{n-p}(V) \, , \quad \sum_{p=0}^{n} \chi^p(V_n) = 0 \, .$$

Andererseits ist $\tau(V_n) = 0$ per definitionem. Der Satz gilt also für ungerades n für beliebige kompakte komplexe Mannigfaltigkeiten.

Für gerades n $(n = 2m)$ haben wir einige Tatsachen über Mannigfaltigkeiten mit kählerscher Metrik zu benutzen (vgl. hierzu Eckmann, Guggenheimer [12a, 13b], Hodge [18a], de Rham-Kodaira [31b]. Bei Eckmann-Guggenheimer und Hodge wird für V_n (lokale komplexe Koordinaten $z_j = x_{2j-1} + i x_{2j}$) die durch $dx_1 \wedge dx_3 \wedge \cdots \wedge dx_{2n-1} \wedge dx_2 \wedge dx_4 \wedge \cdots \wedge dx_{2n}$ gegebene Orientierung benutzt. Wir verwenden die bereits definierte natürliche Orientierung, die durch $dx_1 \wedge dx_2 \wedge \ldots \wedge dx_{2n}$ gegeben wird und die sich von der anderen Orientierung um das Vorzeichen $(-1)^{\frac{n(n-1)}{2}}$ unterscheidet. Um die folgenden Formeln zu vereinfachen, setzen wir immer voraus, daß $n = 2m$.

Es sei $B^{p,q}$ der komplexe Vektorraum der harmonischen Formen vom Typ (p, q). Die Fundamentalform ω (vgl. 15.6) ist eine spezielle harmonische Form vom Typ $(1,1)$, deren Produkt mit einer harmonischen Form wieder harmonisch ist.

Ordnet man der Form $\alpha \in B^{p,q}$ die Form $L\alpha = \omega\alpha \in B^{p+1,q+1}$ zu, dann erhält man einen Homomorphismus

$$L:\ B^{p,q} \to B^{p+1,q+1}.$$

Da ω reell ist, gilt $\overline{L\alpha} = L\bar\alpha$.
Wir haben den Anti-Isomorphismus (vgl. 15.4)

$$\#:\ B^{p,q} \to B^{n-p,n-q},\qquad (\#\,\alpha = \overline{*\alpha} = *\bar\alpha).$$

Wir betrachten den Homomorphismus $\Lambda = (-1)^{p+q}\,\#\,L\,\#$

$$\Lambda:\ B^{p,q} \to B^{p-1,q-1}.$$

Es ist $\Lambda = (-1)^{p+q}*L*$ und $\overline{\Lambda\alpha} = \Lambda\bar\alpha$.
Der Kern von Λ wird mit $B_0^{p,q}$ bezeichnet (effektive harmonische Formen vom Typ (p, q)).

(a) $\qquad\qquad \Lambda L^k:\ B_0^{p-k,q-k} \to B^{p-1,q-1} \qquad (p+q \leqq n,\ k \geqq 1)$

ist (bis auf einen konstanten von 0 verschiedenen Faktor) gleich L^{k-1}.

(b) $\qquad\qquad L^k:\ B_0^{p-k,q-k} \to B^{p,q} \qquad\qquad\qquad (p+q \leqq n)$

ist ein Isomorphismus-in.

Für $p + q \leqq n$ hat man die direkte Summendarstellung

(c) $\quad B^{p,q} = B_0^{p,q} \oplus L\,B_0^{p-1,q-1} \oplus \cdots \oplus L^r B_0^{p-r,q-r} \qquad (r = \mathrm{Min}\,(p, q))$.

Wir setzen $B_k^{p,q} = L^k B_0^{p-k,q-k}$. Die Elemente von $B_k^{p,q}$ heißen harmonische Formen vom Typ (p, q) und der Klasse k. — Die folgende Formel ist für den ganzen Beweis entscheidend:

(d) $\qquad \#\,\varphi = (-1)^{q+k}\,\bar\varphi \quad$ für $\quad \varphi \in B_k^{p,q} \quad$ und $\quad p+q = n = 2\,m$.

Man beachte, daß $\bar\varphi$ zu $B_k^{q,p}$ gehört.
Die Cohomologiegruppe $H^n(V_n, \mathbf{C})$ ist ein **komplexer Vektorraum** (vgl. 15.7 (18))

(e) $$H^n(V_n, \mathbf{C}) = \sum_{\substack{p+q=n \\ k \leqq \mathrm{Min}\,(p,q)}} B_k^{p,q}.$$

Für harmonische Formen $\alpha,\ \beta$ vom gleichen Totalgrad betrachten wir das skalare Produkt

$$(\alpha, \beta) = \int_{V_n} \alpha \wedge \#\beta.$$

(f) *Die Summanden der direkten Summe* (e) *sind paarweise orthogonal in bezug auf das skalare Produkt.*

Beweis: Das skalare Produkt kann nur dann verschieden von 0 sein, wenn $\alpha \wedge \#\beta$ vom Typ (n, n) ist. Also sind $B_k^{p,q}$, $B_{k'}^{p',q'}$ orthogonal für $(p, q) \neq (p', q')$. Für $\alpha \in B_k^{p,q}$ und $\beta \in B_{k'}^{p,q}$ mit $k > k'$ $(p + q = n)$ ist

$$(\alpha, \beta) = (L^k \alpha_0, L^{k'} \beta_0), \text{ wo } \alpha_0, \beta_0 \text{ effektiv sind } (\varLambda \alpha_0 = \varLambda \beta_0 = 0).$$

Da L und $\varLambda$ adjungiert sind $[(L\alpha, \varphi) = (\alpha, \varLambda\varphi)]$, erhält man mit Hilfe von (a)

$$(\alpha, \beta) = (\alpha_0, \varLambda^k L^{k'} \beta_0) = \text{const}\,(\alpha_0, \varLambda^{k-k'} \beta_0) = 0.$$

Die Cohomologiegruppe $H^n(V, \mathbf{R})$ ist mit dem reellen Vektorraum der reellen harmonischen Formen zu identifizieren. Man hat die direkte Summendarstellung

$$(g) \qquad H^n(V_n, \mathbf{R}) = \varSigma E_k^{p,q} \quad (p + q = n,\ p \leq q,\ k \leq \mathrm{Min}\,(p, q)),$$

wo $E_k^{p,q}$ der reelle Vektorraum derjenigen reellen harmonischen Formen α ist, die sich als $\alpha = \varphi + \overline{\varphi}$ schreiben lassen mit $\varphi \in B_k^{p,q}$ $(\overline{\varphi} \in B_k^{q,p})$. Offenbar ist $\tau(V_n)$ der Index (vgl. 8.1) der quadratischen Form $Q(\alpha, \beta) = \int\limits_{V_n} \alpha \wedge \beta$ $(\alpha, \beta \in H^n(V_n, \mathbf{R}))$. Aus (d) und (f) folgt, daß die reellen Vektorräume der Summe (g) in bezug auf die quadratische Form paarweise orthogonal sind. Aus (d) folgt, daß die auf $E_k^{p,q}$ beschränkte quadratische Form $(-1)^{q+k} Q(\alpha, \beta)$ positiv-definit ist. Also ist

$$\tau(V_n) = \varSigma(-1)^{q+k} \dim_{\mathbf{R}} E_k^{p,q}.$$

(Zu summieren über $p + q = n,\ p \leq q,\ k \leq \mathrm{Min}\,(p, q)$).

Offenbar ist $\dim_{\mathbf{R}} E_k^{p,q} = 2 \dim_{\mathbf{C}} B_k^{p,q}$ (für $p < q$) und $\dim_{\mathbf{R}} E_k^{m,m} = \dim_{\mathbf{C}} B_k^{m,m}$ $(n = 2m)$. Daher ist

$$(h) \qquad \tau(V_n) = \varSigma(-1)^{q+k} \dim_{\mathbf{C}} B_k^{p,q} \quad (p + q = n,\ k \leq \mathrm{Min}\,(p, q)).$$

Wir setzen wie bisher $h^{p,q} = \dim_{\mathbf{C}} B^{p,q}$. Aus (b) und (c) folgt

$$(i) \qquad h^{p-k,\,q-k} - h^{p-k-1,\,q-k-1} = \dim_{\mathbf{C}} B_k^{p,q} \quad \text{für } p + q \leq n.$$

Wegen $h^{r,s} = h^{s,r} = h^{n-r,n-s}$ hat man für $p + q = n$

$$h^{p-k-1,\,q-k-1} = h^{p+k+1,\,q+k+1}.$$

Aus (h) und (i) folgt nun

$$\tau(V_n) = \sum_{\substack{k \geq 0 \\ p+q=n}} (-1)^{q-k}\, h^{p-k,\,q-k} + \sum_{\substack{k \geq 0 \\ p+q=n}} (-1)^{q+k+1}\, h^{p+k+1,\,q+k+1}$$

$$= \sum_{p+q \leq n} (-1)^q\, h^{p,q} + \sum_{p+q > n} (-1)^q\, h^{p,q} = \sum_{p,q} (-1)^q\, h^{p,q}. \quad \text{Q.E.D.}$$

Bemerkung: Es ist nicht bekannt, ob der Satz 15.8.2 für beliebige kompakte komplexe Mannigfaltigkeiten V_n richtig ist.

15.9. Es sei V eine kählersche Mannigfaltigkeit (15.6). Wir betrachten die zur exakten Sequenz $0 \to \mathbf{Z} \to \mathbf{C}_\omega \to \mathbf{C}_\omega^* \to 0$ gehörige exakte Cohomologiesequenz (vgl. 2.5 (11) und Satz 2.10.1; es ist $\mathbf{C}_\omega = \varOmega$):

$$H^1(V, \mathbf{C}_\omega^*) \to H^2(V, \mathbf{Z}) \to H^2(V, \varOmega). \tag{19}$$

Aus $H^2(V, \Omega) = H^2(V, 1) \cong B^{0,2}(V)$ kann man folgern [28]: Ein Element $a \in H^2(V, \mathbf{Z})$ wird genau dann auf das Null-Element von $H^2(V, \Omega)$ abgebildet, wenn a vom Typ $(1, 1)$ ist. Aus der Exaktheit von (19) folgt (man beachte Satz 4.3.1)

Satz 15.9.1 (Lefschetz-Hodge, Kodaira-Spencer [28]). *Ein Element a von $H^2(V, \mathbf{Z})$ (V ist kompakt kählersch) tritt dann und nur dann als Cohomologieklasse[1]) eines komplex-analytischen $\mathbf{C}^*$-Bündels über V auf, wenn a vom Typ $(1,1)$ ist.*

15.10. Es sei V eine kählersche Mannigfaltigkeit mit $h^{p,q} = 0$ für $p \neq q$. Dann ist $\chi_y(V)$ im wesentlichen mit dem Poincaréschen Polynom $P(t; V)$ von V (Koeffizient von $t^k = k$-te Bettische Zahl von $V = b_k$) identisch. In der Tat, es ist $\chi^p(V) = \sum_q (-1)^q h^{p,q} = (-1)^p h^{p,p} = (-1)^p b_{2p}$.

Die ungeraden Bettischen Zahlen verschwinden. Man erhält

$$\chi_{-t^2}(V) = P(t; V) = \Sigma\, b_r\, t^r.\tag{20}$$

Kählersche Mannigfaltigkeiten mit der angegebenen speziellen Eigenschaft sind z. B. die komplexen projektiven Räume und die Fahnenmannigfaltigkeiten $\mathbf{F}(n)$. Für $\mathbf{F}(n)$ sieht man das so: Der Cohomologiering $H^*(\mathbf{F}(n), \mathbf{Z})$ wird durch Elemente $\gamma_i \in H^2(\mathbf{F}(n), \mathbf{Z})$ erzeugt, die als Cohomologieklassen von komplex-analytischen $\mathbf{C}^*$-Bündeln über $\mathbf{F}(n)$ auftreten (vgl. 14.2). Nach dem „nur dann" von Satz 15.9.1 sind die γ_i vom Typ $(1,1)$ und daher alle Cohomologieklassen von $\mathbf{F}(n)$ vom Typ (p, p). Wir bemerken, daß für die komplexen projektiven Räume und für die Fahnenmannigfaltigkeiten die Polynome χ_y und T_y (vgl. 14.4,3)) übereinstimmen, beide sind im wesentlichen mit dem Poincaréschen Polynom identisch.

15.11. Wenn V_n und V'_m kählersche Mannigfaltigkeiten sind, dann ist

$$h^{p,q}(V_n \times V'_m) = \sum_{\substack{r+u=p\\s+v=q}} h^{r,s}(V_n)\, h^{u,v}(V'_m)\,.\tag{21}$$

Ordnet man jeder kählerschen Mannigfaltigkeit V das Polynom $\Pi_{y,z}(V) = \sum_{p,q} h^{p,q}\, y^p z^q$ in den beiden Unbestimmten y, z zu, dann besagt (21):

$$\Pi_{y,z}(V_n \times V'_m) = \Pi_{y,z}(V_n) \cdot \Pi_{y,z}(V'_m)\,.\tag{22}$$

Setzt man in (22) $z = -1$, dann erhält man, da $\Pi_{y,-1} = \chi_y$,

$$\chi_y(V_n \times V'_m) = \chi_y(V_n)\, \chi(V_m)\,,\tag{23}$$

eine weitere Eigenschaft, die χ_y und T_y gemein ist.

§ 16. Weitere Eigenschaften der χ_y-Charakteristik.

In diesem Paragraphen ist V immer eine komplexe Mannigfaltigkeit.

16.1. Wir betrachten eine exakte Sequenz

$$0 \to W' \xrightarrow{h'} W \xrightarrow{h} W'' \to 0\tag{1}$$

---

[1]) Unter der Cohomologieklasse eines $\mathbf{C}^*$-Bündels ξ verstehen wir die erste (d. h. 2-dimensionale) Chernsche Klasse $c_1(\xi)$.

von komplex-analytischen Vektorraum-Bündeln über V (vgl. 4.1.d)). Aus (1) ergibt sich die folgende exakte Sequenz von Garben

$$0 \to \Omega(W') \xrightarrow{h'} \Omega(W) \xrightarrow{h} \Omega(W'') \to 0 . \tag{2}$$

Beweis: Jeder Keim s' eines lokalen holomorphen Schnittes von W' $(s' \in \Omega(W'))$ wird auf den Keim $h'(s') \in \Omega(W)$, jeder Keim $s \in \Omega(W)$ wird auf den Keim $h(s) \in \Omega(W'')$ abgebildet. Die Sequenz $0 \to \Omega(W') \to \Omega(W) \to \Omega(W'')$ ist offenbar exakt. Es bleibt zu beweisen, daß jeder Keim $s'' \in \Omega(W'')$ als $h(s)$ geschrieben werden kann $(s \in \Omega(W))$. Dies ergibt sich sofort aus den Bemerkungen von 4.1.d).

Satz 16.1.1. *Gegeben sei eine exakte Sequenz* (1) *von komplex-analytischen Vektorraum-Bündeln über der kompakten komplexen Mannigfaltigkeit V. Es ist*

$$\chi(V, W) = \chi(V, W') + \chi(V, W'') \tag{3}$$

und allgemeiner

$$\chi^p(V, W) = \chi^p(V, W') + \chi^p(V, W'') , \tag{3*}$$

d. h.

$$\chi_y(V, W) = \chi_y(V, W') + \chi_y(V, W'') .$$

Beweis: Die in der exakten Sequenz (2) auftretenden Garben sind nach Satz 15.4.2 vom Typ (F). Formel (3) ergibt sich aus Satz 2.10.2. Um (3*) zu erhalten, bemerken wir, daß (1) nach Satz 4.1.2 die exakte Sequenz

$$0 \to W' \otimes T^{(p)} \to W \otimes T^{(p)} \to W'' \otimes T^{(p)} \to 0 \tag{1*}$$

nach sich zieht. (3*) ergibt sich durch Anwendung von (3) auf (1*).

Satz 16.1.2. *Es sei W ein komplex-analytisches Vektorraum-Bündel über der kompakten komplexen Mannigfaltigkeit V (mit $\mathbf{C}_q$ als Faser), dessen Strukturgruppe komplex-analytisch auf die Dreiecksgruppe $\Delta(q, \mathbf{C})$ reduziert werden kann. $A_1, \ldots, A_q$ seien die entsprechenden diagonalen Geradenbündel* (vgl. 4.1.e)). *W' sei ein weiteres komplex-analytisches Vektorraum-Bündel über V (mit $\mathbf{C}_r$ als Faser). Dann ist*

$$\chi(V, W' \otimes W) = \chi(V, W' \otimes A_1) + \chi(V, W' \otimes A_2) + \cdots + \chi(V, W' \otimes A_q) .$$

Beweis durch Induktion über q: Der Satz ist trivial für $q = 1$. Er sei bereits für $q - 1$ bewiesen. W hat A_1 als Teil-Vektorraum-Bündel. Das Vektorraum-Bündel W/A_1 läßt die Dreiecksgruppe $\Delta(q - 1, \mathbf{C})$ als Strukturgruppe zu und hat die diagonalen Geradenbündel $A_2, \ldots, A_q$. Man hat die exakte Sequenz

$$0 \to W' \otimes A_1 \to W' \otimes W \to W' \otimes (W/A_1) \to 0 .$$

Nach (3) ist $\chi(V, W' \otimes W) = \chi(V, W' \otimes A_1) + \chi(V, W' \otimes (W/A_1))$. Nach Induktionsvoraussetzung ist

$$\chi(V, W' \otimes (W/A_1)) = \chi(V, W' \otimes A_2) + \cdots + \chi(V, W' \otimes A_q) ,$$

was den Beweis beendet.

16.2. Es sei W ein Vektorraum-Bündel über der komplexen Mannigfaltigkeit V und S ein singularitätenfreier Divisor von V (vgl. 15.2), der in bezug auf eine geeignete Überdeckung $\mathfrak{U} = \{U_i\}$ von V durch holomorphe Funktionen s_i gegeben sei (s_i ist in U_i definiert). Das $\mathbf{C}^*$-Bündel $[S]$ wird durch den Cozyklus $\{s_{ij}\} = \{s_i/s_j\}$ repräsentiert. Mit Hilfe dieses Cozyklus kann man ein zu $[S]$ assoziiertes Geradenbündel $\{S\}$ konstruieren, das aus $\bigcup\,(U_j \times \mathbf{C})$ durch Identifizierungen hervorgeht (vgl. 3.2.a) und 15.2). Die Abbildungen $s_i\colon U_i \to \mathbf{C}$ definieren einen globalen holomorphen Schnitt s von $\{S\}$, der in den Punkten von S und nur dort verschwindet. $(W \otimes \{S\})_S$ sei die Beschränkung des Vektorraum-Bündels $W \otimes \{S\}$ auf S und $\Omega((W \otimes \{S\})_S)$ die Garbe über S der Keime von lokalen holomorphen Schnitten von $(W \otimes \{S\})_S$ über S. Die triviale Erweiterung dieser Garbe von S auf V werde mit $\hat{\Omega}((W \otimes \{S\})_S)$ bezeichnet (vgl. Satz 2.4.3). Man hat die folgende exakte Sequenz von Garben über V:

$$0 \to \Omega(W) \to \Omega(W \otimes \{S\}) \to \hat{\Omega}((W \otimes \{S\})_S) \to 0 \,. \tag{4}$$

Beweis: Jedem lokalen Schnitt s' von W ordne man den lokalen Schnitt $s' \otimes s$ von $W \otimes \{S\}$ zu. Da s ein globaler Schnitt von $\{S\}$ ist, erhält man so einen Homomorphismus h' von $\Omega(W)$ in $\Omega(W \otimes \{S\})$, der isomorph-in ist, da s über keiner offenen Menge von V identisch verschwindet. Über dem Komplement von S in V ist h' isomorph-auf, da der Schnitt s dort nicht verschwindet. Die Quotientengarbe $\Omega(W \otimes \{S\})/\Omega(W)$ verschwindet also bei Beschränkung auf das Komplement von S. Wegen der Eindeutigkeit der trivial erweiterten Garbe genügt es zu zeigen, daß man über S die folgende exakte Sequenz hat (... $|S$ bedeutet Beschränkung der Garbe ... auf S)

$$0 \to \Omega(W) \mid S \xrightarrow{h'} \Omega(W \otimes \{S\}) \mid S \xrightarrow{h} \Omega((W \otimes \{S\})_S) \to 0 \,, \tag{5}$$

wobei h der Homomorphismus ist, den man durch Beschränkung jedes Schnittes von $W \otimes \{S\}$ über einer offenen Menge U von V auf $U \cap S$ erhält. (Die Beschränkung ist ein Schnitt von $(W \otimes \{S\})_S$ über $U \cap S$.)

Zum Nachweis der Exaktheit von (5) ordnen wir jedem Punkt $x \in S$ eine Umgebung U_x in V zu, über der W als direktes Produkt dargestellt werden kann. Wir wählen eine bestimmte Darstellung $U_x \times \mathbf{C}_q$. Die Umgebung U_x sei so klein gewählt, daß sie in einer Menge U_i der Überdeckung enthalten ist. Wir wählen eine solche Menge U_i aus. $\{S\}$ hat dann über U_x eine bestimmte Darstellung als direktes Produkt $U_x \times \mathbf{C}$, da $\{S\}$ ja aus $\bigcup U_j \times \mathbf{C}$ durch Identifizierungen erhalten wurde. Der Schnitt s wird in der Produktdarstellung $U_x \times \mathbf{C}$ durch die holomorphe Funktion $s_x = s_i | U_x$ gegeben. $W \otimes \{S\}$ kann nun über U_x vermöge der Produktdarstellungen von W und $\{S\}$ in bestimmter Weise mit dem direkten Produkt $U_x \times (\mathbf{C}_q \otimes \mathbf{C})$ identifiziert werden. Wir bilden $\mathbf{C}_q \otimes \mathbf{C}$ durch $(z_1, \ldots, z_q) \otimes z \to (z_1 z, \ldots, z_q z)$

isomorph auf $\mathbf{C}_q$ ab und erhalten damit auch eine bestimmte Produkt-darstellung $U_x \times \mathbf{C}_q$ für $W \otimes \{S\}$. Ein lokaler holomorpher Schnitt von W bzw. von $W \otimes \{S\}$ ist in bezug auf die gewählten Produkt-darstellungen $U_x \times \mathbf{C}_q$ ein q-Tupel $(g_1, \ldots, g_q)$ bzw. $(f_1, \ldots, f_q)$ von lokalen holomorphen Funktionen. Der Homomorphismus h' wird durch

$$(f_1, \ldots, f_q) = h'(g_1, \ldots, g_q) = (s_x g_1, \ldots, s_x g_q)$$

gegeben. Der Homomorphismus h ist die Beschränkung von $(f_1, \ldots, f_q)$ auf S und ist auf, da jeder Keim einer lokalen holomorphen Funktion auf S durch Beschränkung aus einem Keim einer lokalen holomorphen Funktion auf V erhalten werden kann. Die Beschränkung von $(f_1, \ldots, f_q)$ auf S verschwindet **genau dann**, wenn die holomorphen Funktionen $f_1, \ldots, f_q$ durch s_x teilbar sind, d. h. zum Bilde von h' gehören. Damit ist die Exaktheit von (5) nachgewiesen.

Mit Hilfe der exakten Sequenz (4) und der Sätze 2.6.3 und 2.10.2 erhalten wir nach Ersetzung von W durch $W \otimes \{S\}^{-1}$ den

Satz 16.2.1. *Es sei V eine kompakte komplexe Mannigfaltigkeit und S ein singularitätenfreier Divisor von V. Ferner sei W ein komplex-analytisches Vektorraum-Bündel über V. Dann ist*[1]

$$\chi(V, W) = \chi(V, W \otimes \{S\}^{-1}) + \chi(S, W) \tag{6}$$

(vgl. [29] für den Fall, daß W ein Geradenbündel ist). *Insbesondere erhält man, wenn W das triviale Geradenbündel ist,*

$$\chi(V) = \chi(V, \{S\}^{-1}) + \chi(S) . \tag{6'}$$

16.3. S und V_n sollen dieselbe Bedeutung wie in Satz 16.2.1 haben. Für den Rest dieses Paragraphen wird immer vorausgesetzt, daß V kompakt ist. Das komplex-analytische kontravariante tangentielle Vektorraum-Bündel von V bzw. S werde mit $\mathfrak{T}(V)$ bzw. $\mathfrak{T}(S)$ bezeichnet. Die komplex-analytischen Vektorraum-Bündel der kontravarianten tangentiellen p-Vektoren von V bzw. S sollen durch $\mathfrak{T}^{(p)}(V)$ bzw. $\mathfrak{T}^{(p)}(S)$ angedeutet werden. Die entsprechenden Vektorraum-Bündel der ko-varianten p-Vektoren sollen mit $T^{(p)}(V)$ bzw. $T^{(p)}(S)$ bezeichnet werden (vgl. 4.7). Wie bisher bedeutet ein unterer Index S die Beschränkung auf S. Wir haben über S die exakte Sequenz (vgl. 4.9)

$$0 \to \mathfrak{T}(S) \to \mathfrak{T}(V)_S \to \{S\}_S \to 0 . \tag{7}$$

Daraus erhält man für die (kontravarianten) p-Vektoren die exakte Sequenz (Satz 4.1.3*)

$$0 \to \mathfrak{T}^{(p)}(S) \to \mathfrak{T}^{(p)}(V)_S \to \mathfrak{T}^{(p-1)}(S) \otimes \{S\}_S \to 0 \tag{8}$$

---

[1] Für ein Vektorraum-Bündel W über V haben wir mit W_S die Beschränkung von W auf S bezeichnet. S ist eine kompakte komplexe Mannigfaltigkeit. Die Zahlen $\chi^p(S, W_S)$ und das Polynom $\chi_y(S, W_S)$ sind nach 15.5 definiert. Wir schrei-ben statt $\chi^p(S, W_S)$ auch $\chi^p(S, W)$ und statt $\chi_y(S, W_S)$ auch $\chi_y(S, W)$. Diese Aus-drücke sind gleich 0 zu setzen, wenn der Divisor S gleich 0 ist.

und durch Dualisierung für die (kovarianten) p-Vektoren

$$0 \to T^{(p-1)}(S) \otimes \{S\}_S^{-1} \to T^{(p)}(V)_S \to T^{(p)}(S) \to 0 . \qquad (8')$$

Es sei W ein komplex-analytisches Vektorraum-Bündel über V. Wir können das Tensorprodukt jedes Gliedes der exakten Sequenz (8') mit dem auf S beschränkten Bündel W_S bilden. Wir erhalten dann wieder eine exakte Sequenz. Anwendung von Satz 16.1.1 auf diese exakte Sequenz ergibt die Formel

$$\chi(S, W \otimes T^{(p)}(V)) = \chi^{p-1}(S, W \otimes \{S\}^{-1}) + \chi^p(S, W) . \qquad (9)$$

Nun ersetzen wir in der Formel (6) W durch $W \otimes T^{(p)}(V)$ und erhalten dann aus (6) und (9) die wichtige *"four term formula"* von KODAIRA-SPENCER[1])

$$\chi^p(V, W) = \chi^p(V, W \otimes \{S\}^{-1}) + \chi^p(S, W) + \chi^{p-1}(S, W \otimes \{S\}^{-1}) . \qquad (10_p)$$

Diese Formel ist für alle $p \geq 0$ richtig. Für $p = 0$ muß der letzte Term gleich 0 gesetzt werden (vgl. (6)). Für $p = n = \dim V$ verschwindet $\chi^p(S, W)$, und für $p > n$ verschwinden alle vier Terme der Formel. Wir multiplizieren (10_p) mit y^p (y eine Unbestimmte) und summieren die so erhaltene Gleichung über alle $p \geq 0$. Wir erhalten

$$\chi_y(V, W) = \chi_y(V, W \otimes \{S\}^{-1}) + \chi_y(S, W) + y\,\chi_y(S, W \otimes \{S\}^{-1}) . \qquad (10^*)$$

16.4. Durch wiederholte Anwendung der Gleichungen (10_p) kann man die ganze Zahl $\chi^p(S, W)$ ($p \geq 0$) als ganzzahlige Linearkombination von ganzen Zahlen der Form $\chi^q(V, A)$ darstellen, wo A gewisse komplex-analytische Vektorraum-Bündel über V durchläuft. Man erhält zunächst aus $(10_0) = (6)$, daß

$$\chi^0(S, W) = \chi^0(V, W) - \chi^0(V, W \otimes \{S\}^{-1}) . \qquad (11_0)$$

Nun berechnet man aus (10_1) $\chi^1(S, W)$ und ersetzt $\chi^0(S, W \otimes \{S\}^{-1})$ nach (11_0) durch $\chi^0(V, W \otimes \{S\}^{-1}) - \chi^0(V, W \otimes \{S\}^{-2})$. Es folgt

$$\begin{aligned}
\chi^1(S, W) = &\; \chi^1(V, W) - \chi^1(V, W \otimes \{S\}^{-1}) \\
&- \chi^0(V, W \otimes \{S\}^{-1}) + \chi^0(V, W \otimes \{S\}^{-2}) .
\end{aligned} \qquad (11_1)$$

Durch Fortsetzung dieses Verfahrens erhält man die folgende Formel:

$$\chi^p(S, W) = \sum_{i=0}^{p} (-1)^i [\chi^{p-i}(V, W \otimes \{S\}^{-i}) - \chi^{p-i}(V, W \otimes \{S\}^{-(i+1)})] , \qquad (11_p)$$

die für alle $p \geq 0$ richtig ist. Man beachte, daß die linke Seite von (11_p) für $p \geq n$ verschwindet, da S die komplexe Dimension $n - 1$ hat, während die Terme der rechten Seite sich nicht formal wegheben. Das bedeutet, daß für jedes Vektorraum-Bündel W und für jedes

---

[1]) Siehe [29], Formel (14). Die "four term formula" wird von KODAIRA-SPENCER für den Fall eines Geradenbündels W angegeben.

Geradenbündel $\{S\}$, das zu einem singularitätenfreien Divisor gehört, gewisse Relationen zwischen den Zahlen $\chi^k(V, W \otimes \{S\}^r)$ bestehen. Bleiben diese Relationen gültig, wenn man in ihnen $\{S\}$ durch ein beliebiges Geradenbündel F über V ersetzt? Wir werden auf diese Frage noch zu sprechen kommen. Es wird sich zeigen, daß sie zu bejahen ist, wenn V eine algebraische Mannigfaltigkeit ist.

16.5. $\mathbf{Z}\{y\}$ sei der Integritätsbereich aller formalen Potenzreihen $a_0 + a_1 y + a_2 y^2 + \cdots$ mit ganzen Zahlen a_i als Koeffizienten. Der Polynomring $\mathbf{Z}[y]$ ist Teilring von $\mathbf{Z}\{y\}$.

Es ist nicht möglich, aus (11_p) einen Ausdruck für $\chi_y(S, W)$ zu gewinnen, der eine endliche Linearkombination von Polynomen $\chi_y(V, A)$ ist. Jedoch gilt im Bereich $\mathbf{Z}\{y\}$ der formalen Potenzreihen die folgende Formel:

$$\chi_y(S, W) = \sum_{i=0}^{\infty} (-y)^i \left[\chi_y(V, W \otimes \{S\}^{-i}) - \chi_y(V, W \otimes \{S\}^{-(i+1)})\right]. \quad (11^*)$$

Die rechte Seite von (11^*) stellt eine formale Potenzreihe dar, die in Wirklichkeit ein Polynom vom Grade nicht größer als $n-1$ ist. Der Koeffizient von y^p in dieser Potenzreihe wird durch (11_p) gegeben. Er verschwindet für $p \geq n$.

§ 17. Die virtuelle χ_y-Charakteristik

17.1. Wir führen in diesem Abschnitt einen Kalkül ein, der eine bequeme Definition des virtuellen χ_y-Geschlechtes und der virtuellen χ_y-Charakteristik ermöglicht und die Rechnungen übersichtlich macht.

Es sei E ein Erweiterungsring der ganzen Zahlen $\mathbf{Z}$. Die ganze Zahl 1 sei Einselement von E. Wir betrachten die Ringe $\mathbf{Z}\{y\}$ und $E\{y\}$ der formalen Potenzreihen mit Koeffizienten in $\mathbf{Z}$ bzw. E. ($\mathbf{Z}\{y\}$ ist Teilring von $E\{y\}$.) Wir nennen eine Abbildung

$$h\colon E\{y\} \to \mathbf{Z}\{y\}$$

einen zulässigen additiven Homomorphismus (kurz d-Homomorphismus), wenn folgendes gilt:

    I) $h(u + v) = h(u) + h(v)$ für $u, v \in E\{y\}$.
    II) $h(uv) = u h(v)$ für $u \in \mathbf{Z}\{y\}$ und $v \in E\{y\}$.

In anderen Worten: $E\{y\}$ und $\mathbf{Z}\{y\}$ sind als Moduln über $\mathbf{Z}\{y\}$ aufzufassen. Ein d-Homomorphismus ist ein Homomorphismus des $\mathbf{Z}\{y\}$-Moduls $E\{y\}$ in den $\mathbf{Z}\{y\}$-Modul $\mathbf{Z}\{y\}$.

Aus II) folgt, daß $h(u) = u h(1)$ für $u \in \mathbf{Z}\{y\}$.

Lemma 17.1.1. *Gegeben sei ein additiver Homomorphismus h_0 von E in $\mathbf{Z}\{y\}$. Dann gibt es einen und nur einen d-Homomorphismus h von $E\{y\}$ in $\mathbf{Z}\{y\}$, der auf E mit h_0 übereinstimmt.*

Beweis: Für $v = e_0 + e_1 y + e_2 y^2 + \cdots$ $(e_i \in E)$ definiere man

$$h(v) = h_0(e_0) + h_0(e_1)\, y + h_0(e_2)\, y^2 + \cdots.$$

Die $h_0(e_i)$ auf der rechten Seite dieser Gleichung sind Potenzreihen in y; die rechte Seite stellt in natürlicher Weise eine Potenzreihe in y dar, da bei formalem Ausmultiplizieren der Koeffizient von y^p für jedes $p \geq 0$ eine endliche Summe ist. h ist also wohldefiniert und ist, wie man leicht sieht, ein d-Homomorphismus, der h_0 erweitert. — Angenommen, es sei h' ein d-Homomorphismus, der h_0 erweitert, dann folgt aus I) und II), daß h und h' für alle abbrechenden Potenzreihen von $E\{y\}$ übereinstimmen und weiter, daß sie ganz übereinstimmen. Q. E. D.

Gegeben sei ein d-Homomorphismus h von $E\{y\}$ in $\mathbf{Z}\{y\}$ und ein festes Element $t \in E\{y\}$. Dann kann man einen d-Homomorphismus h_t definieren durch

$$h_t(u) = h(tu) \,.$$

Lemma 17.1.2. *Wenn für die d-Homomorphismen h und h' von $E\{y\}$ in $\mathbf{Z}\{y\}$ ein Element $t \in E\{y\}$ mit*

$$h'(u) = h(tu) \quad \text{(für alle } u \in E)$$

existiert, dann ist $h_t = h'$, d. h. die Gleichung $h'(u) = h(tu)$ gilt für alle $u \in E\{y\}$.

Der Beweis ergibt sich sofort aus Lemma 17.1.1.

In den Anwendungen ist der Ring E von spezieller Natur: Es seien $f_1, \ldots, f_r, w$ Unbestimmte. Wir betrachten über $\mathbf{Z}$ den durch diese Unbestimmte und durch $f_1^{-1}, f_2^{-1}, \ldots, f_r^{-1}$ erzeugten Ring E. Ein d-Homomorphismus von $E\{y\}$ in $\mathbf{Z}\{y\}$ ist durch seine Werte auf den Potenzprodukten $w^\mu f_1^{\lambda_1} f_2^{\lambda_2} \ldots f_r^{\lambda_r}$ festgelegt ($\mu, \lambda_1, \ldots, \lambda_r$ ganze Zahlen; μ nicht negativ; das Element $1 \in \mathbf{Z}$ ist ein spezielles Potenzprodukt), da diese Potenzprodukte eine additive Basis für E bilden. Schreibt man für diese Potenzprodukte irgendwelche Werte in $\mathbf{Z}\{y\}$ vor, dann gibt es einen (und nur einen) additiven Homomorphismus von E in $\mathbf{Z}\{y\}$ und daher nach Lemma 17.1.1 einen und nur einen d-Homomorphismus von $E\{y\}$ in $\mathbf{Z}\{y\}$, der diese Werte annimmt.

Nun sei V eine kompakte komplexe Mannigfaltigkeit, $F_1, \ldots, F_r$ komplex-analytische Geradenbündel und W ein komplex-analytisches Vektorraum-Bündel über V. Wir definieren mit Hilfe dieser Data zwei d-Homomorphismen h und $\hat{h}$ von $E\{y\}$ in $\mathbf{Z}\{y\}$, wo E die gerade angegebene Bedeutung hat. h und $\hat{h}$ werden durch Angabe ihrer Werte auf den Potenzprodukten (einschließlich 1) definiert:

$$\begin{aligned}
&h(w^\mu f_1^{\lambda_1} f_2^{\lambda_2} \ldots f_r^{\lambda_r}) = \chi(V, W^\mu \otimes F_1^{\lambda_1} \otimes F_2^{\lambda_2} \otimes \cdots \otimes F_r^{\lambda_r}), \quad h(1) = \chi(V) \\
&\hat{h}(w^\mu f_1^{\lambda_1} f_2^{\lambda_2} \ldots f_r^{\lambda_r}) = \chi_y(V, W^\mu \otimes F_1^{\lambda_1} \otimes F_2^{\lambda_2} \otimes \cdots \otimes F_r^{\lambda_r}), \quad \hat{h}(1) = \chi_y(V)\,.
\end{aligned} \tag{1}$$

Potenzen auf der rechten Seite sind im Sinne des Tensorprodukts zu verstehen. Für Geradenbündel sind auch negative Potenzen definiert.

Man sieht unmittelbar, daß das konstante Glied der Potenzreihe $\hat{h}(u)$ für $u \in E\{y\}$ gleich $h(u_0)$ ist, wo u_0 das konstante Glied von u ist. $\tag{2}$

Wir verabreden: Wenn über einer kompakten komplexen Mannigfaltigkeit V eine endliche Anzahl von komplex-analytischen Geradenbündeln und ein komplex-analytisches Vektorraum-Bündel gegeben sind, dann bezeichnen wir diese Faserbündel mit großen lateinischen Buchstaben und führen Unbestimmte ein, die den Faserbündeln eineindeutig zugeordnet sind und die wir mit den entsprechenden kleinen lateinischen Buchstaben bezeichnen. In der gerade beschriebenen Weise definieren wir dann den Ring E und die d-Homomorphismen h und $\hat{h}$, die, wenn Zweideutigkeiten auftreten können, auch mit h_V, $\hat{h}_V$ bezeichnet werden. — Wenn S ein singularitätenfreier Divisor von V ist, dann können die über V gegebenen Bündel auf S beschränkt werden. Wir ordnen diesen Bündeln über S dann dieselben Unbestimmten zu wie den Bündeln über V. Bezüglich S sind dann d-Homomorphismen h_S und $\hat{h}_S$ (die Unbestimmten seien wie in (1) gewählt) folgendermaßen definiert[1]).

$$h_S(w^\mu f_1^{\lambda_1} f_2^{\lambda_2} \dots f_r^{\lambda_r}) = \chi(S, W^\mu \otimes F_1^{\lambda_1} \otimes F_2^{\lambda_2} \otimes \cdots \otimes F_r^{\lambda_r}), \quad h_S(1) = \chi(S)$$
$$\hat{h}_S(w^\mu f_1^{\lambda_1} f_2^{\lambda_2} \dots f_r^{\lambda_r}) = \chi_y(S, W^\mu \otimes F_1^{\lambda_1} \otimes F_2^{\lambda_2} \otimes \cdots \otimes F_r^{\lambda_r}), \quad \hat{h}_S(1) = \chi_y(S). \tag{3}$$

Wir ordnen dem Geradenbündel $\{S\}$ über V im Sinne unserer Verabredung die Unbestimmte s zu. Die Formel 16.5 (11*) kann dann so geschrieben werden:

$$\chi_y(S, W) = \hat{h}_V\left(w \, \frac{1 - s^{-1}}{1 + y s^{-1}}\right). \tag{4}$$

Wir beachten, daß in $E\{y\}$ jedes Element, dessen konstantes Glied gleich 1 ist, ein eindeutig bestimmtes inverses Element in bezug auf Multiplikation hat.

Es gilt insbesondere

$$\chi_y(S) = \hat{h}_V\left(\frac{1 - s^{-1}}{1 + y s^{-1}}\right)$$

und nach 16.2 (6), (6')

$$\chi(S, W) = h_V(w(1 - s^{-1})), \quad \chi(S) = h_V(1 - s^{-1}).$$

17.2. Wir kommen nun zur Definition der virtuellen χ_y-Charakteristik. Es sei V_n wieder eine kompakte komplexe Mannigfaltigkeit. $F_1, \dots, F_r$ seien komplex-analytische Geradenbündel über V, und W sei ein komplex-analytisches Vektorraum-Bündel über V. Das r-Tupel $(F_1, \dots, F_r)$ heißt virtuelle Untermannigfaltigkeit von V von der (komplexen) Dimension $n - r$. Wir lassen den Fall $r > n$ zu.

Definition (vgl. 17.1, Formel (4)):

$$\chi_y(F_1, \dots, F_r|, W)_V = \hat{h}_V\left(w \prod_{i=1}^{r} \frac{1 - f_i^{-1}}{1 + y f_i^{-1}}\right).$$

---

[1]) Vgl. Fußnote 1 auf S. 128.

$\chi_y(F_1, \ldots, F_r|, W)_V$ ist eine unendliche Potenzreihe in y mit ganz-zahligen Koeffizienten, die wir virtuelle χ_y-Charakteristik des „auf die virtuelle Untermannigfaltigkeit $(F_1, \ldots, F_r)$ beschränkten" Vektorraum-Bündels W nennen wollen und die offenbar nicht von der Reihenfolge der Geradenbündel F_i abhängt. Wenn W das triviale Geradenbündel ist, dann beziehen wir die virtuelle χ_y-Charakteristik mit $\chi_y(F_1, \ldots, F_r)_V$ und nennen sie virtuelles χ_y-Geschlecht der virtuellen Untermannig-faltigkeit $(F_1, \ldots, F_r)$. Wir setzen

$$\chi_y(F_1, \ldots, F_r|, W)_V = \sum_{p=0}^{\infty} \chi^p(F_1, \ldots, F_r|, W)_V \, y^p$$

und

$$\chi_y(F_1, \ldots, F_r)_V = \sum_{p=0}^{\infty} \chi^p(F_1, \ldots, F_r)_V \, y^p \, .$$

Wir setzen für χ^0 immer χ und erhalten nach 17.1 (2)

$$\chi(F_1, \ldots, F_r|, W)_V = h_V\left(w \prod_{i=1}^{r} (1 - f_i^{-1}) \right).$$

Die ganze Zahl $\chi(F_1, \ldots, F_r|, W)_V$ heißt virtuelle χ-Charakteristik des auf die virtuelle Untermannigfaltigkeit $(F_1, \ldots, F_r)$ beschränkten Vektorraum-Bündels W. Die ganze Zahl $\chi(F_1, \ldots, F_r)_V$ heißt virtuelles arithmetisches Geschlecht der virtuellen Untermannigfaltigkeit $(F_1, \ldots, F_r)$.

Insbesondere ist also das virtuelle arithmetische Geschlecht $\chi(F)_V$ eines Geradenbündels F über V definiert durch

$$\chi(F)_V = \chi(V) - \chi(V, F^{-1}) \, .$$

Es sei nun S ein singularitätenfreier Divisor von V. Dann ist $\chi_y(S, W)$ definiert und ist ein Polynom vom Grade $\leq n - 1$. Die Formel 17.1 (4) besagt

$$\chi_y(S, W) = \chi_y(\{S\}|, W)_V \, . \tag{4'}$$

In diesem Falle ist die virtuelle χ_y-Charakteristik ein endliches Polynom. Es ist nicht bekannt, ob $\chi_y(F_1, \ldots, F_r|, W)_V$ immer ein Polynom vom Grade $\leq n - r$ ist. Insbesondere ist unbekannt, ob $\chi_y(F_1, \ldots, F_r|, W)_V$ für $r > n$ identisch verschwindet. (Auf den speziellen Fall, daß V eine algebraische Mannigfaltigkeit ist, werden wir in Satz 19.2.1 zu sprechen kommen.) In Verallgemeinerung von (4') beweisen wir den folgenden Satz, der die Berechtigung der obigen Definitionen aufzeigt:

Satz 17.2.1. *Die Symbole $V, F_1, \ldots, F_r, W$ sollen dieselbe Bedeutung wie zu Beginn dieses Abschnitts haben. Es sei S ein singularitätenfreier Divisor von V und $\{S\} = F_1$. Dann ist*

$$\chi_y(F_1, \ldots, F_r|, W)_V = \chi_y((F_2)_S, \ldots, (F_r)_S|, W_S)_S \, .$$

Beweis: Wir setzen

$$\hat{R}(x) = \frac{1 - x^{-1}}{1 + y\, x^{-1}} \tag{5}$$

Dann ist nach Definition

$$\chi_y((F_2)_S, \ldots, (F_r)_S|, W_S)_S = \hat{h}_S\left(w \cdot \prod_{i=2}^{r} \hat{R}\,(f_i)\right).$$

Aus (1), (3) und (4) folgt leicht

$$\hat{h}_S\left(w^\mu\, f_1^{\lambda_1} \ldots f_r^{\lambda_r}\right) = \hat{h}_V\left(w^\mu\, f_1^{\lambda_1} \ldots f_r^{\lambda_r}\, \hat{R}(f_1)\right).$$

Also ergibt sich aus Lemma 17.1.2 für $\cdot t = \hat{R}(f_1)$

$$\hat{h}_S\left(w \prod_{i=2}^{r} \hat{R}(f_i)\right) = \hat{h}_V\left(w \prod_{i=1}^{r} \hat{R}(f_i)\right) = \chi_y(F_1, \ldots, F_r|, W)_V. \quad \text{Q. E. D.}$$

Aus der Definition der virtuellen χ_y-Charakteristik erhält man

Lemma 17.2.2. *Wenn eines der F_i gleich dem trivialen Geraden-bündel* **1** *ist, dann ist*

$$\chi_y(F_1, \ldots, F_r|, W)_V = 0.$$

17.3. Wir beweisen für die virtuelle χ_y-Charakteristik die Funktional-gleichung, die wir in 11.3 für die virtuelle T_y-Charakteristik erhalten haben:

Satz 17.3.1. *Es sei V eine kompakte komplexe Mannigfaltigkeit, W sei ein komplex-analytisches Vektorraum-Bündel über V, und $F_1, \ldots, F_r, A, B$ seien komplex-analytische Geradenbündel über V. Dann gilt*[1]

$$\chi_y(F_1, F_2, \ldots, F_r, A \otimes B|, W)$$

$$= \chi_y(F_1, \ldots, F_r, A|, W) + \chi_y(F_1, \ldots, F_r, B|, W) \tag{6}$$

$$+ (y - 1)\, \chi_y(F_1, \ldots, F_r, A, B|, W) - y\, \chi_y(F_1, \ldots, F_r, A, B, A \otimes B|, W).$$

Beweis: Wir setzen zur Abkürzung (unter Verwendung von (5))

$$u = w \prod_{i=1}^{r} \hat{R}(f_i).\quad \text{Dann ist zu beweisen}$$

$$\hat{h}(u\,\hat{R}(ab))$$

$$= \hat{h}(u\,\hat{R}(a)) + \hat{h}(u\,\hat{R}(b)) + (y - 1)\,\hat{h}(u\,\hat{R}(a)\,\hat{R}(b)) - y\,\hat{h}(u\,\hat{R}(a)\,\hat{R}(b)\,\hat{R}(ab)).$$

Nach 17.1 II) können die Faktoren $y - 1$ und y mit in die große Klammer hinter $\hat{h}$ hineingenommen werden. Da $\hat{h}$ ein additiver Homomorphismus ist, braucht nur bewiesen zu werden, daß

$$\hat{R}(ab) = \hat{R}(a) + \hat{R}(b) + (y - 1)\,\hat{R}(a)\,\hat{R}(b) - y\,\hat{R}(a)\,\hat{R}(b)\,\hat{R}(ab).$$

Das ist aber die Funktionalgleichung, die uns bereits in 11.3 begegnet ist.

---

[1] Wenn aus dem Zusammenhang klar ist, in welcher Mannigfaltigkeit die virtuelle χ_y-Charakteristik gebildet wird, dann lassen wir den Index V gelegentlich fort. Wir bezeichnen dann also die virtuelle χ_y-Charakteristik einfach mit $\chi_y(F_1, \ldots, F_r|, W)$. Entsprechend verfahren wir für das virtuelle χ_y-Geschlecht und das virtuelle arithmetische Geschlecht.

Bemerkung: Die Funktionalgleichung (6) ist eine Beziehung zwischen fünf formalen Potenzreihen. Da nicht bekannt ist, ob diese Potenzreihen abbrechen oder konvergieren, ist es nicht erlaubt, y durch spezielle Zahlenwerte zu ersetzen. Man kann aber in (6) die Koeffizienten „vergleichen". Es ergeben sich dann Beziehungen zwischen den $\chi^p(\ldots |, W)$ der auftretenden fünf virtuellen Mannigfaltigkeiten. Für $\chi^0 = \chi$ hat man

$$\chi(F_1, \ldots, F_r, A \otimes B|, W)$$
$$= \chi(F_1, \ldots, F_r, A|, W) + \chi(F_1, \ldots, F_r, B|, W) - \chi(F_1, \ldots, F_r, A, B|, W). \tag{6'}$$

Diese aus der algebraischen Geometrie für das virtuelle arithmetische Geschlecht wohlbekannte Gleichung entspricht in unserem Kalkül der Identität

$$1 - (ab)^{-1} = (1 - a^{-1}) + (1 - b^{-1}) - (1 - a^{-1})(1 - b^{-1}) \,.$$

17.4. Es sei V_m eine kompakte komplex-analytische Spalt-Mannigfaltigkeit (vgl. 13.5.b)). Nach Definition läßt das tangentielle $\mathbf{GL}(m, \mathbf{C})$-Bündel von V_m die Dreiecksgruppe $\varDelta(m, \mathbf{C})$ in komplex-analytischer Weise als Strukturgruppe zu. Es sind m diagonale komplex-analytische Geradenbündel $A_1, \ldots, A_m$ definiert (vgl. 4.1.e)). Das komplex-analytische Vektorraum-Bündel $T^{(p)}$ der *kovarianten* p-Vektoren von V_m läßt die Dreiecksgruppe $\varDelta\left(\binom{m}{p}, \mathbf{C}\right)$ als Strukturgruppe zu, und die zugehörigen $\binom{m}{p}$ diagonalen komplex-analytischen Geradenbündel sind (vgl. Satz 4.1.1)

$$A_{i_1}^{-1} \otimes A_{i_2}^{-1} \otimes \cdots \otimes A_{i_p}^{-1} \quad (i_1 < i_2 < \cdots < i_p) \,.$$

Daraus folgt nach Satz 16.1.2 für $p \geqq 0$

$$\chi^p(V_m, W) = \chi(V_m, W \otimes T^{(p)})$$
$$= \sum_{i_1 < i_2 < \cdots < i_p} \chi(V_m, W \otimes A_{i_1}^{-1} \otimes A_{i_2}^{-1} \otimes \cdots \otimes A_{i_p}^{-1}) \tag{7}$$

und unter Verwendung unseres Kalküls (vgl. 17.1)

$$\chi_y(V_m, W) = h\left(w \prod_{i=1}^{m} (1 + y a_i^{-1})\right). \tag{8}$$

Wir haben in 13.6 die Formel (13) über das TODDsche Geschlecht einer fast-komplexen Spalt-Mannigfaltigkeit bewiesen und werden nun die entsprechende Formel für das arithmetische Geschlecht $\chi(V_m)$ einer komplex-analytischen Spalt-Mannigfaltigkeit V_m herleiten.

Satz 17.4.1. *Es sei V_m eine komplex-analytische Spalt-Mannigfaltigkeit mit den diagonalen komplex-analytischen Geradenbündeln $A_1, \ldots, A_m$.*

Es sei W ein komplex-analytisches Vektorraum-Bündel über V_m. Dann gilt

$$(1 + y)^m \, \chi(V_m, W) = \sum_{l=0}^{m} y^l \sum_{i_1 < \cdots < i_l} \chi_{\mathfrak{p}}(A_{i_1}, \ldots, A_{i_l}|, W) \, . \qquad (9)$$

Beweis: Wir bemerken zunächst, daß Formel (9) wieder eine Relation zwischen formalen Potenzreihen ist und daß die rechte Seite von (9) so beginnt:

$$\chi_{\mathfrak{p}}(V, W) + y \, (\chi_{\mathfrak{p}}(A_1|, W) + \chi_{\mathfrak{p}}(A_2|, W) + \cdots + \chi_{\mathfrak{p}}(A_m|, W)) + \cdots \, .$$

Die rechte Seite von (9) ist im Kalkül gleich

$$\sum_{l=0}^{m} y^l \sum_{i_1 < \cdots < i_l} \hat{h}(w \, \hat{R}(a_{i_1}) \, \hat{R}(a_{i_2}) \, \ldots \, \hat{R}(a_{i_l})) \quad \text{(Definition von } \hat{R} \text{ in (5))}$$

$$= \hat{h} \left(\sum_{l=0}^{m} y^l \sum_{i_1 < \cdots < i_l} w \, \hat{R}(a_{i_1}) \, \hat{R}(a_{i_2}) \, \ldots \, \hat{R}(a_{i_l}) \right) \qquad (17.1 \ \text{II})$$

$$= \hat{h} \left(w \prod_{i=1}^{m} (1 + y \hat{R}(a_i)) \right) = \hat{h} \left(w \prod_{i=1}^{m} (1 + y) \, (1 + y a_i^{-1})^{-1} \right)$$

$$= (1 + y)^m \, \hat{h} \left(w \prod_{i=1}^{m} (1 + y a_i^{-1})^{-1} \right). \qquad (17.1 \ \text{II})$$

Man überlegt sich leicht mit Hilfe von (8), daß

$$\hat{h}(w^\mu \, a_1^{\lambda_1} \, a_2^{\lambda_2} \ldots a_r^{\lambda_r}) = h \left(w^\mu \, a_1^{\lambda_1} \, a_2^{\lambda_2} \ldots a_r^{\lambda_r} \prod_{i=1}^{m} (1 + y a_i^{-1}) \right).$$

Daher ergibt sich unter Verwendung von Lemma 17.1.2 für

$$t = \prod_{i=1}^{m} (1 + y a_i^{-1})$$

die folgende Formel

$$(1 + y)^m \hat{h} \left(w \prod_{i=1}^{m} (1 + y a_i^{-1})^{-1} \right) = (1 + y)^m h \left(w \prod_{i=1}^{m} (1 + y a_i^{-1})^{-1} (1 + y a_i^{-1}) \right)$$

$$= (1 + y)^m \, h(w) = (1 + y)^m \, \chi(V, W) \, . \quad \text{Q. E. D.}$$

§ 18. Bericht über fundamentale Sätze von K. KODAIRA

18.1. Es sei V eine (kompakte) kählersche Mannigfaltigkeit (vgl. 15.6). Mit $H^{1,1}(V, \mathbf{R})$ (bzw. $H^{1,1}(V, \mathbf{Z})$) werde die Untergruppe der Elemente vom Typ $(1,1)$ von $H^2(V, \mathbf{R})$ (bzw. $H^2(V, \mathbf{Z})$) bezeichnet (vgl. 15.7). Wir führen in $H^{1,1}(V, \mathbf{R})$ eine „archimedische Halbordnung" ein:

Definition: *Ein Element $x \in H^{1,1}(V, \mathbf{R})$ heißt positiv $(x > 0)$, wenn x als Fundamentalklasse einer kählerschen Metrik von V auftreten kann.*

Für $x, y \in H^{1,1}(V, \mathbf{R})$ gelten die folgenden Regeln:

(0) Wenigstens ein Element von $H^{1,1}(V, \mathbf{R})$ ist positiv.

(1) Das Nullelement von $H^{1,1}(V, \mathbf{R})$ ist nicht positiv.

(2) Wenn $x > 0$ und $y > 0$, dann $x + y > 0$.

(3) Wenn $x > 0$ und $r > 0$ $(r \in \mathbf{R})$, dann $r x > 0$.

(4) Wenn $x, y \in H^{1,1}(V, \mathbf{R})$ und $x > 0$, dann gibt es eine von x und y abhängige positive ganze Zahl g mit $g x - y > 0$.

Definition: *Ein Element $x \in H^{1,1}(V, \mathbf{Z})$ heißt positiv, wenn x aufgefaßt als Element von $H^{1,1}(V, \mathbf{R})$ positiv ist. Ein komplex-analytisches Geradenbündel über V heißt positiv, wenn seine Cohomologieklasse[1], die nach Satz 15.9.1 zu $H^{1,1}(V, \mathbf{Z})$ gehört, positiv ist.*

Eine kählersche Mannigfaltigkeit V heißt Hodge-Mannigfaltigkeit [18], wenn es wenigstens ein positives Element in $H^{1,1}(V, \mathbf{Z})$ gibt, d. h. wenn V eine kählersche Metrik zuläßt, deren Fundamentalklasse bei dem natürlichen Homomorphismus $H^2(V, \mathbf{Z}) \to H^2(V, \mathbf{R})$ zum Bild gehört. Bekanntlich gibt es kompakte komplexe Mannigfaltigkeiten, die nicht kählersch sind und kählersche Mannigfaltigkeiten, die keine Hodge-Mannigfaltigkeiten sind.

Der komplexe projektive Raum $\mathbf{P}_n(\mathbf{C})$ ist eine kählersche Mannigfaltigkeit [und deshalb automatisch eine Hodge-Mannigfaltigkeit, da $H^{1,1}(\mathbf{P}_n(\mathbf{C}), \mathbf{Z}) = H^2(\mathbf{P}_n(\mathbf{C}), \mathbf{Z}) \cong \mathbf{Z}$ und also jedes Element von $H^{1,1}(\mathbf{P}_n(\mathbf{C}), \mathbf{R}) \left(= H^2(\mathbf{P}_n(\mathbf{C}), \mathbf{R})\right)$ nach Multiplikation mit einer geeigneten positiven reellen Zahl zum Bild des Homomorphismus $H^2(\mathbf{P}_n(\mathbf{C}), \mathbf{Z}) \to H^2(\mathbf{P}_n(\mathbf{C}), \mathbf{R})$ gehört]. Die positiven Elemente von $H^2(\mathbf{P}_n(\mathbf{C}), \mathbf{Z})$ sind genau die positiven ganzzahligen Vielfachen von g_n $(=$ Cohomologieklasse der orientierten Hyperebene $\mathbf{P}_{n-1}(\mathbf{C})$ in der orientierten Mannigfaltigkeit $\mathbf{P}_n(\mathbf{C})$; vgl. 4.2).

Eine algebraische Mannigfaltigkeit (vgl. 0.1) *ist eine* Hodge-*Mannigfaltigkeit*, da V als Untermannigfaltigkeit von $\mathbf{P}_m(\mathbf{C})$, m hinreichend groß, aufgefaßt werden kann und da dann die Beschränkung von $g_m \in H^2(\mathbf{P}_m(\mathbf{C}), \mathbf{Z})$ auf V ein positives Element von $H^{1,1}(V, \mathbf{Z})$ ist.

Ein komplex-analytisches Geradenbündel über V heißt projektiv-induziert, wenn es bei einer geeigneten Einbettung von V in einen projektiven Raum $\mathbf{P}_m(\mathbf{C})$ als Beschränkung des Geradenbündels H auf V erhalten werden kann. (H sei das durch die Hyperebene $\mathbf{P}_{m-1}(\mathbf{C})$ von $\mathbf{P}_m(\mathbf{C})$ bestimmte komplex-analytische Geradenbündel über $\mathbf{P}_m(\mathbf{C})$. Es ist zu dem komplex-analytischen $\mathbf{C}^*$-Bündel η_m (vgl. 4.2) assoziiert und hat die Cohomologieklasse g_m.) Ein projektiv-induziertes Geradenbündel ist positiv, es gibt jedoch im allgemeinen positive Geradenbündel über V, die nicht projektiv-induziert sind. Die projektiv-induzierten

---

[1]) Vgl. Fußnote 2 auf S. 113.

Geradenbündel von V können jedenfalls durch Divisoren gegeben werden (nämlich durch „Hyperebenenschnitte"). Es gilt:

Satz 18.1.1 (BERTINI). *Zu jedem projektiv-induzierten Geradenbündel F über der algebraischen Mannigfaltigkeit V gibt es einen singularitäten-freien Divisor S mit $F = \{S\}$.*

Bemerkung. Der Satz von BERTINI wird oft so formuliert:

Ein „allgemeiner" Hyperebenenabschnitt S einer im $\mathbf{P}_m(\mathbf{C})$ singulari-tätenfrei eingebetteten zusammenhängenden algebraischen Mannigfaltig-keit V_n ist singularitätenfrei und für $n \geq 2$ zusammenhängend.

Für Beweise siehe AKIZUKI [1a] und ZARISKI [45, 46]. Daß S singularitätenfrei ist, kann leicht bewiesen werden. Daß S für $n \geq 2$ zusammenhängend ist, werden wir nicht benutzen.

KODAIRA [26] hat den folgenden fundamentalen Satz bewiesen:

Hauptsatz 18.1.2. *Eine kompakte komplexe Mannigfaltigkeit ist dann (und nur dann) algebraisch, wenn sie eine HODGE-Mannigfaltig-keit ist.*

KODAIRAs Beweis dieses Satzes beruht wesentlich auf einem Satz über das Verschwinden von Cohomologiegruppen, der an sich von prinzipieller Bedeutung ist und den wir im nächsten Abschnitt anführen werden. Die für diese Arbeit wichtigen Anwendungen des Satzes 18.1.2 werden dann anschließend besprochen.

18.2. Wir haben in 15.2 das verallgemeinerte Problem von RIEMANN-ROCH formuliert. Beispiele zeigen, daß $\dim H^0(V, W)$ nicht nur von dem stetigen Vektorraum-Bündel W abhängt. Es gilt genauer folgendes: Es gibt eine algebraische Mannigfaltigkeit V, zwei komplex-analytische Vektorraum-Bündel W und W' über V, die als stetige Vektorraum-Bündel isomorph sind und für die $\dim H^0(V, W) \neq \dim H^0(V, W')$. Es wird sich aber herausstellen, daß $\chi(V, W)$ nur von dem stetigen Bündel W abhängt, daß nämlich $\chi(V, W)$ sogar nur von den CHERNschen Klassen von W abhängt (vgl. 0.6). In vielen wichtigen Fällen kann man jedoch beweisen, daß die Cohomologiegruppen $H^i(V, W)$ für $i > 0$ alle verschwinden. Dann ist $H^0(V, W) = \chi(V, W)$, und mit der Berechnung von $\chi(V, W)$ ist dann das Problem von RIEMANN-ROCH für diesen Fall gelöst.

Es sei F nun speziell ein komplex-analytisches Geradenbündel über der kompakten komplexen Mannigfaltigkeit V. Es gilt der folgende wichtige

Satz 18.2.1 (KODAIRA [25]). *Wenn das Geradenbündel F^{-1} positiv ist, dann verschwinden die Cohomologiegruppen $H^i(V, F)$ für alle $i \neq n$* [1]).

KODAIRA beweist diesen Satz mit Hilfe einer von S. BOCHNER stammenden differential-geometrischen Methode.

---

[1]) Ein Beweis dieses Satzes wurde auch von Y. AKIZUKI und S. NAKANO [1b] angegeben. Diese Autoren zeigen sogar, daß die Cohomologiegruppen $H^{p,q}(V, F)$ (vgl. 15.3.a)) für $p + q \leq n - 1$ verschwinden, wenn F^{-1} positiv ist.

Unter Verwendung des Serreschen Dualitätssatzes 15.4.3 erhält man aus Satz 18.2.1 die folgende äquivalente Aussage.

Satz 18.2.2 (Kodaira). *Wenn $F \otimes K^{-1}$ positiv ist, dann verschwinden die Cohomologiegruppen $H^i(V, F)$ für alle $i > 0$. Es ist also dann*

$$\chi(V, F) = \dim H^0(V, F).$$

Natürlich sind diese Sätze nur dann nicht leer, wenn V eine Hodge-Mannigfaltigkeit ist. Aus Satz 18.2.2 und aus 18.1, Regel (4) folgt sofort

Satz 18.2.3 (Kodaira). *Gegeben sei über der Hodge-Mannigfaltigkeit V ein komplex-analytisches Geradenbündel F. Ferner sei E ein positives Geradenbündel über V. Dann gibt es eine positive ganze Zahl k_0 derart, daß $F \otimes E^k \otimes K^{-1}$ für $k > k_0$ positiv ist. Für $k > k_0$ verschwinden alle Cohomologiegruppen $H^i(V, F \otimes E^k)$ (für $i > 0$).*

Die Kodairaschen Methoden ergeben (vgl. [31]), daß der vorstehende Satz auf komplex-analytische Vektorraum-Bündel übertragen werden kann:

Satz 18.2.3* (Kodaira). *E sei ein positives Geradenbündel über der Hodge-Mannigfaltigkeit V. Für ein komplex-analytisches Vektorraum-Bündel W verschwinden die Cohomologiegruppen $H^i(V, W \otimes E^k)$, $i > 0$, für hinreichend großes k* [1]).

Der Satz 18.2.2 ist eine wesentliche Grundlage für den Beweis des Kodairaschen Hauptsatzes 18.1.2 (Hodge-Mannigfaltigkeit → algebraische Mannigfaltigkeit). Kodaira (vgl. [26]) beweist in der Tat den

Satz 18.2.4. *Gegeben sei eine Hodge-Mannigfaltigkeit V. Es gibt ein positives Element $x_0 \in H^{1,1}(V, \mathbf{Z})$, das folgende Eigenschaft hat:*

Jedes komplex-analytische Geradenbündel F mit $c_1(F) - x_0 > 0$ ist projektiv-induziert.

Aus dem vorstehenden Satz ergibt sich

Satz 18.2.5. *Es sei V eine algebraische Mannigfaltigkeit und F ein komplex-analytisches Geradenbündel über V, dann gibt es projektiv induzierte Geradenbündel A, B mit $F = A \otimes B^{-1}$. Nach Bertini (Satz 18.1.1) kann F in der Form*

$$F = \{S\} \otimes \{T\}^{-1} \quad (A = \{S\}, \; B = \{T\})$$

geschrieben werden, wo S und T singularitätenfreie Divisoren von V sind [2]).

Beweis: Man wähle ein projektiv-induziertes Geradenbündel E über V mit $c_1(E) - x_0 > 0$. Für k hinreichend groß ist $k c_1(E) - c_1(F) - x_0 > 0$.

---

[1]) Dieser Satz wurde auch von Serre ([7a], Exposé XVIII, Théorème B) für den Fall bewiesen, daß E projektiv-induziert ist.

[2]) Damit ist gezeigt, daß F durch einen Divisor repräsentiert werden kann. Es folgt also, daß die Gruppe der Divisorenklassen von V zur Cohomologiegruppe $H^1(V, \mathbf{C}^*_\omega)$ in natürlicher Weise isomorph ist (vgl. 15.2 und Kodaira-Spencer [28]).

Nach 18.2.4 sind dann $E^k \otimes F^{-1}$ und E^k projektiv-induzierte Geradenbündel[1]), die man mit B bzw. A bezeichne. Es ist $F = A \otimes B^{-1}$.

Bemerkung: Die Tatsache, daß jeder *Divisor D* auf einer algebraischen Mannigfaltigkeit linear äquivalent ist (vgl. 15.2) zu einem Divisor der Form $S - T$, wo S und T singularitätenfrei sind, kann elementar bewiesen werden (siehe etwa ZARISKI [47]).

Von nun an werden die Begriffe HODGE-Mannigfaltigkeit und algebraische Mannigfaltigkeit vollständig identifiziert. In vielen Fällen (vgl. den nächsten Abschnitt) kann man zeigen, daß eine gegebene kompakte komplexe Mannigfaltigkeit V eine HODGE-Metrik zuläßt, V ist dann automatisch algebraisch.

18.3. Es sei L ein komplex-analytisches Faserbündel über der algebraischen Mannigfaltigkeit V mit dem komplexen projektiven Raum $\mathbf{P}_r(\mathbf{C})$ als Faser und der projektiven Gruppe $\mathbf{PGL}(r+1, \mathbf{C})$ als Strukturgruppe. Offenbar ist L eine kompakte komplexe Mannigfaltigkeit. Mit Hilfe einer HODGE-Metrik von V und der üblichen HODGE-Metrik von $\mathbf{P}_r(\mathbf{C})$ kann eine HODGE-Metrik von L konstruiert werden. Daher der

Satz 18.3.1 (KODAIRA). *Ein komplex-analytisches Faserbündel L über der algebraischen Mannigfaltigkeit V mit* $\mathbf{P}_r(\mathbf{C})$ *als Faser und* $\mathbf{PGL}(r+1, \mathbf{C})$ *als Strukturgruppe ist selbst eine algebraische Mannigfaltigkeit.*

Für die Einzelheiten des Beweises siehe KODAIRA [26] (Annals Arbeit, S. 42, Theorem 8).

A. BOREL hat den vorstehenden Satz (auch unter Benutzung des KODAIRASchen Hauptsatzes 18.1.2) folgendermaßen verallgemeinert.

Satz 18.3.1* (A. BOREL). *Es sei L ein komplex-analytisches Faserbündel über der algebraischen Mannigfaltigkeit V mit einer algebraischen Mannigfaltigkeit F als Faser und einer zusammenhängenden Strukturgruppe. Es werde vorausgesetzt, daß die erste BETTISche Zahl von F verschwindet. Dann ist auch L algebraisch*[2]).

Wir werden den BORELSchen Satz nur für den Fall verwenden, wo F die Fahnenmannigfaltigkeit $\mathbf{F}(q) = \mathbf{GL}(q, \mathbf{C})/\Delta(q, \mathbf{C})$ ist und L zu einem komplex-analytischen $\mathbf{GL}(q, \mathbf{C})$-Bündel ξ über V assoziiert ist. In diesem Falle kann man auch durch Induktion über q und mit Hilfe von Satz 18.3.1 beweisen, daß L algebraisch ist:

Man betrachte ein zu ξ assoziiertes Faserbündel L' mit $\mathbf{P}_{q-1}(\mathbf{C})$ als Faser. Dann ist L ein komplex-analytisches Faserbündel über L' mit

---

[1]) Bekanntlich kann man leicht direkt und elementar nachweisen, daß jede Potenz E^k ($k > 0$) eines projektiv-induzierten Geradenbündels E wieder projektiv induziert ist.

[2]) Wenn man in diesem Satz „algebraisch" überall durch „kählersch" ersetzt, dann erhält man einen Spezialfall eines Satzes von BLANCHARD [C. r. Acad. Sci. (Paris) **238**, 2281—2283 (1954)].

$\mathbf{GL}(q-1, \mathbf{C})/\varDelta(q-1, \mathbf{C})$ als Faser. L' ist nach Satz 18.3.1 algebraisch. Nach Induktionsannahme ist L algebraisch.

Die Tatsache, daß $\mathbf{F}(q)$ eine algebraische Mannigfaltigkeit ist, wurde bei diesem Induktionsbeweis nicht benutzt. Sie ergibt sich nachträglich, wenn man für V einen Punkt wählt. Dann ist nämlich $L = \mathbf{F}(q)$.

§ 19. Die virtuelle χ_y-Charakteristik für algebraische Mannigfaltigkeiten

Wir haben in § 17 für eine beliebige kompakte komplexe Mannigfaltigkeit V, für komplex-analytische Geradenbündel $F_1, \ldots, F_r$ und ein komplex-analytisches Vektorraum-Bündel W über V die virtuelle χ_y-Charakteristik $\chi_y(F_1, \ldots, F_r|, W)_V$ definiert, die per definitionem eine formale Potenzreihe in der Unbestimmten y mit ganzzahligen Koeffizienten ist. Für algebraische Mannigfaltigkeiten V ist es mit Hilfe des Satzes 18.2.5 möglich, spezielle Aussagen über die virtuelle χ_y-Charakteristik zu machen.

19.1.   Eine 0-dimensionale kompakte komplexe Mannigfaltigkeit ist eine endliche Anzahl von isolierten Punkten.

Lemma 19.1.1.   *Für eine 0-dimensionale k-punktige komplexe Mannigfaltigkeit V, für Geradenbündel $F_1, \ldots, F_r$ und ein Vektorraum-Bündel W über V (mit $\mathbf{C}_q$ als Faser) ist*

I) $\chi_y(V, W) = q\,k$ und II) $\chi_y(F_1, \ldots, F_r|, W) = 0$ (für $r \geqq 1$) .

Beweis: I) $\chi_y(V, W) = \chi(V, W) = \dim H^0(V, W) = q\,k$.

II) Über V sind alle Geradenbündel trivial.

Man verwende Lemma 17.2.2.

19.2.   Nach Definition ist $\chi_y(V, W)$ für kompakte komplexe Mannigfaltigkeiten ein Polynom (abbrechende Potenzreihe) mit ganzzahligen Koeffizienten. Wir beweisen nun durch Induktion, daß auch die *virtuelle* χ_y-Charakteristik im Falle algebraischer Mannigfaltigkeiten immer ein Polynom ist.

Satz 19.2.1.   a) *Es sei V_n $(= V)$ eine algebraische Mannigfaltigkeit. $F_1, \ldots, F_r$ $(r \geqq 1)$ seien komplex-analytische Geradenbündel über V, und es sei W ein komplex-analytisches Vektorraum-Bündel über V mit $\mathbf{C}_q$ als Faser. Die virtuelle χ_y-Charakteristik $\chi_y(F_1, \ldots, F_r|, W)$ verschwindet für $r > n$. Für $r \leqq n$ ist sie ein Polynom in y vom Grade $\leqq n - r$ mit ganzzahligen Koeffizienten.*

b) Voraussetzungen wie in a). *Es sei $r = n \geqq 1$. Die Cohomologieklassen von $F_1, \ldots, F_n$ sollen mit $f_1, \ldots, f_n$ bezeichnet werden $(f_i \in H^2(V_n, \mathbf{Z}))$. Nach a) ist $\chi_y(F_1, \ldots, F_n|, W)$ eine ganze Zahl. Es gilt*

$$\chi_y(F_1, \ldots, F_n|, W) = \chi(F_1, \ldots, F_n|, W) = q \cdot f_1 f_2 \cdots f_n[V_n] .$$

Beweis durch Induktion über die Dimension n von V: Der Satz a) ist nach Lemma 19.1.1 richtig für $\dim V = 0$. Es sei für $\dim V < n$ bereits bewiesen. Man setze nach Satz 18.2.5

$\{S\} = F_1 \otimes \{T\}$, wo S und T singularitätenfreie Divisoren von V sind. Man erhält aus der Funktionalgleichung (6) in Satz 17.3.1

$$\chi_y(\{S\}, F_2, \ldots, F_r |, W)$$
$$= \chi_y(F_1, \ldots, F_r |, W) + \chi_y(\{T\}, F_2, \ldots, F_r |, W) + \tag{*}$$
$$+ (y-1)\, \chi_y(\{T\}, F_1, \ldots, F_r |, W) - y\, \chi_y(\{S\}, \{T\}, F_1, \ldots, F_r |, W) .$$

Diese Funktionalgleichung enthält 5 Terme. Wir haben zu beweisen, daß der zweite Term ein Polynom vom Grade $\leq n - r$ ist. Nach Induktionsvoraussetzung und nach Satz 17.2.1 sind die Terme 1, 3, 4, 5 Polynome vom Grade $\leq n - r$ und verschwinden für $r > n$. (Wenn $r = 1$, dann ist Term 1 gleich $\chi_y(S, W_S)$ und Term 3 gleich $\chi_y(T, W_T)$, also Polynome vom Grade $\leq n - 1$ nach der Definition der (nicht-virtuellen) χ_y-Charakteristik.) Also ist auch Term 2 ein Polynom vom Grade $\leq n - r$ und $= 0$ für $r > n$. Q. E. D.

Zum Beweise des Satzes b) setzen wir wieder $\{S\} = F_1 \otimes \{T\}$ und nehmen an, daß b) für $1 \leq \dim V < n$ bewiesen ist. Wir erhalten unter Verwendung von a) für $n \geq 2$

$$\chi(\{S\}, F_2, \ldots, F_n |, W)$$
$$= \chi(F_1, F_2, \ldots, F_n |, W) + \chi(\{T\}, F_2, \ldots, F_n |, W) \tag{1}$$

und für $n = 1$

$$\chi(\{S\} |, W) = \chi(F_1 |, W) + \chi(\{T\} |, W) . \tag{2}$$

Nach Induktionsvoraussetzung ergibt sich für $n \geq 2$ unter Verwendung von Satz 17.2.1, Satz 4.9.1 und 9.2 (3)

$$\chi(F_1, F_2, \ldots, F_n |, W) = q \cdot (f_2 \ldots f_n)_S\, [S] - q \cdot (f_2 \ldots f_n)_T\, [T]$$
$$= q \cdot (c_1(\{S\})\, f_2 \ldots f_n - c_1(\{T\})\, f_2 \ldots f_n)\, [V_n] = q \cdot f_1 f_2 \ldots f_n\, [V_n] \tag{1'}$$

Für $n = 1$ ergibt sich aus Lemma 19.1.1:

$$\chi(F_1 |, W) = q(s - t) = q f_1 [V_1], \tag{2'}$$

wo s, t die Anzahl der Punkte von S bzw. T ist.

Bemerkung: Der Satz 19.2.1 b) enthält für $n = 1$ den Satz von RIEMANN-ROCH für (zusammenhängende) algebraische Kurven (vgl. 0.5): Es sei F ein komplex-analytisches Geradenbündel mit der Cohomologie-klasse f über der algebraischen Kurve V_1. (Für W wähle man das triviale Geradenbündel.) Dann erhält man für das virtuelle χ-Geschlecht von F

$$\chi(F) = f[V_1] .$$

Nun ist jedoch (vgl. 17.2) $\chi(F) = \chi(V) - \chi(V, F^{-1})$, also nach Ersetzung von F durch F^{-1}

$$\chi(V, F) = \chi(V) + f[V_1] \,. \tag{3}$$

Nach Satz 15.7.1 ist $\chi(V) = 1 - g_1 = 1 - p$ (p = halbe erste BETTIsche Zahl = Anzahl der Henkel). $f[V_1]$ nennt man den Grad von F. Wenn man F durch einen Divisor darstellt, was immer möglich ist, dann ist Grad (F) gleich der algebraischen Anzahl der Punkte des Divisors. Nach dem Dualitätssatz 15.4.3 ist

$$\chi(V, F) = \dim H^0(V, F) - \dim H^1(V, F) =$$
$$= \dim H^0(V, F) - \dim H^0 (V, K \otimes F^{-1}) \,.$$

So erhält man schließlich aus (3)

$$\dim H^0(V, F) - \dim H^0(V, K \otimes F^{-1}) = 1 - p + \mathrm{Grad}\,(F) \,.$$

19.3. Mit $(F_1, \ldots, F_r|, W)_V$ wird angedeutet, daß über der algebraischen Mannigfaltigkeit V komplex-analytische Geradenbündel $F_1, \ldots, F_r$ und ein komplex-analytisches Vektorraum-Bündel W gegeben sind. Wir lassen auch $r = 0$ zu und schreiben in diesem Fall für $(\ldots |, W)_V$ auch (V, W).

S a t z 19.3.1. *Es sei G eine Zuordnung, die jedem $(F_1, \ldots, F_r|, W)_V$ eine Potenzreihe in der Unbestimmten y mit rationalen Koeffizienten zuordnet, die nicht von der Reihenfolge der F_i abhängt. G habe die folgenden Eigenschaften:*

I) $G(V, W) = \chi_y(V, W) \,.$

II) *Es gilt die Funktionalgleichung*

$$G(F_1, \ldots, F_r, A \otimes B|, W)_V = G(F_1, \ldots, F_r, A|, W)_V +$$
$$+ G(F_1, \ldots, F_r, B|, W)_V + (y - 1)\, G(F_1, \ldots, F_r, A, B|, W)_V -$$
$$- y\, G(F_1, \ldots, F_r, A, B, A \otimes B|, W)_V \,.$$

III) *Wenn $F_1 = \{S\}$, wo S ein singularitätenfreier Divisor von V ist, dann gilt:* $G(F_1, \ldots, F_r|, W)_V = G((F_2)_S, \ldots, (F_r)_S|, W_S)_S \,.$
(*Für $r = 1$ bedeutet das $G(F_1|, W)_V = G(S, W_S)$*).
Wenn $F_1 = \{0\} = \mathbf{1}$, dann $G(F_1, \ldots, F_r|, W)_V = 0$.

B e h a u p t u n g: *Für alle $(F_1, \ldots, F_r|, W)_V$ ($r \geqq 1$) ist*

$$\chi_y(F_1, \ldots, F_r|, W)_V = G(F_1, \ldots, F_r|, W)_V \,.$$

B e w e i s: χ_y hat die Eigenschaften II) und III). Also hat auch die Zuordnung $\chi_y - G$ die Eigenschaften II) und III). Wir haben demnach zu zeigen, daß eine *Zuordnung G'*, die alle oben angegebenen Eigenschaften hat [außer I), das durch I'): $G'(V, W) = 0$ ersetzt wird], *identisch verschwindet*. B e w e i s d u r c h I n d u k t i o n über die Dimension n von V: Gegeben $(F_1, \ldots, F_r|, W)_V$. Man setzt nach 18.2.5

$\{S\} = F_1 \otimes \{T\}$, wo S und T singularitätenfreie Divisoren von V sind und erhält die Gleichung (*) des Beweises von Satz 19.1.2 a) mit χ_y ersetzt durch G'. Diese Gleichung hat 5 Terme. Wir haben zu zeigen, daß der zweite Term verschwindet. Nach Induktionsvoraussetzung und nach III) verschwinden die Terme 1, 3, 4, 5. (Für $r = 1$ hat man I') zu benutzen, um das Verschwinden der Terme 1, 3 zu sichern.) Also verschwindet auch Term 2. Q. E. D.

Im folgenden Satz wird aus technischen Gründen nur das virtuelle χ_y-Geschlecht betrachtet, d. h. das Vektorraum-Bündel W ist immer das triviale Geradenbündel. $(F_1, \ldots, F_r)_V$ bezeichnet eine virtuelle Untermannigfaltigkeit von V (vgl. 17.2). Wir lassen auch den Fall $r = 0$ zu. An Stelle von $(\ldots)_V$ hat man dann einfach V zu setzen. Nach Satz 19.2.1 ist $\chi_y(F_1, \ldots, F_r)_V$ ein Polynom in y mit ganzzahligen Koeffizienten. Daher kann man in $\chi_y(F_1, \ldots, F_r)_V$ die Unbestimmte y durch einen speziellen Wert y_0 ersetzen. Ist y_0 eine rationale (bzw. ganze) Zahl, dann ist $\chi_{y_0}(F_1, \ldots, F_r)_V$ eine rationale (bzw. ganze) Zahl.

Satz 19.3.2. *Es sei G eine Zuordnung, die jedem $(F_1, \ldots, F_r)_V$, $r \geq 0$, eine rationale Zahl zuordnet, die nicht von der Reihenfolge der F_i abhängt. Es sei ferner y_0 eine feste rationale Zahl. G habe die folgenden Eigenschaften*

I) $G(V) = \chi_{y_0}(V)$.

II) *Es gilt die Funktionalgleichung*

$$G(F_1, \ldots, F_r, A \otimes B)_V = G(F_1, \ldots, F_r, A)_V + G(F_1, \ldots, F_r, B)_V +$$
$$+ (y_0 - 1)\, G(F_1, \ldots, F_r, A, B)_V - y_0\, G(F_1, \ldots, F_r, A, B, A \otimes B)_V .$$

III) *Wenn $F_1 = \{S\}$, wo S ein singularitätenfreier Divisor von V ist, dann gilt:* $G(F_1, \ldots, F_r)_V = G((F_2)_S, \ldots, (F_r)_S)_S$.
(Für $r = 1$ bedeutet das $G(F_1|, W)_V = G(S, W_S))$.
Wenn $F_1 = \{0\} = \mathbf{1}$, dann $G(F_1, \ldots, F_r)_V = 0$.

Behauptung: *Für alle $(F_1, \ldots, F_r)_V$ $(r \geq 1)$ ist*

$$\chi_{y_0}(F_1, \ldots, F_r) = G(F_1, \ldots, F_r)_V .$$

Beweis genau wie für Satz 19.3.1.

Bemerkung: Der vorstehende Satz kann natürlich auch für beliebige $(F_1, \ldots, F_r|, W)_V$ bewiesen werden. Das ist dann aber keine Verallgemeinerung, da die Voraussetzung und die Behauptung verstärkt werden. Wir haben den Satz genau in der angegebenen Form zu verwenden. Die Sätze 19.2.1, 19.3.1 und 19.3.2 wurden mit Hilfe eines in der algebraischen Geometrie häufig verwandten Induktionsprinzips bewiesen. Gewisse Aussagen brauchen nur für algebraische Mannigfaltigkeiten bewiesen zu werden (nicht-virtueller Fall) und können dann wegen des Satzes 18.2.5 unmittelbar auf virtuelle Mannigfaltigkeiten übertragen werden. Wir haben darauf verzichtet, das Induktionsprinzip für die in dieser Arbeit behandelten Dinge so allgemein wie möglich zu formulieren, mußten deshalb aber gewisse Wiederholungen in den Formulierungen der Sätze und Beweise in Kauf nehmen.

19.4. Gegeben sei $(F_1, \ldots, F_r|, W)_V$, vgl. den Anfang des vorigen Abschnitts. Es seien $f_1, \ldots, f_r$ die Cohomologieklassen von $F_1, \ldots, F_r$. Das komplex-analytische Vektorraum-Bündel W gehört zu einem komplex-analytischen $\mathbf{GL}(q, \mathbf{C})$-Bündel, das als stetiges $\mathbf{GL}(q, \mathbf{C})$-Bündel ξ aufgefaßt werde. Dann ist die virtuelle (Toddsche) T_y-Charakteristik $T_y(f_1, \ldots, f_r|, \xi)_V$ definiert (12.3). Wir setzen

$$T_y(F_1, \ldots, F_r|, W)_V = T_y(f_1, \ldots, f_r|, \xi)_V$$
$$T_y(V, W) = T_y(V, \xi) \, . \tag{4}$$

Die T_y-Charakteristik hat alle Eigenschaften, die von einer „Zuordnung" G in Satz 19.3.1 gefordert wurden (vgl. die Sätze 12.3.1, 12.3.2), abgesehen von der Eigenschaft

I) $T_y(V, W) = \chi_y(V, W) \, ,$

die noch nicht bewiesen wurde. *Wir merken aber hier bereits vor, daß wir nur die Gleichung* I) *für alle V und W zu beweisen brauchen, um die Übereinstimmung von* χ_y *und* T_y *für alle* $(F_1, \ldots, F_r|, W)_V$ *zu erhalten.*

19.5. Das virtuelle T_y-Geschlecht ist ein Polynom in y mit rationalen Koeffizienten. Also können wir für y einen speziellen Wert y_0 einsetzen. Für eine beliebige, aber feste (rationale) Zahl y_0 erfüllt $T_{y_0}(F_1, \ldots, F_r)_V$ alle Forderungen, die in Satz 19.3.2 von einer Zuordnung G verlangt wurden (vgl. die Sätze 11.2.1 und 11.3.1), abgesehen von der Eigenschaft

I) $T_{y_0}(V) = \chi_{y_0}(V) \, ,$

die noch nicht bewiesen wurde. Wir notieren aber, daß wir nur die Gleichung I) für alle algebraischen Mannigfaltigkeiten V zu beweisen brauchen, um die Übereinstimmung von χ_{y_0} und T_{y_0} für alle $(F_1, \ldots, F_r)_V$ zu erhalten. Für $y_0 = 1$ und für $y_0 = -1$ ist I) jedenfalls richtig. Nach 10.2 (2), (3) erhält man nämlich für $y_0 = 1$

$$T_1(V) = \tau(V) = (\text{Index von } V)$$

und für $y_0 = -1$ (und dim $V = n$)

$$T_{-1}(V) = c_n[V] = E(V) = (\text{Euler-Poincarésche Charakteristik von } V).$$

Nach den Sätzen 15.8.1 und 15.8.2 gelten die entsprechenden Tatsachen für das χ_y-Geschlecht:

$$\chi_1(V) = \tau(V)$$

und

$$\chi_{-1}(V) = E(V)$$

Für $y_0 = 1$ oder $y_0 = -1$ erfüllt $T_{y_0}(F_1, \ldots, F_r)_V$ demnach **alle Forderungen**, die von einer Zuordnung G in Satz 19.3.2 verlangt wurden. Es ergibt sich daher

Satz 19.5.1. *Das virtuelle T_y-Geschlecht und das virtuelle χ_y-Geschlecht stimmen für $y_0 = 1$ und für $y_0 = -1$ überein, d. h.:*

Für eine algebraische Mannigfaltigkeit V und komplex-analytische Geradenbündel $F_1, \ldots, F_r$ über V mit den Cohomologieklassen $f_1, \ldots, f_r \in H^2(V, \mathbf{Z})$ ist

$$\chi_1(F_1, \ldots, F_r)_V = T_1(F_1, \ldots, F_r)_V = \tau(f_1, \ldots, f_r)_V$$

und

$$\chi_{-1}(F_1, \ldots, F_r)_V = T_{-1}(F_1, \ldots, F_r)_V = T_{-1}(f_1, \ldots, f_r)_V \,.$$

§ 20. Riemann-Rochscher Satz für algebraische Mannigfaltigkeiten und komplex-analytische Geradenbündel

Wir sind jetzt in der Lage, für algebraische Mannigfaltigkeiten V nachzuweisen, daß das Toddsche Geschlecht $T(V)$ und das arithmetische Geschlecht $\chi(V)$ (vgl. 15.5 (13) und Satz 15.7.1) übereinstimmen. Daraus ergibt sich dann der Riemann-Rochsche Satz.

20.1. Wir beweisen die Übereinstimmung von $T(V)$ und $\chi(V)$ zunächst für algebraische Mannigfaltigkeiten, die gleichzeitig komplex-analytische Spalt-Mannigfaltigkeiten sind:

Satz 20.1.1. *Es sei V_m eine algebraische Mannigfaltigkeit, die eine komplex-analytische Spalt-Mannigfaltigkeit ist (vgl. 13.5. b)). Dann ist*

$$\chi(V_m) = T(V_m) \,.$$

Beweis: Über $V_m \, (= V)$ sind die diagonalen komplex-analytischen Geradenbündel $A_1, \ldots, A_m$ definiert. Nach 13.6 (13) bzw. nach Satz 17.4.1 gilt (man setze $W = \mathbf{1}$):

$$(1 + y)^m \, T(V) = \sum_{l=0}^{m} y^l \sum_{i_1 < \cdots < i_l} T_y(A_{i_1}, \ldots, A_{i_l})_V \,,$$

$$(1 + y)^m \, \chi(V) = \sum_{l=0}^{m} y^l \sum_{i_1 < \cdots < i_l} \chi_y(A_{i_1}, \ldots, A_{i_l})_V \,.$$

Die T_y sind Polynome. Da V algebraisch ist, sind auch die χ_y Polynome (19.2.1). Die beiden Gleichungen zeigen, daß man die Gleichung $T(V) = \chi(V)$ erhält, sobald man für ein $y_0 \neq -1$ weiß, daß χ_{y_0} und T_{y_0} für algebraische Mannigfaltigkeiten und ihre virtuelle Mannigfaltigkeiten übereinstimmen. Nach Satz 19.5.1 stimmen χ_{y_0} und T_{y_0} für $y_0 = 1$ in diesem Sinne überein. Das beendet den Beweis.

Bemerkung: Es ist interessant zu sehen, daß die Übereinstimmung von χ_{y_0} und T_{y_0} für $y_0 = -1$ nicht ausreicht, um den obigen Satz zu beweisen. Die Übereinstimmung von χ_{y_0} und T_{y_0} für $y_0 = 1$ basiert auf dem Satz (8.2.2), daß der Index einer differenzierbaren Mannigfaltigkeit durch „ein Polynom in den Pontrjaginschen Klassen" dargestellt werden kann. Dieser Satz wiederum wurde mit Hilfe der Theorie von Thom bewiesen.

20.2. Wir haben in 13.4 zu jeder kompakten komplexen Mannigfaltigkeit V_n eine kompakte komplex-analytische Spalt-Mannigfaltigkeit $V^\varDelta$ konstruiert. $V^\varDelta$ ist ein komplex-analytisches Faserbündel über V mit der Fahnenmannigfaltigkeit $\mathbf{GL}(n, \mathbf{C})/\varDelta(n, \mathbf{C})$ als Faser. Mit Hilfe dieser Konstruktion können wir die Gleichung $\chi(V) = T(V)$, wo V eine beliebige algebraische Mannigfaltigkeit ist, auf den Satz 20.1.1 zurückführen. Wir benötigen dazu den

Satz 20.2.1. *Es sei ξ ein komplex-analytisches $\mathbf{GL}(q, \mathbf{C})$-Bündel über der algebraischen Mannigfaltigkeit V_n. Man betrachte ein zu ξ assoziiertes Faserbündel V' mit der Fahnenmannigfaltigkeit $\mathbf{F}(q) = \mathbf{GL}(q, \mathbf{C})/\varDelta(q, \mathbf{C})$ als Faser. Die kompakte komplexe Mannigfaltigkeit V' ist algebraisch. Es ist $\chi(V') = \chi(V_n)\,\chi(\mathbf{F}(q)) = \chi(V_n)$. (Vgl. 15.10.)*

Beweis: Aus Satz 18.3.1* entnehmen wir, daß V' algebraisch ist. — Es sei φ die Projektion von V' auf V. Das Bündel $\varphi^*\xi$ läßt über V' die Dreiecksgruppe $\varDelta(q, \mathbf{C})$ als Strukturgruppe zu. Die entsprechenden diagonalen $\mathbf{C}^*$-Bündel seien $\xi_1, \ldots, \xi_q$, und ihre Cohomologieklassen, die wir als Elemente von $H^2(V, \mathbf{C})$ auffassen, seien gleich $\gamma_1, \ldots, \gamma_q$. Die Bündel $\xi_1, \ldots, \xi_q$ sind komplex-analytisch, daher sind die γ_i vom Typ $(1, 1)$, vgl. Satz 15.9.1. Der Homomorphismus φ^* bildet den Cohomologiering $H^*(V, \mathbf{C})$ isomorph in den Cohomologiering $H^*(V', \mathbf{C})$ ab (vgl. [2]). Da φ eine komplex-analytische Abbildung ist, gehen dabei Cohomologieklassen vom Typ (p, q) in Cohomologieklassen vom Typ (p, q) über. Der Cohomologiering $H^*(V', \mathbf{C})$ wird bekanntlich von $\varphi^* H^*(V, \mathbf{C})$ und den γ_i erzeugt (vgl. [2]). Da alle γ_i vom Typ $(1, 1)$ sind, sind offenbar alle Cohomologieklassen vom Typ $(0, p)$ von $H^*(V', \mathbf{C})$ in $\varphi^* H^*(V, \mathbf{C})$ enthalten. Daher ist $h^{0,\,p}(V') = h^{0,\,p}(V)$ und also $\chi(V) = \chi(V')$. Q. E. D.

Hauptsatz 20.2.2. *Für eine algebraische Mannigfaltigkeit V stimmen das arithmetische Geschlecht $\chi(V)$ und das Toddsche Geschlecht $T(V)$ überein.*

Beweis: Wir konstruieren zu V die Spalt-Mannigfaltigkeit $V^\varDelta$. Nach dem vorstehenden Satz ist $V^\varDelta$ eine algebraische Mannigfaltigkeit, und es ist

$$\chi(V) = \chi(V^\varDelta)\,. \tag{1}$$

Nach Satz 14.3.1 ist

$$T(V) = T(V^\varDelta)\,. \tag{2}$$

Nach Satz 20.1.1 ist

$$\chi(V^\varDelta) = T(V^\varDelta)\,. \tag{3}$$

Aus (1)—(3) folgt die Behauptung.

20.3. Der Satz 20.2.2 besagt, daß das χ_y-Geschlecht und das T_y-Geschlecht für algebraische Mannigfaltigkeiten für $y = 0$ übereinstimmen.

Damit erhalten wir als Folgerung (vgl. 19.5)

Satz 20.3.1. *Für eine algebraische Mannigfaltigkeit V und komplex-analytische Geradenbündel $F_1, \ldots, F_r$ über V ist*

$$\chi(F_1, \ldots, F_r)_V = T(F_1, \ldots, F_r)_V .$$

Der vorstehende Satz besagt für $r = 1$

$$\chi(F)_V = T(F)_V .$$

Nun ist jedoch (17.2, 12.1 (4))

$$\chi(F)_V = \chi(V) - \chi(V, F^{-1}) \quad \text{und} \quad T(F)_V = T(V) - T(V, F^{-1}) .$$

Also erhält man aus den Sätzen 20.2.2 und 20.3.1 (nach Ersetzung von F durch F^{-1}) die Formel:

$$\chi(V, F) = T(V, F) . \tag{4}$$

Die Formel (4) stellt den **Satz von RIEMANN-ROCH für algebraische Mannigfaltigkeiten** V **und komplex-analytische Geraden-bündel über** V **dar.** Unter Verwendung der Definitionen von χ und T können wir das erhaltene Resultat folgendermaßen zusammenfassen.

Hauptsatz 20.3.2. *Es sei V_n $(= V)$ eine algebraische Mannigfaltig-keit und F ein komplex-analytisches Geradenbündel über V mit der Co-homologieklasse $f \in H^2(V, \mathbf{Z})$. Die Cohomologiegruppen $H^i(V, F)$ von V mit Koeffizienten in der Garbe der lokalen holomorphen Schnitte von F sind endlich-dimensionale komplexe Vektorräume, die für $i > n$ ver-schwinden. Die EULER-POINCARÉsche Charakteristik*

$$\chi(V, F) = \sum_{i=0}^{n} (-1)^i \dim H^i(V, F)$$

kann folgendermaßen als „Polynom" in der Cohomologieklasse f von F und den CHERNschen Klassen c_i von V dargestellt werden ($c_i \in H^{2i}(V, \mathbf{Z})$, $0 \leq i \leq n$):

$$\chi(V, F) = \varkappa_n \left[e^f \prod_{i=1}^{n} \frac{\gamma_i}{1 - e^{-\gamma_i}} \right] \quad (= T(V, F)) . \tag{4*}$$

Die Formel (4) ist dabei so zu interpretieren: Man schreibt formal*

$$1 + c_1 x + \cdots + c_n x^n = (1 + \gamma_1 x) \ldots (1 + \gamma_n x) . \tag{5}$$

Von dem Ausdruck in den eckigen Klammern hinter $\varkappa_n$ nimmt man den Teilausdruck vom Grade n in f und den γ_i. Dieser ist symmetrisch in den γ_i, ist also ein Polynom in f und den c_i mit rationalen Koeffizienten. Faßt man die Potenzprodukte in diesem Polynom im Sinne des Cup-Produkts des Cohomologierings $H^*(V, \mathbf{Z})$ auf, dann wird das Polynom ein Element von $H^{2n}(V, \mathbf{Z}) \otimes \mathbf{Q}$. Der Wert dieses Elements auf dem durch die natür-liche Orientierung von V ausgezeichneten 2n-dimensionalen Zyklus von V ist gleich der ganzen Zahl $\chi(V, F)$.

Der vorstehende Satz enthält für $F = \mathbf{1}$ (f ist also gleich 0) den Satz 20.2.2.

Die Formel (4*) kann auch in folgender Form geschrieben werden (vgl. 1.7):

$$\chi(V, F) = \varkappa_n \left[e^{f + \frac{1}{2} c_1} \prod_{i=1}^{n} \frac{\gamma_i/2}{\sinh \gamma_i/2} \right]. \tag{6}$$

Die Potenzreihe $\frac{x}{\sinh x}$ ist eine Potenzreihe in x^2. Die elementar-symmetrischen Funktionen der γ_i^2 sind die Pontrjaginschen Klassen $p_1, p_2, \ldots$ von V, die nur von der differenzierbaren Struktur von V abhängen (vgl. 4.6). Wir erhalten daher als Folgerung:

$\chi(V, F)$ *ist ein Polynom in* $f + \frac{c_1}{2}$ *und den* Pontrjagin*schen Klassen von* V.

Unter Verwendung der Polynome A_i (vgl. 1.6) erhält man aus (6):

$$\chi(V, F) = \sum \frac{1}{2^{2s} r!} \left(f + \frac{1}{2} c_1 \right)^r A_s(p_1, \ldots, p_s) [V], \tag{6*}$$

zu summieren über alle r, s mit $r + 2s = n = \dim V$.

Die Gleichung $\chi(V, F) = T(V, F)$ hat als unmittelbare Folgerung:
Die Zahl $\chi(V, F)$ *hängt nur von der Cohomologieklasse* f *von* F *ab.* Dieses Resultat wurde von Kodaira-Spencer und von J. P. Serre bewiesen (siehe [30]).

20.4. Wir machen in diesem und den folgenden Abschnitten einige Bemerkungen, die den Zusammenhang mit der klassischen Theorie herstellen sollen (vgl. 0.1—0.5). Es seien F und G zwei feste komplex-analytische Geradenbündel über der algebraischen Mannigfaltigkeit $V_n (= V)$. Dann ist $\chi(V, F \otimes G^k)$ eine wohldefinierte von k abhängige ganze Zahl. Nach Satz 20.3.2 ist

$$\chi(V, F \otimes G^k) = T(V, F \otimes G^k).$$

Nach der Definition von T ist es dann klar, daß $\chi(V, F \otimes G^k)$ ein Polynom in k vom Grade $\leq n$ ist. Bezeichnen wir ferner die Cohomologie-klassen von F und G mit f bzw. g, dann sieht man, daß der Koeffizient von k^n in diesem Polynom $= \frac{1}{n!} g^n[V]$ ist. Natürlich ist das absolute Glied des Polynoms gleich $\chi(V, F)$. Wir fassen zusammen:

$$\chi(V, F \otimes G^k) = a_0 + a_1 k + a_2 k^2 + \cdots + a_n k^n$$
$$\text{mit} \quad a_0 = \chi(V, F) \quad \text{und} \quad n! \, a_n = g^n[V]. \tag{7}$$

Die a_i sind rationale Zahlen, die nach (4*) als „Polynome" in f, g und den Chernschen Klassen von V dargestellt werden können.

Bemerkung: Die Tatsache, daß $\chi(V, F \otimes G^k)$ ein Polynom in k ist, und die Formel für a_n können übrigens leicht aus Satz 19.2.1 abgeleitet werden. Die Formel (4*) ist dabei nicht erforderlich. Natürlich erhält man auf diese Weise nicht die genaue Information über alle Koeffizienten a_i. Es ist nicht bekannt, ob $\chi(V, F \otimes G^k)$ ein Polynom in k ist, wenn V eine kompakte komplexe Mannigfaltigkeit ist. J. P. SERRE hat ebenfalls bewiesen, daß $\chi(V, F \otimes G^k)$ für eine algebraische Mannigfaltigkeit V ein Polynom in k ist und daraus mit Hilfe der PICARDschen Mannigfaltigkeit von V erhalten, daß $\chi(V, F)$ nur von der Cohomologieklasse f von F abhängt (vgl. Schluß des vorigen Abschnitts).

Nun sei G ein positives Geradenbündel (vgl. 18.1), dann ist für $k \geq k_0$ (k_0 hängt von F und G ab) das Geradenbündel $F \otimes G^k \otimes K^{-1}$ ebenfalls positiv. (K ist das kanonische Geradenbündel, vgl. 15.3.a)) Also hat man nach Satz 18.2.2

$$\dim H^0(V, F \otimes G^k) = \chi(V, F \otimes G^k) \text{ für } k \geq k_0 .$$

Also gilt für ein beliebiges Geradenbündel F und für ein positives Geradenbündel G und für hinreichend großes k

$$\dim H^0(V, F \otimes G^k) = a_0 + a_1 k + \cdots + a_n k^n , \tag{8}$$

und der Koeffizient a_0 ist (unabhängig von G) gleich $\chi(V, F)$.

Dies sind bekannte Dinge der klassischen Theorie (HILBERTs charakteristische Funktion, Postulation) für den Fall, daß G projektiv induziert ist, d. h. zu einem Hyperebenenschnitt in einer geeigneten Einbettung von V in einen komplexen projektiven Raum gehört. Es ist dann wohlbekannt, daß a_0 in (8) nicht von G abhängt (wir schreiben $a_0 = a_0(F)$), und man könnte daher im Rahmen der klassischen Theorie die Zahl $\chi(V, F)$ durch

$$\chi(V, F) = a_0(F) \tag{9}$$

definieren.

Nach SERRE (15.5 (14)) oder, wenn man will, nach 12.2 (12) ist

$$a_0(F) = (-1)^n a_0(K \otimes F^{-1}) . \tag{10}$$

In der klassischen Theorie definiert man die arithmetischen Geschlechter $p_a(V)$ und $P_a(V)$ durch

$$p_a(V) = (-1)^n (-1 + a_0(\mathbf{1})) \text{ und } P_a(V) = -(-1)^n + a_0(K) . \tag{11}$$

($\mathbf{1}$ ist das triviale Geradenbündel $n = \dim V$.)

Es war lange ein offenes Problem, ob $p_a(V) = P_a(V)$. SEVERI (vgl. z. B. [33]) hat vermutet, daß (für zusammenhängendes V)

$$p_a(V) = P_a(V) = g_n - g_{n-1} + g_{n-2} - \cdots + (-1)^{n-1} g_1 , \tag{12}$$

d. h. $p_a(V) = P_a(V) = (-1)^n (-1 + \chi(V)) .$

Diese Gleichung erhält man aus (10) für $F = \mathbf{1}$. Die Gleichungen (12) besagen, daß drei der in der klassischen Theorie auftretenden Definitionen für das arithmetische Geschlecht einer algebraischen Mannigfaltigkeit übereinstimmen. Dieses Resultat wurde von KODAIRA-

SPENCER [27] in der hier beschriebenen Weise erhalten. Man vergleiche die Arbeiten von KODAIRA [21—23] für weitere Hinweise bezüglich der Geschichte der arithmetischen Geschlechter. Der Satz 20.2.2 besagt sozusagen, daß eine vierte Definitionsmöglichkeit, nämlich das TODDsche Geschlecht, mit den drei gerade angegebenen Definitionen übereinstimmt (vgl. 0.2).

20.5. Es sei V weiterhin eine n-dimensionale algebraische Mannigfaltigkeit und K das kanonische Geradenbündel von V. Man definiert die Plurigeschlechter

$$P^i = \dim H^0(V, K^i)\,,$$

wo K^i die i^{te} Potenz von K im Sinne des Tensorprodukts für Geradenbündel ist. Es ist $P^1 = \dim H^0(V, K) = \dim H^n(V, \mathbf{1}) = g_n =$ geometrisches Geschlecht. (Das i in P^i ist ein Index, kein Exponent.)

In einem interessanten Fall können die Plurigeschlechter mit Hilfe des RIEMANN-ROCHschen Satzes 20.3.2 und des Satzes 18.2.2 berechnet werden:

Man setze voraus, daß K positiv ist. Dann ist

$$\chi(V, K^i) = P^i \quad \text{für } i \geq 2,$$

$$\chi(V, K^i) = \varkappa_n \left[\exp\left(-\frac{1}{2}(2i-1)c_1\right) \prod_{j=1}^{n} \frac{\gamma_j/2}{\sinh \gamma_j/2} \right]\,, \tag{13}$$

$$\lim_{i \to \infty} \frac{P^i}{i^n} = \frac{1}{n!}(-c_1)^n\ [V] \neq 0\,.$$

Die obige Voraussetzung ist z. B. dann erfüllt, wenn V der Quotientenraum eines beschränkten Gebietes des $(z_1, \ldots, z_n)$-Raumes modulo einer fixpunktfreien diskontinuierlichen Gruppe von Automorphismen dieses Gebietes ist (vgl. [26], S. 41 der Annals Arbeit). Das Plurigeschlecht P^i ist in diesem Fall gleich der Anzahl der komplex-linear-unabhängigen automorphen Formen vom Gewichte i.

20.6. Es sei F ein komplex-analytisches Geradenbündel über der n-dimensionalen algebraischen Mannigfaltigkeit V. Man berechnet $\chi(V, F)$ nach der Formel (4*) von 20.3 ($f =$ Cohomologieklasse von F). In der Formel (4*) hat man vor dem Produkt $\prod_{i=1}^{n}$ den „Multiplikator" e^f.

Nun ist im Cohomologiering von V

$$e^f = (1 - (1 - e^{-f}))^{-1} = \sum_{j=0}^{n}(1 - e^{-f})^j\,.$$

Aus dieser Formel folgt nach der Definition des virtuellen TODDschen Geschlechtes (und aus der Tatsache, daß virtuelles T- und χ-Geschlecht übereinstimmen) folgende von SEVERI [33] vermutete Formel

$$\chi(V, F) = \chi(V) + \chi(F)_V + \chi(F, F)_V + \cdots + \chi(\underset{(n\,\text{mal})}{F, \ldots, F})_V\,. \tag{14}$$

Man ordne einer algebraischen Mannigfaltigkeit V_n die Zahlen

$$\psi_j = \chi(\underset{(j\,\mathrm{mal})}{K, \ldots, K})_V \,, \quad \psi_0 = \chi(V)$$

zu. Die ψ_j stehen mit den klassischen Invarianten Ω_i in der Beziehung

$$\psi_n = \Omega_0 = (-c_1)^n \,[V] \,, \quad \psi_j = (-1)^{n-j}\,\Omega_{n-j} + 1 \,.$$

Maxwell und Todd [Proc. Cambridge Philosophic. Soc. 33, 438—443 (1937)] haben alle allgemeingültigen Beziehungen zwischen den ψ_j aufgestellt. Setzt man in die Formel (14) für $F = K$, dann erhält man

$$(-1)^n\,\psi_0 = \sum_{i=0}^{n} \psi_i \quad \text{(Severi)} \,. \tag{14'}$$

Wir können alle diese Beziehungen leicht erhalten und zeigen das an einem weiteren Beispiel:

Nach Definition des virtuellen Toddschen Geschlechtes ist

$$\psi_j = \varkappa_n\left[(1 - e^{c_1})^j \prod_{i=1}^{n} \frac{\gamma_i}{1 - e^{-\gamma_i}}\right].$$

ψ_j hat den „Multiplikator" $(1 - e^{c_1})^j$. Also hat $\sum\limits_{j=0}^{n} 2^{n-j}\,\psi_j$ den Multiplikator

$$\sum_{j=0}^{n} 2^{n-j}\,(1 - e^{c_1})^j = 2^{n+1}/(1 + e^{c_1}) \,.$$

Daher ist

$$\sum_{j=0}^{n} 2^{n-j}\,\psi_j = \varkappa_n\left[2^{n+1}\,\frac{e^{c_1/2}}{1 + e^{c_1}} \prod_{i=1}^{n} \frac{\gamma_i/2}{\sinh \gamma_i/2}\right].$$

Da $\dfrac{e^{c_1/2}}{1 + e^{c_1}}$ eine gerade Funktion von c_1 ist, enthält der Ausdruck in [] offenbar keinen Term von ungeradem Grade in c_1 und den γ_i. Also erhält man

$$\sum_{j=0}^{n} 2^{n-j}\,\psi_j = 0 \quad \text{für } n \text{ ungerade.} \tag{15}$$

Bemerkung: Man kann die in diesem Abschnitt durchgeführten Rechnungen ohne Verwendung von „T-Geschlecht $= \chi$-Geschlecht" durchführen. Man verwendet dazu den Kalkül von § 17, den Satz 19.2.1 und die Dualitätsformel 15.5 (14). Man kann alle Maxwell-Toddschen Relationen so erhalten. Nachdem aber einmal T und χ identifiziert sind, ist es bequemer, mit dem T-Geschlecht zu rechnen. Die Rechnungen im Kalkül sind den Rechnungen mit dem T-Geschlecht genau analog. Der Leser wird bemerkt haben, daß die Potenzreihen des Kalküls von § 17 genau den Multiplikatoren bei den T-Rechnungen bzw.

T_y-Rechnungen entsprechen (d. h. den Ausdrücken, die vor $\prod\limits_{i=1}^{n} \dfrac{\gamma_i}{1 - e^{-\gamma_i}}$

bzw. vor $\prod\limits_{i=1}^{n} Q(y; \gamma_i)$ stehen, vgl. 1.8.). Wenn z. B. ein komplex-analytisches Geradenbündel F vorliegt, dann gehört dazu im formalen Kalkül die Unbestimmte f und in den T-Rechnungen der Multiplikator e^f (f ist die Cohomologieklasse von F)

$$f \leftrightarrow e^f .$$

20.7. Wir schließen diesen Paragraphen mit einigen Bemerkungen über den Satz von Riemann-Roch für algebraische Flächen. Es sei V eine algebraische Fläche und F ein komplex-analytisches Geradenbündel über V mit der Cohomologieklasse $f \in H^2(V, \mathbf{Z})$. Dann ist nach der Formel (4*) in Satz 20.3.2 und unter Verwendung von Serre-Dualität

$$\dim H^0(V, F) - \dim H^1(V, F) + \dim H^0(V, K \otimes F^{-1})$$
$$= \tfrac{1}{2}\,(f^2 + f c_1)\,[V] + \tfrac{1}{12}\,(c_1^2 + c_2)\,[V] . \tag{16}$$

Um in Übereinstimmung mit den klassischen Bezeichnungen zu kommen, setzen wir V als zusammenhängend voraus. Man hat zu definieren

$$\dim H^1(V, F) = \sup(F) \quad \text{(superabundance, vgl. [44], S. 68).}$$

Man nennt $f^2[V]$ den virtuellen Grad $g(F)$ von F. Man kann (16) leicht in die übliche Form des Riemann-Rochschen Satzes umrechnen. Man kann aber auch auf Formel 20.6 (14) zurückgreifen und erhält

$$\dim H^0(V, F) + \dim H^0(V, K \otimes F^{-1}) = \chi(V) + \chi(F)_V + g(F) + \sup(F). \tag{17}$$

In klassischer Terminologie ist $\chi(F) = 1 - \pi(F)$, $\pi(F) = $ „virtuelle Anzahl der Henkel von F" und $\chi(V) = 1 + p_a(V)$. Beachtet man noch[1]), daß

$$\dim|F| + 1 = \dim H^0(V, F)\,, \quad \dim|K \otimes F^{-1}| + 1 = \dim H^0(V, K \otimes F^{-1})\,,$$

dann geht (17) genau in die klassische Form über

$$\dim|F| + \dim|K \otimes F^{-1}| = p_a(V) - \pi(F) + g(F) + \sup(F) . \tag{18}$$

Die Formel (18) enthält im Gegensatz zu (16) nicht, daß $\chi(V) = T(V)$. Diese Gleichung tritt in folgender Form in der klassischen Theorie auf: Man definiert das **lineare Geschlecht** $p^{(1)} = g(K) + 1$, d. h.

$$p^{(1)} = c_1^2[V] + 1 .$$

Es ist übrigens

$$1 - \pi(K) = 1 - p^{(1)} = \chi(K) .$$

Man hat $c_2[V] = I + 4$, wo I die Zeuthen-Segre-Invariante von V ist. Es ist $\chi(V) = 1 + p_a(V)$. Also geht die Gleichung

$$\chi(V) = \tfrac{1}{12}\,(c_1{}^2 + c_2)\,[V] = T(V)$$

über in

$$12\,p_a + 9 = p^{(1)} + I \quad \text{(M. Noether; vgl. [44], S. 62).} \tag{19}$$

---

[1]) Siehe Fußnote 1 auf S. 113.

§ 21. RIEMANN-ROCHscher Satz für algebraische Mannigfaltigkeiten und komplex-analytische Vektorraum-Bündel

21.1. Wir beweisen in diesem Abschnitt den folgenden

Hauptsatz 21.1.1. *Es sei* V_n *eine algebraische Mannigfaltigkeit und* W *ein komplex-analytisches Vektorraum-Bündel über* V_n *(mit* $\mathbf{C}_q$ *als Faser). Es seien* $c_0 = 1, c_1, \ldots, c_n$ *die* CHERN*schen Klassen von* V_n *und* $d_0 = 1, d_1, \ldots, d_q$ *die* CHERN*schen Klassen von* W. $(c_i, d_i \in H^{2i}(V_n, \mathbf{Z}).)$ *Man setze formal*

$$\sum_{i=0}^{n} c_i x^i = \prod_{i=1}^{n} (1 + \gamma_i x) \quad \text{und} \quad \sum_{i=0}^{q} d_i x^i = \prod_{i=1}^{q} (1 + \delta_i x) \,.$$

Dann ist unter Verwendung der $\varkappa_n$-*Bezeichnungsweise*

$$\begin{aligned}
\chi(V_n, W) &= \varkappa_n \left[(e^{\delta_1} + e^{\delta_2} + \cdots + e^{\delta_q}) \prod_{i=1}^{n} \frac{\gamma_i}{1 - e^{-\gamma_i}} \right] \\
&= \varkappa_n \left[e^{c_1/2} (e^{\delta_1} + e^{\delta_2} + \cdots + e^{\delta_q}) \prod_{i=1}^{n} \frac{\gamma_i/2}{\sinh \gamma_i/2} \right] = T(V_n, W) \,.
\end{aligned} \tag{1}$$

Bevor wir den Beweis angeben, sollen einige Bemerkungen gemacht werden und ein spezieller Fall des Satzes besprochen werden. Den vorstehenden Satz nennen wir Satz von RIEMANN-ROCH für Vektorraum-Bündel (kurz R-R). Natürlich ist der Satz 20.3.2 als Spezialfall in R-R enthalten. R-R impliziert, daß die Zahl $\chi(V_n, W)$ (bei festem V_n) nur von dem stetigen Vektorraum-Bündel W abhängt, ja sie hängt sogar nur von den CHERNschen Klassen von W ab. Daß $\chi(V_n, W)$ nur von dem stetigen Bündel W abhängt, scheint im Gegensatz zu dem Fall der Geradenbündel nie ohne Benutzung von R-R bewiesen worden zu sein. Das liegt vielleicht daran, daß für $\mathbf{GL}(q, \mathbf{C})$-Bündel (festes q) keine Theorie der PICARDschen Mannigfaltigkeit existiert. (Frage: Wie kann man diejenigen komplex-analytischen $\mathbf{GL}(q, \mathbf{C})$-Bündel über V_n, die als stetige Bündel trivial sind, im Rahmen der algebraischen Geometrie klassifizieren? Für $q = 1$ geschieht das mit Hilfe der PICARDschen Mannigfaltigkeit von V_n. Vgl. [28] und [32].)

Der Satz R-R ist bekannt für $n = 1$, d. h. für algebraische Kurven. A. WEIL ([42], S. 63) hat bewiesen:

Satz 21.1.2. *Es sei* W *bzw.* W' *ein Vektorraum-Bündel über der algebraischen Kurve* V_1 *mit* $\mathbf{C}_r$ *bzw.* $\mathbf{C}_{r'}$ *als (typischer) Faser. Es sei* d_1 *die erste* CHERN*sche Klasse von* W *und* d_1' *die von* W'. $(d_1, d_1' \in H^2(V_1, \mathbf{Z}).)$ *Dann ist* (V_1 *werde als zusammenhängend vorausgesetzt):*

$$\chi(V_1, W \otimes W'^*) = \dim H^0(V_1, W \otimes W'^*) - \dim H^0(V_1, K \otimes W^* \otimes W')$$

$$= r' d_1[V_1] - r d_1'[V_1] + r r'(1 - p) \,, \quad (p = \text{Henkelzahl von } V_1) \,.$$

Beweis mit Hilfe von R-R: Die formalen Wurzeln von W, W' werden mit δ_i, δ_i' bezeichnet. Man erhält unter Verwendung von Satz 4.4.3 oder auch von Formel 12.1 (5)

$$\chi(V_1, W \otimes W'^*) = \varkappa_1 \left[e^{c_1/2} (e^{\delta_1} + \cdots + e^{\delta_r}) (e^{-\delta_1'} + \cdots + e^{-\delta_{r'}'}) \right]$$
$$= \varkappa_1 \left[(1 + c_1/2) (r + d_1) (r' - d_1') \right] . \quad \text{Q. E. D.}$$

Wir kommen nun zum Beweis von R-R:

Wir haben zu zeigen, daß $\chi(V, W) = T(V, W)$. (Wir setzen $V_n = V$.) Es sei ξ das zu W gehörige komplex-analytische $\mathbf{GL}(q, \mathbf{C})$-Bündel über V. Wir betrachten ein zu ξ assoziiertes Faserbündel E mit der Fahnenmannigfaltigkeit $\mathbf{F}(q) = \mathbf{GL}(q, \mathbf{C})/\Delta(q, \mathbf{C})$ als Faser und bezeichnen die Projektion von E auf V mit φ. Nach Satz 14.3.1 ist

$$T(V, W) = T(E, \varphi^* W) , \tag{2}$$

Nach einem Satz von A. Borel, den wir im nächsten Abschnitt angeben werden, ist

$$\chi(V, W) = \chi(E, \varphi^* W) \, \chi(\mathbf{F}(q)) .$$

Da das arithmetische Geschlecht $\chi(\mathbf{F}(q))$ gleich 1 ist (vgl. 15.10), erhält man

$$\chi(V, W) = \chi(E, \varphi^* W) . \tag{3}$$

Das Bündel $\varphi^* W$ läßt die Dreiecksgruppe $\Delta(q, \mathbf{C})$ komplex-analytisch als Strukturgruppe zu. Damit sind über E die q diagonalen komplex-analytischen Geradenbündel $A_1, \ldots, A_q$ definiert, und es ist nach 12.1 (6) bzw. nach Satz 16.1.2

$$T(E, \varphi^* W) = \sum_{i=1}^{q} T(E, A_i) \quad \text{und} \quad \chi(E, \varphi^* W) = \sum_{i=1}^{q} \chi(E, A_i) . \tag{4}$$

Da E nach Satz 18.3.1* eine algebraische Mannigfaltigkeit ist, gilt nach Satz 20.3.2

$$\chi(E, A_i) = T(E, A_i) \qquad (1 \le i \le q) . \tag{5}$$

Aus (2)—(5) folgt $\chi(V, W) = T(V, W)$. Q. E. D.

21.2. A. Borel [3] hat den folgenden Satz bewiesen, der beim Beweis des Hauptsatzes 21.1.1 (R-R) benutzt wurde.

Satz 21.2.1. *Es sei E ein komplex-analytisches Faserbündel über der kompakten komplexen Mannigfaltigkeit V mit einer kompakten kählerschen Mannigfaltigkeit F als Faser und einer zusammenhängenden Strukturgruppe. E ist dann automatisch eine kompakte komplexe Mannigfaltigkeit. Es sei φ die Projektion von E auf V. Über V sei ein komplex-analytisches Vektorraum-Bündel W gegeben. Dann ist*

$$\chi_y(E, \varphi^* W) = \chi_y(V, W) \, \chi_y(F) . \tag{6}$$

Für $y = 0$ hat man insbesondere

$$\chi(E, \varphi^* W) = \chi(V, W) \, \chi(F) , \quad \chi(E) = \chi(V) \, \chi(F) . \tag{7}$$

Wenn E, V und F kählersch sind, dann erhält man für $y = 1$ und triviales W

$$\tau(E) = \tau(V)\,\tau(F)\,, \quad (\tau = \mathrm{Index}, \text{ vgl. Satz 15.8.2}). \qquad (8)$$

Der vorstehende Satz wird in dieser Arbeit nicht bewiesen. Wir verweisen auf die in Vorbereitung befindliche Arbeit [3] von A. Borel, wo eine $\bar{\partial}$-Spektral-Sequenz für komplex-analytische Faserbündel eingeführt wird. Wir machen hier nur die folgenden

Bemerkungen: 1) Die obige Formel (6) entspricht für $F = $ Fahnenmannigfaltigkeit den Formeln (10), (10*) von 14.3, 14.4. Es ist nicht bekannt, ob der Satz 21.1.1 immer richtig ist, wenn man χ_y durch T_y ersetzt. Wenn E, V und F algebraisch sind, dann ist der obige Satz auch für T_y richtig, da dann χ_y und T_y übereinstimmen. Es ist eine merkwürdige Tatsache, daß hier ein Satz vorliegt, der anscheinend für die χ-Theorie leichter zu beweisen ist als für die T-Theorie. Es ist zu vermuten, daß die Gleichung (8) für ein differenzierbares Faserbündel E über der kompakten differenzierbaren Mannigfaltigkeit V mit der kompakten differenzierbaren Mannigfaltigkeit F als Faser richtig ist. (Alle Mannigfaltigkeiten werden als orientiert vorausgesetzt; die Orientierungen von V und F sollen diejenige von E induzieren.)

2) Satz 20.2.1 ist ein Spezialfall des obigen Borelschen Satzes. Wir haben in 20.2.1 gerade nur so viel bewiesen, wie wir an dieser Stelle nötig hatten.

3) Für den Beweis von R-R im vorigen Abschnitt brauchen wir nur die Formel (7) für den Fall $F = $ Fahnenmannigfaltigkeit. Nach dem bekannten Induktionsprinzip (vgl. 18.3) genügt es daher für uns, die Gleichung (7) für den Fall $F = $ komplexer projektiver Raum zu beweisen. In diesem Falle ist $\chi(F) = 1$, und man kann zeigen, daß

$$\dim H^i(V, W) = \dim H^i(E, \varphi^*W)\,, \qquad (9)$$

was die Gleichung $\chi(V, W) = \chi(E, \varphi^*W) \cdot \chi(F)$ nach sich zieht.

Die Gleichung (9) kann mit Hilfe der in Cartan [6], Exposé XXI, Théorème 1, betrachteten Spektral-Sequenz bewiesen werden. Der Leser mache sich klar, daß die Formel (9) für $i = 0$ (sogar für beliebige kompakte zusammenhängende Faser F) richtig ist.

21.3. Der Satz R-R (21.1.1) ermöglicht es, die χ- und die T-Theorie vollständig zu identifizieren. Es gilt

$$\chi(V, W \otimes T^{(p)}) = T(V, W \otimes T^{(p)})\,, \text{ d. h. } \chi^p(V, W) = T^p(V, W)\,.$$

Da χ^p bzw. T^p die Koeffizienten in dem Polynom χ_y bzw. T_y sind, erhält man

$$\chi_y(V, W) = T_y(V, W)\,.$$

Wir führen die Formel für $\chi^p(V)$, $W = 1$, explizit an (vgl. 12.2 (9)):

$$\chi^p(V) = \sum_{q=0}^{n} (-1)^q \, h^{p,q}\,(V)$$

$$= \varkappa_n \left[\sum e^{-(\gamma_{i_1} + \cdots + \gamma_{i_p})} \prod_{i=1}^{n} \frac{\gamma_i}{1 - e^{-\gamma_i}} \right]$$

$$= \varkappa_n \left[\sum e^{\frac{1}{2}(\pm \gamma_{i_1} \pm \cdots \pm \gamma_{i_n})} \prod_{i=1}^{n} \frac{\gamma_i/2}{\sinh \gamma_i/2} \right]. \tag{10}$$

(Die letzte Summe ist über alle die Vorzeichenkombinationen zu erstrecken, bei denen genau p Minus-Zeichen auftreten.)

Aus 19.4 folgt, daß χ_y und T_y auch im virtuellen Fall übereinstimmen, d. h. wir bekommen den folgenden

Hauptsatz 21.3.1. *Es sei V eine algebraische Mannigfaltigkeit, es seien $F_1, \ldots, F_r$ komplex-analytische Geradenbündel über V, und es sei W ein komplex-analytisches Vektorraum-Bündel über V. Dann ist*

$$\chi_y(F_1, \ldots, F_r|, W)_V = T_y(F_1, \ldots, F_r|, W)_V. \tag{11}$$

Bemerkung: Setzt man in der vorstehenden Formel $r = 0$ (vgl. 19.3) und $y = 0$, dann erhält man R-R (21.1.1). Die Formel (11) ist das allgemeinste Resultat dieses Kapitels. Jedoch stellt (11) offensichtlich keine sehr wesentliche Verallgemeinerung von R-R dar. R-R ist das zentrale Theorem. — Wir sehen, daß $\chi^p(V, W)$ nur von dem stetigen Bündel W abhängt. Wenn W ein Geradenbündel ist, dann kann diese Tatsache direkt bewiesen werden (vgl. [30]).

Literatur

[1] ATIYAH, M. F.: Complex fibre bundles and ruled surfaces. Proc. London Math. Soc., III. Ser., 5, 407—434 (1955).

[1a] AKIZUKI, Y.: Theorems of BERTINI on linear systems. J. Math. Soc. Japan 3, 170—180 (1951).

[1b] AKIZUKI, Y., and S. NAKANO: Note on KODAIRA-SPENCER's proof of LEFSCHETZ theorem. Proc. Japan Acad. 30, 266—272 (1954).

[2] BOREL, A.: Sur la cohomologie des espaces fibrés principaux et des espaces homogènes de groupes de LIE compacts. Ann. of Math. 57, 115—207 (1953).

[3] BOREL, A.: A spectral sequence for complex analytic bundles. (Nicht veröffentlicht.)

[4] BOREL, A., et J. P. SERRE: Groupes de LIE et puissances réduites de STEENROD. Amer. J. Math. 75, 409—448 (1953).

[5] BOREL, A., and F. HIRZEBRUCH: Characteristic classes and homogeneous spaces I, II, III. Amer. J. Math. 80, 458—538 (1958), 81, 315—382 (1959), 82, 491 bis 504 (1960).

[6] CARTAN, H.: Séminaire de topologie algébrique. E.N.S. Paris 1950—51 (vervielfältigt).

[6a] CARTAN, H.: Séminaire de topologie algébrique. E.N.S. Paris 1949—50 (vervielfältigt).

[7] CARTAN, H.: Séminaire, théorie des fonctions de plusieurs variables. E.N.S. Paris 1951—52 (vervielfältigt).

[7a] CARTAN, H.: Séminaire. E.N.S. Paris 1953—54 (vervielfältigt).

[8] CARTAN, H.: Variétés analytiques complexes et cohomologie. Centre Belge Rech. math., Colloque sur les fonctions de plusieurs variables 41—55 (1953).

[9] CARTAN, H., et J. P. SERRE: Un théorème de finitude concernant les variétés analytiques compactes. C. r. Acad. Sci. (Paris) 237, 128—130 (1953).

[10] CHERN, S. S.: On the characteristic classes of complex sphere bundles and algebraic varieties. Amer. J. Math. 75, 565—597 (1953).

[11] CHOW, W. L.: On compact complex analytic varieties. Amer. J. Math. 71, 893—914 (1949).

[12] DOLBEAULT, P.: Sur la cohomologie des variétés analytiques complexes. C. r. Acad. Sci. (Paris) 236, 175—177 (1953).

[12a] ECKMANN, B., et H. GUGGENHEIMER: Formes différentielles et métrique hermitienne sans torsion I, II. Sur les variétés closes a métrique hermitienne sans torsion. C. r. Acad. Sci. (Paris) 229, 464, 489 und 503 (1949).

[12b] ECKMANN, B.: Quelques propriétés globales des variétés kähleriennes. C. r. Acad. Sci. (Paris) 229, 557—559 (1949).

[13] EILENBERG, S., and N. STEENROD: Foundations of algebraic topology. Princeton Mathematical Series 15, Princeton University Press 1952.

[13a] GROTHENDIECK, A.: A general theory of fibre spaces with structure sheaf. Lawrence, Kansas: University of Kansas 1955 (vervielfältigt).

[13b] GUGGENHEIMER, H.: Über komplex-analytische Mannigfaltigkeiten mit kählerscher Metrik. Comm. Math. Helvet. 25, 257—297 (1951).

[14] HIRZEBRUCH, F.: On STEENROD's reduced powers, the index of inertia, and the TODD genus. Proc. Nat. Acad. Sci. USA 39, 951—956 (1953).

[15] HIRZEBRUCH, F.: Arithmetic genera and the theorem of RIEMANN-ROCH for algebraic varieties. Proc. Nat. Acad. Sci. USA 40, 110—114 (1954).

[16] HIRZEBRUCH, F.: TODD arithmetic genus for almost complex manifolds; On STEENROD's reduced powers in oriented manifolds; The index of an oriented manifold and the TODD genus of an almost complex manifold. Notes Princeton University 1953 (vervielfältigt).

[17] HIRZEBRUCH, F.: Some problems on differentiable and complex manifolds. Ann. of Math. **60**, 213—236 (1954).

[18] HODGE, W. V. D.: A special type of Kähler manifolds. Proc. Lond. Math. Soc. **1**, 104—117 (1951).

[18a] HODGE, W. V. D.: The theory and applications of harmonic integrals. Cambridge: University Press 1952.

[19] HODGE, W. V. D.: The topological invariants of algebraic varieties. Proc. Internat. Congress of Math. I, 182—191 (1950).

[20] HODGE, W. V. D.: The characteristic classes on algebraic varieties. Proc. London Math. Soc. (3) **1**, 138—151 (1951).

[20a] HODGE, W. V. D., and M. F. ATIYAH: Formes de seconde espèce sur une variété algébrique. C. r. Acad. Sci. (Paris) **239**, 1333—1335 (1954).

[20b] HODGE, W. V. D., and M. F. ATIYAH: Integrals of the second kind on an algebraic variety. Ann. of Math. **62**, 56—91 (1955).

[21] KODAIRA, K.: The theorem of RIEMANN-ROCH on compact analytic surfaces. Amer. J. Math. **73**, 813—875 (1951).

[22] KODAIRA, K.: The theorem of RIEMANN-ROCH for adjoint systems on 3-dimensional algebraic varieties. Ann. of Math. **56**, 288—342 (1952).

[23] KODAIRA, K.: Some results in the transcendental theory of algebraic varieties. Ann. of Math. **53**, 86—134 (1954).

[24] KODAIRA, K.: On cohomology groups of compact analytic varieties with coefficients in some analytic faisceaux. Proc. Nat. Acad. Sci USA **39**, 865—868 (1953).

[25] KODAIRA, K.: On a differential-geometric method in the theory of analytic stacks. Proc. Nat. Acad. Sci. USA **39**, 1268—1273 (1953).

[26] KODAIRA, K.: On Kähler varieties of restricted type. Proc. Nat. Acad. Sci. USA **40**, 313—316 (1954); Ann. of Math. **60**, 28—48 (1954).

[27] KODAIRA, K., and D. C. SPENCER: On arithmetic genera of algebraic varieties. Proc. Nat. Acad. Sci. USA **39**, 641—649 (1953).

[28] KODAIRA, K., and D. C. SPENCER: Groups of complex line bundles over compact Kähler varieties. Divisor class groups on algebraic varieties. Proc. Nat. Acad. Sci. USA **39**, 868—877 (1953).

[29] KODAIRA, K., and D. C. SPENCER: On a theorem of LEFSCHETZ and the lemma of ENRIQUES-SEVERI-ZARISKI. Proc. Nat. Acad. Sci. USA **39**, 1273—1278 (1953).

[30] KODAIRA, K., and D. C. SPENCER: On the variation of almost-complex structure. Algebraic Geometry and Topology. A Symposium in honor of S. LEFSCHETZ. Princeton University Press 1957.

[31] NICKERSON, H. K., and D. C. SPENCER: Differentiable manifolds and sheaves. Annals of Mathematics Studies, Princeton (erscheint demnächst).

[31a] RHAM, G. DE: Variétés différentiables. Actualités scientifiques et industrielles 1222. Paris 1954.

[31b] RHAM, G. DE, and K. KODAIRA: Harmonic integrals. Princeton, New Jersey: Institute for Advanced Study 1950.

[32] SERRE, J. P.: Quelques problèmes globaux rélatifs aux variétés de STEIN. Centre Belge Rech. Math., Colloque sur les fonctions de plusieurs variables 57—68 (1953).

[32a] SERRE, J. P.: Faisceaux algébriques cohérents. Ann. of Math. **61**, 197—278 (1955).

[32b] SERRE, J. P.: Un théorème de dualité. Comm. Math. Helvet. 29, 9—26 (1955).

[33] SEVERI, F.: La géométrie algébrique italienne. Centre Belge Rech. math., Colloque Géom. algébrique 9—55 (1950).

[34] SPENCER, D. C.: Cohomology and the RIEMANN-ROCH theorem. Proc. Nat. Acad. Sci. USA 39, 660—669 (1953).

[34a] SPENCER, D. C.: DIRICHLET's principle on manifolds. Studies in Mathematics and Mechanics presented to RICHARD VON MISES. New York: Academic Press Inc. 1954.

[35] STEENROD, N. E.: The topology of fibre bundles. Princeton Mathematical Series 14. Princeton University Press 1951.

[36] THOM, R.: Espaces fibrés en sphères et carrés de STEENROD. Ann. Sci. Ecol. norm. sup. 69, 109—182 (1952).

[37] THOM, R.: Quelques propriétés globales des variétés différentiables. Comm. Math. Helvet. 28, 17—86 (1954).

[38] TODD, J. A.: The arithmetical invariants of algebraic loci. Proc. Lond. Math. Soc. (2) 43, 190—225 (1937).

[39] TODD, J. A.: The geometrical invariants of algebraic loci. Proc. Lond. Math. Soc. (2) 45, 410—434 (1939).

[40] TODD, J. A.: Birational transformations with isolated fundamental points. Proc. Edinburgh Math. Soc. (2) 5, 117—124 (1938).

[41] WAERDEN, B. L. VAN DER: Birational invariants of algebraic manifolds. Acta Salmantic., Ci., Sec. Mat. 2, 1—56 (1947); Birationale Transformationen von linearen Scharen auf algebraischen Mannigfaltigkeiten. Math. Z. 51, 502—523 (1948).

[42] WEIL, A.: Generalisation des fonctions abeliennes. J. Math. pur. appl. 17, 47—87 (1938).

[43] WEYL, H.: Die Idee der RIEMANNschen Fläche. Leipzig u. Berlin: B. G. Teubner 1913. (3. Auflage, Stuttgart: B. G. Teubner 1955.)

[44] ZARISKI, O.: Algebraic surfaces. Ergebnisse der Mathematik und ihrer Grenzgebiete, Band 3, Nr. 5. Berlin: Julius Springer 1935.

[45] ZARISKI, O.: Pencils on an algebraic variety and a new proof of a theorem of BERTINI. Trans. Amer. Math. Soc. 50, 48—70 (1941).

[46] ZARISKI, O.: The theorem of BERTINI on the variable singular points of a linear system of varieties. Trans. Amer. math. Soc. 56, 130—140 (1944).

[47] ZARISKI, O.: Complete linear systems on normal varieties and a generalization of a lemma of ENRIQUES-SEVERI. Ann. of Math. 55, 552—592 (1952).

Anhang
zur zweiten Auflage

Anhang
zur zweiten Auflage[1])

§ 1. Der Satz von GROTHENDIECK

1.1. GROTHENDIECK [A 1] hat den Hauptsatz 21.1.1 auf holomorphe Abbildungen $f\colon V \to Y$ algebraischer Mannigfaltigkeiten (0.1) so verallgemeinert, daß sich der Hauptsatz 21.1.1 als Spezialfall ergibt, wenn man für Y einen Punkt und damit für f die konstante Abbildung wählt. GROTHENDIECKs Beweis erfolgt rein algebraisch[2]), also insbesondere ohne Heranziehung der Cobordisme-Theorie. Der Beweis, der für Grundkörper beliebiger Charakteristik gültig ist, verwendet rein-algebraische Begriffe: kohärente algebraische Garben, die ZARISKIsche Topologie und an Stelle des Cohomologieringes den Schnittring (CHOWschen Ring) der Äquivalenzklassen algebraischer Zyklen. Für Charakteristik 0 ist es aber erlaubt, den GROTHENDIECKschen Satz in der in diesem Ergebnisheft verwandten komplex-analytischen Sprache wiederzugeben (vgl. die SERREschen Korrespondenzsätze [A 5] zwischen „analytischer" Geometrie einerseits und „algebraischer" Geometrie andererseits). Nach einigen Vorbereitungen werden wir den Satz von GROTHENDIECK in der analytischen Sprache formulieren (vgl. den Bericht [A 4], an den wir uns zum Teil eng anlehnen). Aus Bequemlichkeitsgründen sollen in diesem Paragraphen alle algebraischen Mannigfaltigkeiten als *zusammenhängend* vorausgesetzt werden.

1.2. Über einer komplexen Mannigfaltigkeit X hat man die Garbe Ω der Keime von lokalen holomorphen Funktionen (15.1). Eine Garbe $\mathfrak{S} = (S, \pi, X)$ von abelschen Gruppen heißt Garbe von Ω-Moduln, wenn jeder Halm S_x ein Modul über dem Halm Ω_x von Ω ist (die 1 von Ω_x soll

---

[1]) Der Anhang hat ein eigenes Literaturverzeichnis, auf das durch [A 1], [A 2] usw. hingewiesen wird. Die Zahlen [1], [2] usw. beziehen sich auf das Literaturverzeichnis auf S. 158—160. Rückverweise geschehen wie üblich. Bei Verweisen auf Abschnitte des Anhangs wird z. B. (a 1.2) geschrieben zur Unterscheidung von Abschnitt (1. 2) des Haupttextes.

[2]) WASHNITZER [A 6] hat (unabhängig von GROTHENDIECK) das arithmetische Geschlecht auf rein algebraische Weise axiomatisch charakterisiert. Die Übereinstimmung von arithmetischem und TODDschem Geschlecht folgt bereits dann, wenn man nur für das letztere die Axiome nachprüft, was WASHNITZER in der zitierten Arbeit leider nicht tut. Der Hauptsatz 21.1.1 kann anschließend rein algebraisch bewiesen werden.

als Identität operieren), so daß die entsprechende Abbildung

$$\bigcup_{x \in X} \Omega_x \times S_x \to S$$

stetig ist. Statt „Garbe von Ω-Moduln" sagt man auch „analytische Garbe". Für jedes komplex-analytische Vektorraum-Bündel W über X ist die Garbe $\Omega(W)$ (siehe 3.5) als analytische Garbe aufzufassen. Für analytische Garben sind die elementaren Begriffe wie Homomorphismus usw. auf naheliegende Weise zu definieren ([32a] und [A 3]). Eine wesentliche Rolle spielen die *kohärenten* analytischen Garben. Die Kohärenz ist lokaler Natur (siehe [32a] und [A 3] für Definition und wichtige Eigenschaften). Wir erwähnen hier nur den folgenden Satz [A 1].

Satz. *Eine analytische Garbe $\mathfrak{S}$ über der n-dimensionalen algebraischen Mannigfaltigkeit X ist dann und nur dann kohärent, wenn es komplex-analytische Vektorraum-Bündel W_0, W_1, ..., W_n über X und Garbenhomomorphismen (im Sinne analytischer Garben) gibt, so daß die Sequenz*

$$0 \to \Omega(W_n) \to \Omega(W_{n-1}) \to \cdots \to \Omega(W_0) \to \mathfrak{S} \to 0 \tag{1}$$

exakt ist. Eine solche Sequenz nennt man eine Auflösung von $\mathfrak{S}$ in Vektorraum-Bündel.

1.3. Jede kohärente analytische Garbe $\mathfrak{S}$ über einer kompakten komplexen Mannigfaltigkeit X ist vom Typ (F) (siehe 2.10 und 15.4)[3] bezüglich des Körpers $\mathbf{C}$. Die EULER-POINCARÉsche Charakteristik $\chi(X, \mathfrak{S})$ ist also wohldefiniert. Ist X algebraisch und hat man eine Auflösung (1), dann gilt (Satz 2.10.3)

$$\chi(X, \mathfrak{S}) = \sum_{i=0}^{n} (-1)^i \chi(X, W_i) . \tag{2}$$

Im Hauptsatz 21.1.1 kommt die Cohomologieklasse

$$(e^{\delta_1} + \cdots + e^{\delta_q}) \prod_{i=1}^{n} \frac{\gamma_i}{1 - e^{-\gamma_i}} \in H^*(V_n, \mathbf{Q})$$

vor, die wir von nun an mit $\mathcal{T}(V_n, W)$ bezeichnen wollen, und von der bisher eigentlich nur die $2n$-dimensionale Komponente eine Rolle spielte. Wie wir sehen werden, ist das bei dem GROTHENDIECKschen Satz anders, dort kommt der Cohomologieklasse $\mathcal{T}(V_n, W)$ mit allen ihren Komponenten eine entscheidende Bedeutung zu. Für eine exakte Sequenz

$$0 \to W' \to W \to W'' \to 0$$

---

[3]) Aus allgemeinen dimensionstheoretischen Betrachtungen (siehe die Fußnote auf S. 60) folgt, daß für eine analytische Garbe $\mathfrak{S}$ über einer komplexen Mannigfaltigkeit X die Cohomologiegruppe $H^q(X, \mathfrak{S})$ für $q > 2 \dim_{\mathbf{C}} X$ verschwindet. MALGRANGE (Bull. Soc. Math. France **85**, 231—237 (1957)) hat gezeigt, daß für eine *kohärente* analytische Garbe über X die Cohomologiegruppe $H^q(X, \mathfrak{S})$ bereits für $q > \dim_{\mathbf{C}} X$ verschwindet.

von Vektorraum-Bündeln über V_n gilt offensichtlich (12.1 (5))

$$\mathcal{T}(V_n, W) = \mathcal{T}(V_n, W') + \mathcal{T}(V_n, W'') \,.$$

Deshalb kann $\mathcal{T}(X, \mathfrak{S})$ für eine kohärente analytische Garbe $\mathfrak{S}$ über der algebraischen Mannigfaltigkeit X mit Hilfe einer Auflösung (1) durch

$$\mathcal{T}(X, \mathfrak{S}) = \sum_{i=0}^{n} (-1)^i \, \mathcal{T}(X, W_i) \tag{3}$$

definiert werden. $\mathcal{T}(X, \mathfrak{S})$ ist unabhängig von der Wahl der Auflösung [A 1]. Wenn $\mathfrak{S}$ die Nullgarbe ist, dann ist $\mathcal{T}(X, \mathfrak{S}) = 0$. Wenn W ein komplex-analytisches Vektorraum-Bündel ist, dann ist $\mathcal{T}(X, \Omega(W)) = \mathcal{T}(X, W)$. Aus (2), (3) und dem Hauptsatz 21.1.1 folgt sofort, daß für eine kohärente analytische Garbe $\mathfrak{S}$ über der algebraischen Mannigfaltigkeit V_n gilt

$$\chi(V_n, \mathfrak{S}) = \varkappa_n [\mathcal{T}(V_n, \mathfrak{S})] \,. \tag{4}$$

1.4. Direkte Bilder analytischer Garben (vgl. [A 3]). Es seien X und Y komplexe Mannigfaltigkeiten, $\mathfrak{S}$ eine analytische Garbe über X und f eine holomorphe Abbildung von X in Y. Das q-te direkte Bild von $\mathfrak{S}$ ist eine analytische Garbe über Y, die mit $f_*^q(\mathfrak{S})$ bezeichnet werde. Zu ihrer Definition geben wir ein Garbendatum an: Für eine beliebige offene Menge U von Y betrachten wir die Cohomologiegruppe $H^q(f^{-1}(U), \mathfrak{S})$. Diese ist ein Modul über dem Ring der in $f^{-1}(U)$ holomorphen Funktionen. Da jede in U holomorphe Funktion zu einer in $f^{-1}(U)$ holomorphen Funktion geliftet werden kann, ist $H^q(f^{-1}(U), \mathfrak{S})$ auch ein Modul über dem Ring der in U holomorphen Funktionen. Diese Moduln liefern ein Garbendatum für die analytische Garbe $f_*^q(\mathfrak{S})$ über Y. Die direkten Bilder treten bereits in den fundamentalen Arbeiten von LERAY (loc. cit. S. 1, Fußnote 1) auf. $f_*^q(\mathfrak{S})$ ist die Nullgarbe für $q > 2\dim_{\mathbb{C}} X$ (siehe Fußnote 3) auf S. 164).

Satz (siehe [A 1]). *Wenn X und Y algebraische Mannigfaltigkeiten sind, wenn $f: X \to Y$ holomorph ist und $\mathfrak{S}$ eine kohärente analytische Garbe über X ist, dann sind die direkten Bilder $f_*^q(\mathfrak{S})$ kohärente analytische Garben über Y. Es ist $f_*^q(\mathfrak{S}) = 0$ für $q > \dim_{\mathbb{C}} X$* (siehe Fußnote 3 auf S. 164).

Dieser Satz wird in [A 1] natürlich rein algebraisch formuliert. Unsere Formulierung ergibt sich unter Verwendung von [A 5]. GRAUERT [A 2] hat eine tiefliegende analytische Aussage bewiesen: Der obige Satz bleibt richtig, wenn X und Y beliebige komplexe Mannigfaltigkeiten und $f: X \to Y$ eine eigentliche holomorphe Abbildung ist.

1.5. Der GYSIN-Homomorphismus. X und Y seien kompakte orientierte Mannigfaltigkeiten und $f: X \to Y$ eine stetige Abbildung. Dann hat man einen **additiven** (nicht multiplikativen) Homomorphismus

$$f_*: H^*(X, \mathbb{Z}) \to H^*(Y, \mathbb{Z})$$

und ebenso einen Homomorphismus f_* der mit $\mathbf{Q}$ tensorierten Gruppen. f_* ist folgendermaßen definiert. Man nimmt zu einer Cohomologieklasse a von X die ihr via POINCARÉ-Dualität entsprechende Homologieklasse, bildet diese durch f in Y ab, erhält eine Homologieklasse von Y und definiert dann $f_* a$ als die der letzten Homologieklasse via POINCARÉ-Dualität entsprechende Cohomologieklasse. Ist Y ein Punkt und f also die konstante Abbildung, dann gilt (dim $X = n$; das $\varkappa^n$ werde bezüglich X wie in 9.2 (5) definiert)

$$f_* a = \varkappa^n [a] \cdot 1 \qquad (a \in H^*(X)) , \tag{5}$$

wo 1 das Einselement von $H^*(Y) = H^0(Y)$ ist.

1.6. Wir können nun den Satz von GROTHENDIECK angeben.

Satz. *Es seien X und Y algebraische Mannigfaltigkeiten und $f : X \to Y$ eine holomorphe Abbildung. $\mathfrak{S}$ sei eine kohärente analytische Garbe über X. Dann gilt in $H^*(Y, \mathbf{Q})$ die Gleichung*

$$f_* \mathscr{T}(X, \mathfrak{S}) = \sum_{q=0}^{\infty} (-1)^q \mathscr{T}(Y, f^q_*(\mathfrak{S})) . \tag{6}$$

Der Hauptsatz 21.1.1 folgt aus (6): Y sei ein Punkt und f die konstante Abbildung. $f^q_*(\mathfrak{S})$ ist dann ein Vektorraum-Bündel über Y, dessen Faser gleich dem komplexen Vektorraum $H^q(X, \mathfrak{S})$ ist. Wir wissen, daß dieser Vektorraum endliche Dimension hat (a 1.3), könnten das aber auch aus dem Satz (a 1.4) entnehmen: Wenn Y ein Punkt ist, dann ist die Kohärenz der Bildgarben gleichbedeutend damit, daß die Vektorräume $H^q(X, \mathfrak{S})$ endlich-dimensional sind. Offensichtlich ist für ein Vektorraum-Bündel W über Y (= Punkt) die Cohomologieklasse $\mathscr{T}(Y, W)$ gleich der Dimension von W multipliziert mit dem Einselement von $H^0(Y)$. Aus (5) und (6) folgt (dim$_\mathbf{C} X = n$; das $\varkappa_n$ wird bezüglich X gebildet)

$$\chi(X, \mathfrak{S}) = \sum_{q=0}^{\infty} (-1)^q \dim_\mathbf{C} H^q(X, \mathfrak{S}) = \varkappa_n [\mathscr{T}(X, \mathfrak{S})] .$$

Das ist der (auf kohärente analytische) Garben verallgemeinerte Hauptsatz 21.1.1. Die Verallgemeinerung auf Garben (siehe (4)) ist natürlich nicht wesentlich. Es ist nicht bekannt, ob der GROTHENDIECKsche Satz richtig bleibt, wenn X und Y beliebige kompakte komplexe Mannigfaltigkeiten sind.

1.7. Der Satz von GROTHENDIECK hat Anwendungen, die über den Hauptsatz 21.1.1 hinausgehen. Wendet man ihn auf die Projektion eines algebraischen Faserbündels an, dann erhält man die „strikte Multiplikativität" der TODDschen Polynome in solchen Faserbündeln (siehe [A 1], Proposition 16, und [5], §§ 21, 22; Lemma 14.1.3 stellt einen Spezialfall dieser strikten Multiplikativität dar (für $\mathbf{F}(n)$ als Faser)).

Weitere interessante Eigenschaften der TODDschen Polynome ergeben sich, wenn man den GROTHENDIECKschen Satz auf monoidale Transformationen anwendet ([A 4], § 12 (1); siehe auch (a 3.2)).

§ 2. Cobordisme-Theorie, Ganzzahligkeits-Sätze und differenzierbares Analogon des GROTHENDIECKschen Satzes

2.1. Zwei kompakte fastkomplexe Mannigfaltigkeiten gleicher Dimension sollen c-äquivalent heißen, wenn sie in ihren CHERNschen Zahlen übereinstimmen. MILNOR [A 15] zeigt, daß die c-Äquivalenzklassen fastkomplexer Mannigfaltigkeiten einen graduierten Ring $\Gamma = \sum\limits_{n=0}^{\infty} \Gamma^n$ bestimmen, wo Γ^n die Gruppe der c-Äquivalenzklassen fastkomplexer Mannigfaltigkeiten der komplexen Dimension n ist. Die Definition von Γ erfolgt analog zu der von $\tilde{\Omega}$ in 6.2. Die Existenz des Inversen in Γ^n ist jedoch nicht so evident wie im Falle von $\tilde{\Omega}^n$. Dort konnte man einfach die Orientierung umkehren, während bei fastkomplexen Mannigfaltigkeiten die Orientierung durch die fastkomplexe Struktur mitbestimmt ist. MILNOR gibt Γ eine geometrische Bedeutung in Analogie zur Cobordisme-Theorie von THOM und zeigt mit Hilfe von algebraischer Homotopietheorie (Spektral-Sequenz von ADAMS):

Satz. *Γ ist zu dem graduierten Polynomring $\mathbf{Z}[x_1, x_2, \ldots]$ isomorph. Einen Isomorphismus von $\mathbf{Z}[x_1, x_2, \ldots]$ auf Γ erhält man, indem man x_n irgendeine kompakte fastkomplexe Mannigfaltigkeit X_n der komplexen Dimension n zuordnet, deren CHERNsche Zahlen folgende Bedingung erfüllen müssen:*

Bei Verwendung der formalen Aufspaltung 12.1 (1) ist

$$(\gamma_1^n + \cdots + \gamma_n^n)\,[X_n] = \pm 1,\ wenn\ n + 1\ keine\ Primzahlpotenz\ ist,$$
$$(\gamma_1^n + \cdots + \gamma_n^n)\,[X_n] = \pm q,\ wenn\ n + 1\ Potenz\ der\ Primzahl\ q\ ist. \tag{1}$$

Für die X_n kann man algebraische (i. a. nicht-zusammenhängende) Mannigfaltigkeiten wählen.

2.2. MILNOR [A 15] beweist auch entsprechende Aussagen über die THOMsche Cobordisme-Algebra. In weitgehender Verschärfung von Satz 6.4.3 gilt:

Satz. *Der graduierte Ring $\tilde{\Omega}$ ist isomorph zum graduierten Ring $\mathbf{Z}[z_1, z_2, \ldots]$. Einen Isomorphismus von $\mathbf{Z}[z_1, z_2, \ldots]$ auf $\tilde{\Omega}$ erhält man, indem man z_i eine kompakte orientierte differenzierbare Mannigfaltigkeit N^{4i} zuordnet, für die gilt*

$$s\,(N^{4i}) = \pm 1,\ wenn\ 2i + 1\ keine\ Primzahlpotenz\ ist.$$
$$s\,(N^{4i}) = \pm q,\ wenn\ 2i + 1\ Potenz\ der\ Primzahl\ q\ ist. \tag{2}$$

Für Ω^{4k} hat man die Darstellung als direkte Summe

$$\Omega^{4k} \cong \tilde{\Omega}^{4k} \oplus T^{4k},$$

wo T^j die Gruppe der Elemente endlicher Ordnung von Ω^j ist ($T^j = \Omega^j$, wenn $j \not\equiv 0 \bmod 4$). Jedes Element von T^j hat gerade Ordnung.

Als N^{4i} kann man eine Mannigfaltigkeit X_{2i} aus Satz (a 2.1) wählen. In einer Arbeit von WALL [A 21] wird die Torsionsgruppe T^j bestimmt. (WALL zeigt u. a., daß T^j keine Elemente der Ordnung 4 enthält.) Die Cobordisme-Gruppen Ω^j sind also jetzt vollständig bekannt. In Zusammenhang mit der Arbeit von WALL siehe auch [A 7].

MILNOR weist in [A 15] auf die Arbeiten von B. G. AVERBUCH und S. M. NOVIKOV hin, die einen wesentlichen Teil der MILNORschen Resultate ebenfalls erhalten haben.

MILNOR [A 17] gibt einen Überblick über weitere Cobordisme-Theorien und ausstehende Fragen.

In Fußnote 1 auf S. 82 wurde darauf hingewiesen, daß man die THOMsche Cobordisme-Theorie C^∞-differenzierbar aufbauen kann. In seiner Vorlesung [A 16] hat MILNOR dies direkt und in allen Einzelheiten durchgeführt, jedenfalls für den Cobordisme-Ring der nicht-orientierten Mannigfaltigkeiten.

2.3. Aus dem Satz (a 2.1) folgt unmittelbar

Satz. *Man betrachte den graduierten Ring* $\mathfrak{B} = \mathbf{Q}\,[c_1, c_2, \ldots]$ *(siehe 10.1). Ein Element* $b \in \mathfrak{B}_n$ *nimmt dann und nur dann auf jeder fastkomplexen Mannigfaltigkeit der komplexen Dimension n ganzzahlige Werte an, wenn es auf jeder algebraischen Mannigfaltigkeit der komplexen Dimension n ganze Werte annimmt.*

Da das TODDsche Geschlecht für alle algebraischen Mannigfaltigkeiten gleich dem arithmetischen Geschlecht, also ganzzahlig ist, folgt:

Korollar. *Das* TODDsche *Geschlecht einer kompakten fastkomplexen Mannigfaltigkeit ist eine ganze Zahl.*

MILNOR führt seine Überlegungen nicht nur für fastkomplexe Mannigfaltigkeiten durch. Sie bleiben richtig, wenn man überall fastkomplex durch schwach-fastkomplex ersetzt (siehe [5], Part III; in [A 4] wird statt schwach-fastkomplex verallgemeinert-fastkomplex gesagt). Mit Hilfe des Korollars, das für schwach-fastkomplexe Mannigfaltigkeiten richtig ist, und der Methoden dieses Ergebnisheftes kann man folgern ([5], Part III):

Satz. *Es sei X eine kompakte fastkomplexe (oder schwach-fastkomplexe) Mannigfaltigkeit. Für ein* $\mathbf{GL}\,(q, \mathbf{C})$*-Bündel* ζ *über X und für Elemente* $b_1, \ldots, b_r$ *aus* $H^2(X, \mathbf{Z})$ *ist die virtuelle* T_y*-Charakteristik* $T_y(b_1, \ldots, b_r|, \zeta)$ *ein Polynom in y mit ganzzahligen Koeffizienten.*

Damit ist in Satz 14.3.2 und in (14.4, 2)) die Einschränkung hinsichtlich der Primzahl 2 fortgefallen.

2.4. Nach (a 2.3) ist für eine kompakte fastkomplexe Mannigfaltigkeit X und ein $\mathbf{GL}\,(q, \mathbf{C})$-Bündel ξ über X die T-Charakteristik $T(X, \xi)$ (siehe 12.1) eine ganze Zahl. Diese Ganzzahligkeitsaussage hat unter Verwendung der A-Polynome (1.7 (12)) auch für differenzierbare Mannigfaltigkeiten eine Bedeutung und kann im Rahmen der Überlegungen von (a 2.3) bewiesen werden (vgl. [5], Part III, Theorem 3.6):

Für eine differenzierbare Mannigfaltigkeit X sind die STIEFEL-WHITNEYschen Klassen $w_i(X) \in H^i(X, \mathbf{Z}_2)$ definiert. Ist X orientierbar, dann ist $w_{2i+1}(X)$ Reduktion mod 2 der STIEFEL-WHITNEYschen Klasse $W_{2i+1}(X) \in H^{2i+1}(X,\mathbf{Z})$. Es ist $W_{2i+1}(X) = \delta w_{2i}(X)$, wo δ der zur exakten Sequenz $0 \to \mathbf{Z} \to \mathbf{Z} \to \mathbf{Z}_2 \to 0$ gehörige BOCKSTEINsche Operator ist. Ist X schwach-fastkomplex, dann ist $W_{2i+1}(X) = 0$ und die Reduktion mod 2 der CHERNschen Klasse c_i ist gleich $w_{2i}(X)$. Wir nennen eine orientierte differenzierbare Mannigfaltigkeit X eine c_1-Mannigfaltigkeit, wenn ein Element $c_1(X)$ gegeben ist, dessen Reduktion mod 2 gleich $w_2(X)$ ist. Die Dimension von X braucht nicht gerade zu sein. Die orientierte differenzierbare Mannigfaltigkeit X kann dann und nur dann zu einer c_1-Mannigfaltigkeit gemacht werden, wenn $W_3(X)$ verschwindet. Jede schwach-fastkomplexe Mannigfaltigkeit ist eine c_1-Mannigfaltigkeit ($c_1(X) = 2$-dimensionale CHERNsche Klasse).

Nun sei X eine c_1-Mannigfaltigkeit und W ein komplexes Vektorraum-Bündel über X (Faser $\mathbf{C}_q$) mit CHERNschen Klassen $c_i(W) \in H^{2i}(X, \mathbf{Z})$. Es seien $p_i(X) \in H^{4i}(X, \mathbf{Z})$ die PONTRJAGINschen Klassen von X. Man setze formal

$$\sum_{i=0}^{\infty} p_i(X)\, x^{2i} = \prod_{i=1}^{N}(1 + \gamma_i^2 x^2) \qquad (N \text{ groß}) \, ,$$

$$\sum_{i=0}^{q} c_i(W)\, x^i = \prod_{i=1}^{q}(1 + \delta_i x)$$

und definiere die Cohomologieklasse $\mathscr{T}(X, W) \in H^*(X, \mathbf{Q})$ durch die Gleichung

$$\mathscr{T}(X, W) = (e^{\delta_1} + \cdots + e^{\delta_q}) \cdot e^{c_1(X)/2} \cdot \prod_{i=1}^{N} \frac{\gamma_i/2}{\sinh \gamma_i/2} \cdot$$

Wenn W das triviale Geradenbündel ist, dann setzen wir

$$\mathscr{T}(X) = \mathscr{T}(X, W) = e^{c_1(X)/2} \cdot \prod_{i=1}^{N} \frac{\gamma_i/2}{\sinh \gamma_i/2} \cdot$$

Diese Definition der Klasse $\mathscr{T}(X, W)$ verallgemeinert die in (a 1.3) gegebene:

Die in 21.1 (1) in eckigen Klammern stehenden Cohomologieklassen sind einander gleich. Da $x/\sinh(x)$ eine Potenzreihe in x^2 ist, benötigt man zur Definition von $\mathscr{T}(X, W)$ nur die CHERNschen Klassen von W, die Klasse $c_1(X)$ und die PONTRJAGINschen Klassen von X.

Ist die (orientierte) c_1-Mannigfaltigkeit kompakt und $2n$-dimensional, dann definieren wir

$$T(X, W) = \varkappa_n[\mathscr{T}(X, W)], \quad T(X) = \varkappa_n[\mathscr{T}(X)],$$

wo $\varkappa_n[a]$ für $a \in H^*(X, \mathbf{Q})$ wie üblich den Wert der $2n$-dimensionalen Komponente von a auf dem orientierten Grundzyklus von X bezeichnet.

Die T-Charakteristik eines komplexen Vektorraum-Bündels oder eines **GL** $(q, \mathbf{C})$-Bündels über einer kompakten c_1-Mannigfaltigkeit ist also in Verallgemeinerung von 12.1 (2) wohldefiniert. Die rationale Zahl $T(X)$ ist das Toddsche Geschlecht der c_1-Mannigfaltigkeit X.

Satz. *Es sei X eine kompakte c_1-Mannigfaltigkeit und W ein komplexes Vektorraum-Bündel über X. Dann ist die T-Charakteristik $T(X, W)$ eine ganze Zahl. Insbesondere ist das Toddsche Geschlecht $T(X)$ ganzzahlig.*

2.5. In [A 8] wurde ein differenzierbares Analogon des Grothendieckschen Satzes (a 1.6) aufgestellt, das einen neuen Zugang zu den Ganzzahligkeitssätzen liefert. Wir wollen diesen „differenzierbaren Riemann-Rochschen Satz" jetzt formulieren.

Satz. *X und Y seien kompakte zusammenhängende c_1-Mannigfaltigkeiten. Die Differenz der Dimensionen von X und Y sei gerade. $f : X \to Y$ sei eine stetige Abbildung und $f_* : H^*(X, \mathbf{Q}) \to H^*(Y, \mathbf{Q})$ der zugehörige Gysin-Homomorphismus. Dann gibt es ein komplexes Vektorraum-Bündel W' über Y und eine ganze Zahl a, so daß*

$$f_* \mathscr{T}(X, W) = a \cdot \mathscr{T}(Y) + \mathscr{T}(Y, W') \,.$$

Dieses „Analogon" enthält den Grothendieckschen Satz natürlich nicht als Spezialfall. Wendet man es auf den Fall an, daß Y ein Punkt und f die konstante Abbildung ist, dann folgt der Satz (a 2.4) ebenso, wie aus dem Grothendieckschen Satz der Hauptsatz 21.1.1 folgte.

Wir können hier nicht auf den Beweis des obigen Satzes eingehen. Es werde auf [A 8] und auf eine in Vorbereitung befindliche ausführlichere Veröffentlichung von Atiyah und dem Verfasser beim Verlage Hermann in Paris verwiesen. In [A 9] wird mit Hilfe der komplexen Vektorraum-Bündel eine „Cohomologie-Theorie" aufgebaut, in der der obige Satz eine bessere Formulierung findet. Die Voraussetzung, daß $\dim X - \dim Y$ gerade ist, wird überflüssig. Schließlich werde noch auf [A 10] aufmerksam gemacht, wo ein Zusammenhang des „differenzierbaren Riemann-Rochschen Satzes" mit Cohomologie-Operationen hergestellt wird und wo sich auch ausführliche Beweise für die Resultate der Note [14] finden (vgl. S. 1, Fußnote 3).

2.6. Es sei X eine kompakte orientierte differenzierbare Mannigfaltigkeit der Dimension $4k$, deren Stiefel-Whitneysche Klasse $w_2(X)$ verschwindet. Setzt man $c_1(X) = 0$, dann erhält man eine c_1-Mannigfaltigkeit X, deren Toddsches Geschlecht $T(X)$ gleich $\hat{A}(X) = 2^{-4k} A(X)$ ist (siehe 1.7 (12)). Nach (a 2.4) ist $\hat{A}(X)$ ganzzahlig für eine kompakte orientierte differenzierbare Mannigfaltigkeit X der Dimension $4k$ mit $w_2(X) = 0$. In [A 8] wird darüber hinaus gezeigt, daß unter den angegebenen Voraussetzungen $\hat{A}(X)$ für ungerades k eine gerade ganze Zahl ist. Dies enthält den Satz von Rohlin [A 20], der gezeigt hat, daß die Pontrjaginsche Klasse p_1 einer kompakten orientierten differenzierbaren 4-dimensionalen Mannigfaltigkeit X mit $w_2(X) = 0$ durch 48 teilbar ist. Der Satz über $\hat{A}(X)$ hat in den Arbeiten von KERVAIRE und MILNOR ([A 14], [A 18]) interessante Anwendungen gefunden.

In [5], § 25, wird gezeigt, daß $A(X)$ für jede kompakte orientierte differenzierbare Mannigfaltigkeit ganzzahlig ist.

2.7. Wenn die PONTRJAGINschen Klassen und die zweite STIEFEL-WHITNEYsche Klasse einer orientierten differenzierbaren Mannigfaltigkeit X verschwinden, dann erhält man mit $c_1(X) = 0$ eine c_1-Mannigfaltigkeit; für jedes komplexe Vektorraum-Bündel W über X (Faser $\mathbf{C}_q$) gilt

$$\mathscr{T}(X, W) = e^{\delta_1} + \cdots + e^{\delta_q} = \mathrm{ch}(W) \,,$$

hierbei ist $\mathrm{ch}(W)$ der CHERNsche Charakter von W (vgl. [5], § 9.1), der in 12.1 mit $t(\xi)$ bezeichnet wurde, wo ξ das zu W gehörige $\mathbf{GL}(q, \mathbf{C})$-Bündel ist.

Nimmt man für X die $2n$-dimensionale Sphäre, dann folgt aus Satz (a 2.4), siehe auch [5], Part II, § 25.8, der folgende Satz.

Satz. *Die CHERNsche Klasse $c_n \in H^{2n}(S^{2n}, \mathbf{Z})$ eines komplexen Vektorraum-Bündels über der Sphäre S^{2n} ist durch $(n-1)!$ teilbar.*

Dieser Satz konnte in [5], Part II, nur bis auf Potenzen von 2 bewiesen werden, d. h. es wurde nur gezeigt, daß c_n multipliziert mit einer geeigneten Potenz von 2 durch $(n-1)!$ teilbar ist. Letzten Endes ging der Beweis zurück auf die Ganzzahligkeit der virtuellen Indizes (Cobordisme-Theorie von THOM) und auf die Gleichung 13.5 (13*). In [5], Part III, wurde der Satz unter Verwendung der „komplexen" Cobordisme-Theorie vollständig bewiesen (vgl. a 2.1—a 2.4). Die Methoden dieses Ergebnisheftes liefern also den obigen Teilbarkeitssatz ziemlich am Schluß der Überlegungen als eine Folgerung der Cobordisme-Theorie. Vergleiche die zusammenfassende Darstellung in dem Referat [A 13] von BOTT.

Der vorstehende Satz wurde zuerst von BOTT bewiesen, und zwar im Rahmen seiner Untersuchungen über die Homotopiegruppen der stabilen klassischen Gruppen, die die Theorie von MORSE entscheidend heranziehen ([A 11], [A 12]). Der differenzierbare RIEMANN-ROCHsche Satz (a 2.5) fußt auf der BOTTschen Theorie. Verwendet man diesen Weg zu den Ganzzahligkeitssätzen, dann steht also der obige BOTTsche Satz nicht am Schluß, sondern am Anfang.

Aus dem BOTTschen Satz kann man folgern, daß nur die Sphären S^1, S^3, S^7 parallelisierbar sind (MILNOR [A 19] und KERVAIRE; vgl. auch [5], § 26.11). Die Primzahl 2 spielt dabei die entscheidende Rolle.

§ 3. Weitere Ergänzungen und Literaturhinweise

Wir geben Ergänzungen zu einigen Dingen des Haupttextes in der Reihenfolge, wie sie dort vorkommen.

3.1. In 0.2 wird erwähnt, daß die CHERNschen Klassen mit den EGER-TODDschen Klassen „übereinstimmen". Für einen Beweis siehe NAKANO

[A 33], vgl. auch GAMKRELIDZE [A 27]. Der Beweis von NAKANO benutzt eine ähnliche Konstruktion wie in 13.1 e) und die Formel für die CHERNschen Klassen des Tensorprodukts eines komplexen Vektorraum-Bündels mit einem Geradenbündel (Satz 4.4.3). Für eine Einführung der CHERNschen Klassen im Rahmen der algebraischen Geometrie (über einem Grundkörper beliebiger Charakteristik) siehe GROTHENDIECK [A 31] und WASHNITZER [A 39].

3.2. Wie in 0.3 erwähnt, kann man die „monoidale Transformation" der kompakten komplexen Mannigfaltigkeit V_n längs der singularitätenfreien Untermannigfaltigkeit M_k von V_n definieren: Man erhält eine kompakte komplexe Mannigfaltigkeit $\tilde{V}_n$, indem man M_k aus V_n herausnimmt und durch L_{n-1} (vgl. 0.3) ersetzt. Die von TODD [A 37] und SEGRE (Literatur in [A 34] und [A 38]) vermutete Formel über den Zusammenhang zwischen den CHERNschen Klassen von V_n und denen von $\tilde{V}_n$ kann nach einer mündlichen Mitteilung von I. R. PORTEOUS bewiesen werden, indem man den GROTHENDIECKschen Satz (a 1.6) auf die Einbettung $f: L_{n-1} \to V_n$ anwendet. Nun ist der GROTHENDIECKsche Satz in voller Allgemeinheit nur für algebraische Mannigfaltigkeiten bekannt, aber für Einbettungen wurde er für kompakte komplexe Mannigfaltigkeiten formuliert und bewiesen (M. F. ATIYAH and F. HIRZEBRUCH, The Riemann-Roch theorem for analytic embeddings, erscheint demnächst in "Topology", Pergamon Press), und zwar mit einer die ganzzahlige Cohomologie betreffenden Verschärfung. Es werde auf [A 34], wo PORTEOUS die Formel von TODD-SERGE im algebraischen Fall untersucht, und auf einige Bemerkungen in der gerade zitierten Arbeit von ATIYAH und dem Verfasser verwiesen. In [A 38] betrachtet VAN DE VEN die Formel von TODD-SEGRE im komplexen Fall und beweist sie in gewissen Fällen.

Mit Hilfe der Formel von TODD-SEGRE kann man zeigen, daß das TODDsche Geschlecht bei monoidalen Transformationen kompakter komplexer Mannigfaltigkeiten invariant ist, daß also die Zahlen $T(V_n)$ und $T(\tilde{V}_n)$ gleich sind.

3.3. Ein Beweis für die Lemmata 1.5.2 und 1.7.3 findet sich in [A 10]. Die Potenz von 2, die in der Bemerkung von 1.6 erwähnt wird, ist gleich $2^{\alpha(k)}$, wo $\alpha(k)$ die Anzahl der Einsen in der dyadischen Entwicklung von k ist (vgl. [A 23], § 3.8). In [A 23] wird das A-Geschlecht für Einbettungsfragen differenzierbarer Mannigfaltigkeiten verwandt. (Siehe auch a 2.6.)

3.4. In § 2 des Haupttextes wurde die Cohomologietheorie mit Koeffizienten in Garben mit Hilfe der ČECHschen Methode entwickelt. Nur für parakompakte Räume konnte bewiesen werden, daß zu diesen ČECHschen Gruppen eine exakte Cohomologiesequenz gehört (Satz 2.10.1). Nach GROTHENDIECK [A 29] können die Cohomologiegruppen topologischer Räume mit Koeffizienten in Garben auch im Rahmen der cohomologischen Algebra in abelschen Kategorien oder gleichbedeutend durch welke Auflösungen definiert werden (siehe auch [A 28] und [A 3]). Diese GROTHENDIECKschen Gruppen, die für parakompakte Räume mit den ČECHschen Gruppen übereinstimmen, genügen für beliebige topologische Räume einer exakten Cohomologiesequenz. Für beliebige Räume gibt es eine Spektral-Sequenz, die die ČECHschen Gruppen mit den GROTHENDIECKschen Gruppen in Beziehung setzt ([A 28], Chap. II, Théorème 5.9.1).

Das Buch von GODEMENT [A 28] werde dem Leser zur gründlichen Einführung in die algebraische Topologie und die Garbentheorie dringend empfohlen.

3.5. Eine schöne Darstellung der Theorie der charakteristischen Klassen (§ 4) wurde von MILNOR [A 32] gegeben. Es sei erwähnt, daß ROHLIN-SCHWARZ [A 35] und THOM [A 36] die PONTRJAGINschen Klassen einer triangulierten (nicht notwendigerweise differenzierbaren) Mannigfaltigkeit X als Elemente von $H^*(X, \mathbf{Q})$ definiert haben (kombinatorische Invarianz der rationalen PONTRJAGINschen Klassen). Siehe auch MILNOR [A 32].

3.6. Aus der MILNORschen Arbeit [A 15] läßt sich schließen, daß die in 6.4 erwähnte Zahl $\overline{N_k}$ gleich dem Nenner $\mu(L_k)$ des Polynoms L_k ist (siehe Lemma 1.5.2).

3.7. Der Beweis von Satz 8.2.1 ist zum Schluß etwas kurz geraten. Inzwischen wurde in [A 25] bewiesen, daß unter gewissen Voraussetzungen für ein Faserbündel $E \to B$, in dem E, B und die Faser F kompakte orientierte Mannigfaltigkeiten sind, gilt:

$$\tau(E) = \tau(F) \cdot \tau(B), \quad \text{(siehe 14.4, 4) und 21.2, Bemerkung 1).}$$

Auch der Beweis dieser Gleichung für den Fall des cartesischen Produktes ist in aller Ausführlichkeit in [A 25] durchgeführt. Nach [5], § 28, ist der Index im wesentlichen das einzige durch PONTRJAGINsche Zahlen ausdrückbare „Geschlecht", welches die obige Gleichung erfüllt.

3.8. In 21.1 wird nach der Klassifikation der holomorphen $\mathbf{GL}(q, \mathbf{C})$-Bündel gefragt. Dieses Problem wurde von GROTHENDIECK [A 30] für $\mathbf{GL}(q, \mathbf{C})$-Bündel über der komplexen projektiven Geraden und von ATIYAH [A 22] für $\mathbf{GL}(q, \mathbf{C})$-Bündel über einer algebraischen Kurve vom geometrischen Geschlecht 1 gelöst.

3.9. Die Arbeit von A. BOREL über die δ-Spektral-Sequenz ist nicht erschienen. Zum Beweis des Hauptsatzes 21.1.1 war jedoch nur die Gleichung 21.2 (9) erforderlich. In 21.2 wurde erwähnt, daß man diese Gleichung mit Hilfe der in CARTAN [6] betrachteten und auf LERAY zurückgehenden Spektral-Sequenz beweisen kann. Das wollen wir an dieser Stelle etwas näher erläutern. Es gilt zunächst folgender Satz.

Satz. *Es sei f eine holomorphe Abbildung der komplexen Mannigfaltigkeit X in die komplexe Mannigfaltigkeit Y. Es sei $\mathfrak{S}$ eine analytische Garbe über X. Es werde vorausgesetzt, daß die direkten Bilder $f_*^q(\mathfrak{S})$ für*

$q > 0$ verschwinden (a 1.4). *Die Gruppen $H^i(Y, f^0_*(\mathfrak{S}))$ und $H^i(X, \mathfrak{S})$ sind dann für jedes i als **C**-Moduln isomorph.*

Dies ist eigentlich ein Satz über stetige Abbildungen, den wir der Bequemlichkeit wegen für holomorphe Abbildungen und analytische Garben formuliert haben. Er folgt sofort aus der erwähnten Spektral-Sequenz (siehe auch [A 28], Chap. II, § 4.17). Ein direkter Beweis dieses Satzes findet sich in [A 3] (siehe Satz 6 auf S. 417).

Wir werden den obigen Satz auf den Fall anwenden, daß X ein komplex-analytisches Faserbündel über Y ist mit $\mathbf{P}_n(\mathbf{C})$ als Faser. f sei die Projektion dieses Faserbündels. Gegeben sei ferner ein komplex-analytisches Vektorraum-Bündel W über Y. Wir betrachten das Vektorraum-Bündel f^*W und die analytische Garbe $\Omega(f^*W)$ der Keime von holomorphen Schnitten von f^*W. Unter diesen Annahmen gilt:

Lemma. *Es gibt einen natürlichen Isomorphismus der analytischen Garbe $\Omega(W)$ auf die analytische Garbe $f^0_*(\Omega(f^*W))$. Die analytischen Garben $f^q_*(\Omega(f^*W))$ verschwinden für $q > 0$.*

Beweis. Es sei U eine offene Menge von Y. Jedem Schnitt von W über U ist auf natürliche Weise ein Schnitt von f^*W über $f^{-1}(U)$ zugeordnet. Aus der Kompaktheit und dem Zusammenhang der Faser folgt, daß diese Zuordnung einen Isomorphismus von $H^0(U, \Omega(W))$ und $H^0(f^{-1}(U), \Omega(f^*W))$ liefert. Das ergibt den ersten Teil der Behauptung. Das Verschwinden der direkten Bilder ist eine lokale Tatsache: Es sei U eine offene Teilmenge von Y, welche eine STEINsche Mannigfaltigkeit ist und über der das gegebene komplex-analytische Faserbündel $X \to Y$ und das Vektorraum-Bündel W trivial sind. Es genügt zu zeigen, daß $H^q(f^{-1}(U), \Omega(f^*W))$ für $q \geq 1$ verschwindet. Da f^*W über $f^{-1}(U)$ direkte Summe von trivialen Geradenbündeln ist und da $f^{-1}(U)$ als komplexe Mannigfaltigkeit mit $U \times \mathbf{P}_n(\mathbf{C})$ äquivalent ist, bleibt zu zeigen, daß $H^q(U \times \mathbf{P}_n(\mathbf{C}), \mathbf{1})$ für $q \geq 1$ verschwindet (für die Bezeichnungen siehe 15.1). Nun ist $H^q(\mathbf{P}_n(\mathbf{C}), \mathbf{1}) = 0$ für $q \geq 1$ (siehe 15.10). Da U eine STEINsche Mannigfaltigkeit ist, verschwinden auch die Gruppen $H^q(U, \mathbf{1})$ für $q \geq 1$. Nach einem auf GROTHENDIECK zurückgehenden „KÜNNETHschen Satz" folgt in der Tat, daß auch $H^q(U \times \mathbf{P}_n(\mathbf{C}), \mathbf{1}) = 0$ für $q \geq 1$. Auf diesen KÜNNETHschen Satz können wir hier nicht näher eingehen (vgl. [A 24], Proposition 11.1, und [A 26], Proposition 34.1).

Aus dem vorstehenden Satz und dem Lemma folgt sofort:

Satz. *Es sei X ein komplex-analytisches Faserbündel über der komplexen Mannigfaltigkeit Y mit dem komplexen projektiven Raum $\mathbf{P}_n(\mathbf{C})$ als Faser. W sei ein komplex-analytisches Vektorraum-Bündel über Y. Dann sind die **C**-Moduln $H^i(Y, W)$ und $H^i(X, f^*W)$ isomorph.*

Damit ist auch die Gleichung 21.2 (9) bewiesen. Verallgemeinerungen des Lemmas und des letzten Satzes liegen auf der Hand.

Literatur zum Anhang

§ 1

[A 1] BOREL, A., et J. P. SERRE: Le théorème de Riemann-Roch (d'après Grothendieck). Bull. Soc. Math. France **86**, 97—136 (1958).

[A 2] GRAUERT, H.: Ein Theorem der analytischen Garbentheorie und die Modulräume komplexer Strukturen. Institut des hautes études scientifiques, Publ. math. No. 5, 1960.

[A 3] GRAUERT, H., u. R. REMMERT: Bilder und Urbilder analytischer Garben. Ann. of Math. **68**, 393—443 (1958).

[A 4] HIRZEBRUCH, F.: Komplexe Mannigfaltigkeiten. Proc. of the Intern. Congr. of Math. 1958, Cambridge University Press 1960, S. 119—136.

[A 5] SERRE, J. P.: Géométrie algébrique et géométrie analytique. Ann. Inst. Fourier **6**, 1—42 (1956).

[A 6] WASHNITZER, G.: Geometric syzygies. Amer. J. Math. **81**, 171—248 (1959).

§ 2

[A 7] ATIYAH, M. F.: Bordism and cobordism. Proc. Cambr. Phil. Soc. **57**, 200—208 (1961).

[A 8] ATIYAH, M. F., and F. HIRZEBRUCH: Riemann-Roch theorems for differentiable manifolds. Bull. Amer. Math. Soc. **65**, 276—281 (1959).

[A 9] ATIYAH, M. F., and F. HIRZEBRUCH: Vector bundles and homogeneous spaces. Differential Geometry. Proceedings of Symposia in Pure Mathematics, Vol. 3, S. 7—38. Amer. Math. Soc. 1961.

[A 10] ATIYAH, M. F., u. F. HIRZEBRUCH: Cohomologie-Operationen und charakteristische Klassen. Math. Z. (erscheint demnächst).

[A 11] BOTT, R.: The space of loops on a Lie group. Mich. Math. J. **5**, 35—61 (1958).

[A 12] BOTT, R.: The stable homotopy of the classical groups. Ann. of Math. **70**, 313—337 (1959).

[A 13] BOTT, R.: Referat einer Arbeit von A. BOREL und F. HIRZEBRUCH. Math. Rev. **22**, 171—174 (1961).

[A 14] KERVAIRE, M. A., and J. MILNOR: Bernoulli numbers, homotopy groups and a theorem of Rohlin. Prof. Intern. Congress of Math. 1958, S. 454—458. Cambridge University Press 1960.

[A 15] MILNOR, J.: On the cobordism ring Ω^* and a complex analogue. Part I. Amer. J. Math. **82**, 505—521 (1960). Part II erscheint demnächst.

[A 16] MILNOR, J.: Differential topology. Notes by J. MUNKRES, Princeton University, vervielfältigt 1958.

[A 17] MILNOR, J.: A survey of cobordism theory. Comm. Math. Helvet. (erscheint demnächst).

[A 18] MILNOR, J.: Differentiable manifolds which are homotopy spheres. Princeton University, vervielfältigt 1959.

[A 19] MILNOR, J.: Some consequences of a theorem of Bott. Ann. of Math. **68**, 444—449 (1958).

[A 20] ROHLIN, V. A.: Neue Resultate in der Theorie der 4-dimensionalen Mannigfaltigkeiten. (Russisch). Dokl. Akad. Nauk SSSR **84**, 221—224 (1952).

[A 21] WALL, C. T. C.: Note on the cobordism ring. Bull. Amer. Math. Soc. **65**, 329—331 (1959). Determination of the cobordism ring. Ann. of Math. **72**, 292—311 (1960).

§ 3

[A 22] ATIYAH, M. F.: Vector bundles over an elliptic curve. Proc. Lond. Math. Soc. (3) 7, 414—452 (1957).

[A 23] ATIYAH, M. F., et F. HIRZEBRUCH: Quelques théorèmes de non-plongement pour les variétés différentiables. Bull. Soc. Math. France 87, 383—396 (1959).

[A 24] BOTT, R.: Homogeneous vector bundles. Ann. of Math. 66, 203—248 (1957).

[A 25] CHERN, S. S., F. HIRZEBRUCH and J. P. SERRE: On the index of a fibered manifold. Proc. Amer. Math. Soc. 8, 587—596 (1957).

[A 26] FRENKEL, J.: Cohomologie non abélienne et espaces fibrés. Bull. Soc. Math. France 85, 135—220 (1957).

[A 27] GAMKRELIDZE, R. V.: Die Berechnung der Chernschen Zyklen von algebraischen Mannigfaltigkeiten. (Russisch.) Dokl. Akad. Nauk SSSR 90, 719 bis 722 (1953). Chernsche Zyklen komplexer algebraischer Mannigfaltigkeiten. (Russisch.) Izv. Akad. Nauk SSSR, Ser. Mat., 20, 685—706 (1956).

[A 28] GODEMENT, R.: Topologie algébrique et théorie des faisceaux. Act. Sci. et Ind. 1252. Paris: Hermann 1958.

[A 29] GROTHENDIECK, A.: Sur quelques points d'algèbre homologique. Tôhoku Math. Journal (2) 9, 119—221 (1957).

[A 30] GROTHENDIECK, A.: Sur la classification des fibrés holomorphes sur la sphère de Riemann. Amer. J. Math. 79, 121 — 138 (1957).

[A 31] GROTHENDIECK, A.: La théorie des classes de Chern. Bull. Soc. Math. France 86, 137—154 (1958).

[A 32] MILNOR, J.: Lectures on characteristic classes. Notes by J. STASHEFF. Princeton University, vervielfältigt.

[A 33] NAKANO, S.: Tangential vector bundle and Todd canonical systems of an algebraic variety. Mem. Coll. Sci. Univ. Kyoto (A) 29 (Math. No. 2), 145 bis 149 (1955).

[A 34] PORTEOUS, I. R.: Blowing up Chern classes. Proc. Cambridge Philos. Soc. 56, 118—124 (1960).

[A 35] ROHLIN, V. A., u. A. S. SCHWARZ: Die kombinatorische Invarianz der Pontrjaginschen Klassen. (Russisch). Dokl. Akad. Nauk. SSSR. 114, 490—493 (1957).

[A 36] THOM, R.: Les classes caractéristiques de Pontrjagin des variétés triangulées. Symp. Intern. Top. Alg., S. 54—67. Univ. Nac. Aut. México, 1958.

[A 37] TODD, J.: Birational transformations with a fundamental surface. Proc. Lond. Math. Soc. (2) 47, 81—100 (1941).

[A 38] VAN DE VEN, A. J. H. M.: Characteristic classes and monoidal transformations. Indag. math. 18, 571—578 (1956).

[A 39] WASHNITZER, G.: The characteristic classes of an algebraic fiber bundle. I. Proc. Nat. Acad. Sci. USA 42, 433—436 (1956).

Namen- und Sachverzeichnis

Dieses Verzeichnis bezieht sich nur auf den Haupttext und nicht auf den Anhang

Die kursiv gesetzten Seitenzahlen beziehen sich auf die Literatur

Über die angewandten Bezeichnungen vgl. Einleitung S. 9 u. 10.